U0209124

地球之美

Le Beau Livre de la Terre

一部看得见的地球简史

[法] 帕特里克・德韦弗 著
[法] 让-弗朗索瓦・布翁克里斯蒂亚尼 绘
秦淑娟　张琦 译

新星出版社 NEW STAR PRESS

新经典文化股份有限公司
www.readinglife.com
出　品

目录 *Contents*

显生宙

古生代（5.41 亿 – 2.52 亿年前）

中生代（2.52 亿 – 6600 万年前）

新生代（第三纪与第四纪）

引言

不论从时间、空间、相互作用等任何不同层面来看，自然都是包容一切的整体……

地球的发展历程并不像一条平静的长河，规律地点缀着各种现象。相反，正如英国地理学家德里克·艾吉尔所说：“地球历史像一名战士的一生：很长时间百无聊赖，突然一下又恐怖至极。”（1980 年）在地质学记载中，自然力量的持续作用留下的可辨识痕迹，并不比人类在考古上的挖掘更多或更少。许多痕迹（遗迹或骨架）只有在猛烈而突发的事件之后才能形成化石。倘若没有断裂、没有灾难，那就没有年代学，也没有对过去历史的解读。正是因为有维苏威火山的爆发和庞贝—赫库兰尼姆古城的悲剧，我们今天才能如此熟知罗马人的生活。自然从不缺少蛮暴的动荡，这对科学而言是一件幸事。

地球的历史是过去的历史，因此我们需要用留存下来的元素进行重构：化石、化学指标、构造。岩石给我们提供了线索，人们对它们的解读因知识的增长和工具的改良而随时间不断变化，这些线索的收集帮助人们在具体的场所重构过去的环境。这些场所的空间性连接勾画出一幅更为广阔的景象：一个区域，或是一块大陆。而它们基于年代的层序则编织成一段历史：景观演变、气候变换、水陆环境的交替、生命的进化。

为了在这无人生存的几亿年时间轴上找准坐标，地质学家们使用了一些含有标志性化石的地层做参照。以这些地层为基准，建立起一种地质年代的承接和划分，国际社会将其采纳，作为交流的共同语言。

地质学家首先感兴趣的是岩层的堆积、岩层之间的关系（如交错等）和岩层的成分。因此他们建立了一种相对年代划分：之前／之后。他们能确定一系列现象的衔接顺序，但并不知道每个现象的具体持续时间。要理解其中的关键进程总是十分困难，甚至是绝无可能的。直到 20 世纪，放射性被发现后，人们才找到了得出具体年限的方法。自此之后，现象的更替不再深不可测。历史的研究加入了物理的步骤，那么计算就变得可行。对魏格纳的大陆漂移学说的理解，进而对板块构造的理解，才真正使人们明白地球是如何运行的：大陆的运动与气候变化有关，与生物世界的演化有关，与海平面的高度有关……地球的历史也是生命的历史。达尔文《物种起源》一书的发表开启了一个新的范式，这一范式又被遗传学和分子生物学的发展所补全和细化。所有这些因素都让人类重新找到自己的位置：从此人类不再是自然的最高成就，而仅是组成生命合奏的一个乐章。假如地球的历史是一天 24 小时，人类的历史不过只占最后几分钟……

由于自然是一个相互作用的体系，因此地球的大事记就如同手风琴的风箱，松紧不一，有张有弛。一次大规模的火山喷发现象对气候、地貌、海平面、生物多样性等都会有影响，因此本书中记载的日期并不像乐谱的节拍停顿那样有规则。正如在历史学上，越接近当下的时期总是包含越丰富的信息，地球的历史也是如此，更别说地球的近当代史中还加入了人类发现史。

探究地球历史的方法步骤如同断案调查一样。警探通过考察所有因素而找出线索、追寻踪迹、重建合乎逻辑的现场，有时候，一条新线索的加入会使他重新从头审视他的假设，科学也是如此。

出版这本书就等于选择了光阴之箭，因此我们将进入历史的时空。由于在历史学上，某些日期是约定俗成的，我们因此面临多种可能性。的确，当我们提到某一现象时，纳入好几种时代都是可行的。以人类使用火山岩为例，我们有好几种方式来呈现：要么与岩层被火山作用侵入的时代联系起来，要么与火山喷发的时代联系起来，抑或是归入使用岩石作为建筑石料的时代。根据不同情况，我们做了这样或那样的选择。此外，记载的日期是当前科学所认可的，而科学并不是凝滞不变的知识。

地质年代划分

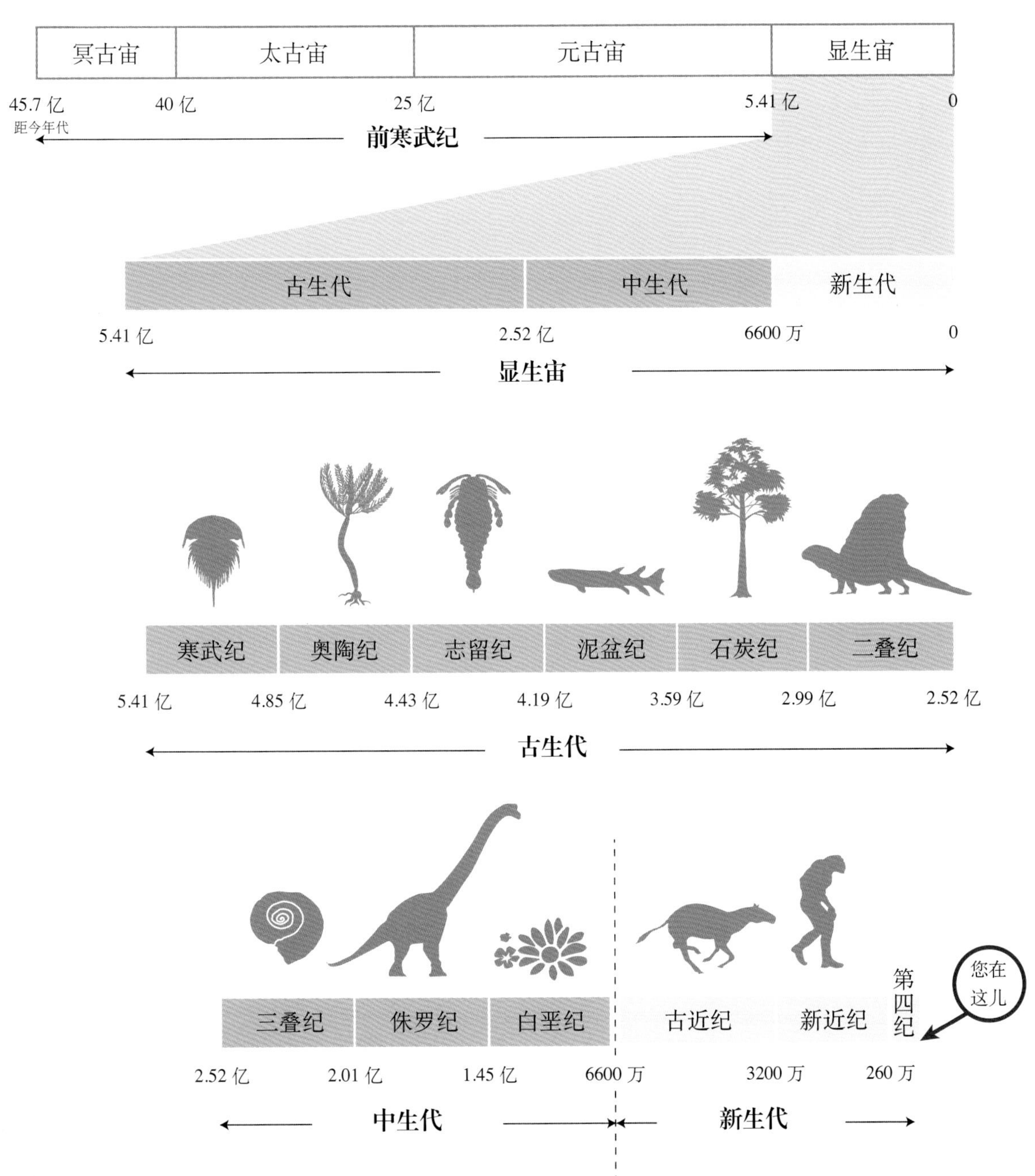

冥古宙
太古宙
元古宙
显生宙
45.7 亿
距今年代
40 亿
25 亿
5.41 亿
0
前寒武纪
古生代
中生代
新生代
5.41 亿
2.52 亿
6600 万
0
显生宙
寒武纪
奥陶纪
志留纪
泥盆纪
石炭纪
二叠纪
5.41 亿
4.85 亿
4.43 亿
4.19 亿
3.59 亿
2.99 亿
2.52 亿
古生代
三叠纪
侏罗纪
白垩纪
古近纪
新近纪
第四纪
您在这儿
2.52 亿
2.01 亿
1.45 亿
6600 万
3200 万
260 万
中生代
新生代

冥古宙

(45.7 亿－ 40 亿年前)

这是地质年代划分中最古老的时期，也是前寒武纪的第一阶段。根据国际地层委员会的划分，冥古宙始于 45.7 亿年前地球形成之时，一直持续到沉积岩开始出现的 40 亿年前。

地球的这一最初阶段得名于希腊神话中的“冥王”哈得斯。仅有混融的岩浆的地球还处于成形阶段，“冥古宙”这个名字正呼应了这种状态：陨石不断坠落，冲击带来的能量使得地球温度高达数千度。

这一时期长久以来被认为是无生宙，即没有生命迹象。不过，地球的这一“幼儿”阶段并没有留下什么见证，我们对其知之甚少，也不排除有某种生命活动从此开始的可能性，因为从某些矿物分析来看，当时水已经存在，并且我们知道，大气也已经形成。假使真的存在过某种最早的生命迹象，那么很可能在距今 40 亿年左右因遭到那场猛烈的陨石轰击而灭绝了。

要想更好地了解这一时期，需要有 40 亿年前的岩石样本，然而罕有这样的岩石留存至今，目前仅有少量线索：在澳大利亚发现的距今 43.6 亿年的锆石粒，2008 年在魁北克北部（加拿大哈得孙湾东岸）发现的古老而十分稀有的地球岩石。还是在加拿大，某些阿卡斯塔片麻岩已有 40.3 亿年的历史。

保罗·艾吕雅曾说：“地球蓝得像一个橙子。”这对地球的最初阶段来说，或许并非超现实。这一艺术性的表达正阐明了地球在其最年少时的样貌：一个炽热的岩浆球，还没有蓝色的含氧大气层。

地球，太阳系的一颗行星（45.7 亿年前）

45.67 亿年前，最初的太阳周围还分布着原行星盘，星盘中的尘埃微粒慢慢聚集，形成了地球。

通过 16 世纪哥白尼及 17 世纪伽利略的努力，人们才承认了日心说，即地球并非宇宙中心，而是围绕着太阳旋转。20 世纪初，大爆炸理论和对宇宙膨胀现象的观测使人们意识到，天体（恒星和行星）也如同生命一样，经历着诞生、成长的过程。

随着一片巨大分子云中一小块的引力坍缩，太阳诞生了，我们的故事也就从这里开始。在这颗初生的恒星周围，环绕着一圈薄薄的气体和尘埃。

尘埃逐渐聚集，在引力作用下形成了直径达几千米的微行星。其中较大的微行星最终成为了星坯，它们通过吸引而不断清扫着这一圈尘埃。

越是远离太阳的地方，天体的环绕轨道越大，其质量也就越大，因为它们在运行过程中可以吸引更多的尘埃。离太阳远到一定程度，星坯的质量大到自身就能吸引气体云（氢和氦），最终导致星坯坍缩，形成气态巨行星，木星和土星就是这样诞生的。对于天王星和海王星等稍小一些的行星，它们周围的气体逸散，只留下了由岩石、冰以及少量的氢和氦构成的内核。距离太阳较近的行星由岩石和金属构成，我们称它们为类地行星。它们的星坯相遇时发生猛烈的撞击，如今只留下地球、火星、金星和水星这四颗行星。包括我们的地球在内，所有这些行星的形成过程都持续了大约一亿年。

相关阅读：晚期重大撞击事件（40 亿年前）；危险从天而降（2 亿年前）；陨星坠落对世界的影响（6600 万年前）；钻石坑（3570 万年前）；宇宙的历史（1927 年）。

太阳系的一切（太阳、行星、流星……）都诞生于一次大爆炸。

月球就这样形成了（45.1亿年前）

月球诞生于年轻的地球与另一星坯之间的猛烈撞击，而这个星坯便从此在太阳系中没了踪影。

有一种假设已普遍得到公认：45.26 亿年前，一颗和火星同样大的行星“忒亚”，它因偏离运行轨道而与地球相撞。在猛烈的冲击下，它富含铁的内核极有可能深入地球，而其余部分连同部分地幔都被抛至太空中。这些物质围绕着地球运行，渐渐地离地球越来越远，后来在距地球 2.25 万千米处形成了我们的卫星——月球（而今天的月球与地球相距大约 40 万千米）。

这颗从事故中诞生的巨大卫星，稳定了地球的自转轴，地球的转动也因潮汐摩擦力的作用[1]而慢下来。正如 17 世纪的天文学家埃德蒙·哈雷观察的那样，地球越转越慢，一天也越来越长（每个世纪延长 0.00164 秒）。45 亿年前，一天不过只有 6 个多小时，而一年有 1434 天。25 亿年前，一天有 12 个多小时，一年有 714 天。4 亿年前，一天总算达到了 22 小时，贝壳上的生长纹可以证实这一点。

月球对海洋潮汐有着决定性的作用，这点毋庸置疑，但它同时也影响着陆地的起伏：陆地每天都会经历两次起落！在法国，某些地域的房子每天都会在陆潮[2]的作用下起起落落，起落间高度相差近半米。这一现象用肉眼是看不到的，因为房屋和周围的土地同时进行相同的运动。

月球的运动也在渐渐放缓，以每年 3.8 厘米的速度远离地球。如今，月球离地球 38.4 万千米，而 5 亿年前，它距离地球 36 万千米。那时候，潮汐现象更加频繁也更强烈。潮落时海水退到很远很远的地方，潮起时海水又无情地将陆地淹没。

相关阅读：晚期重大撞击事件（40 亿年前）；危险从天而降（2 亿年前）；陨星坠落对世界的影响（6600 万年前）；钻石坑（3570 万年前）。

从月球看地球升起。月球引力过小，不足以吸引气体而形成大气层。月球上的火山都已不再活跃。（1968 年 12 月 23 日“阿波罗 8 号”执行任务时拍摄了这张照片。）

地幔下的地核（44.5亿年前）

年轻的地球上是一片巨大的岩浆海洋，无比炙热，也无法居住。地球内部分为地核和地幔。

同水星、金星、火星一样，地球属于类地行星，它的固体表面不断受到小天体的撞击。撞击的过程中，小天体的动能转化为热能，因而释放出巨大的热量。除此之外，一些放射性元素（铀、钍、钾）也释放出热量，这些元素储量巨大，因为当时衰变的程度还很轻，它们产生的热量约为今天的五倍之多。

这样看来，初生的地球是很热的。因为这些热量无法逸散并不断累积，岩石被融化，形成了岩浆海洋。原本质地均一的地球，开始分化出物理和化学性质不同的部分。在引力的作用下，密度大的元素（铁和镍）流向了岩浆海洋的底部，汇聚到星球的中心，形成了一个金属核。密度小的硅酸盐，则停留在浅层，形成了地幔。

如今，地核由两部分组成：液态的外核，它含有80%的铁、少量镍以及一些降低金属熔点的元素（如硅、硫）；固态的内核，几乎完全由铁构成。如果没有这样的分化，地下的矿产资源将更加丰富。但如果没有地核，我们也就不可能像现在这样生活。我们之所以能够免遭来自太阳和整个银河系的高能粒子的侵扰，是因为地磁场阻挡了这些宇宙射线，而地磁场的产生则归功于液态外核中的对流现象。

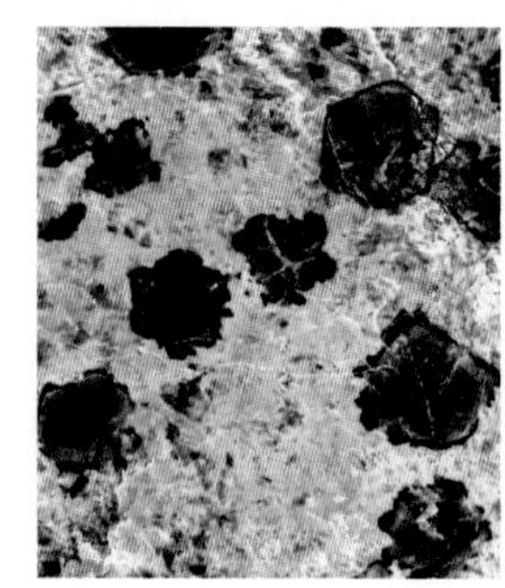

今天，地球还在继续冷却。外核在慢慢地凝结，变得越来越小，而内核却在不断增大。

相关阅读：磁性的保护盾（44.4亿年前）；保暖的盖子（8.5亿年前）；金（5.15亿年前）；钻石（1亿年前）；没有派上用场的驱动力（1895年）。

上图：地幔由绿色的岩石构成，其中大部分的矿物近似于橄榄石（绿色），本图中还夹杂着一些石榴石（含石榴石的圣菲利贝尔[3]榴辉岩）。右图：现今地球内部结构的分层展示效果图。图上的内核呈黄色，地幔呈红色。今天，科学家们更倾向于用银色标记地核而用绿色标记地幔。

磁性的保护盾（44.4 亿年前）

地磁场像一个巨大的盾牌，保护我们免受太阳风伤害。地球的磁场应该出现在很早很早的时代。

因为具有特别的金属内核，年轻的地球才有了磁场。和发电机的原理一样，地核中的流体运动产生电流，电流产生了磁场。地磁场能产生电场，因此而生生不息。

我们目前对地磁场形成的具体时间并没有很确切的认识。事实上，当温度高到一定程度之后，矿物就会失去磁性，这一温度被称为居里点（介于 550℃至 650℃之间），这通常发生在质变转化中。当温度再降下来时，磁性又恢复了，但过去的磁化“记忆”将会丢失。

直到近年来，人们才发现南非的一些矿物中还保留着古老的磁场痕迹，可追溯到 36 亿年前。最近还在澳大利亚杰克山区发现了锆石碎片，这是到目前为止已知的最古老矿物，距今已有 43.74 亿年，它们似乎还携带着它们形成时的地磁场信息……

磁场应该很早就出现在了地球的历史中。我们知道，火星的形成过程与地球相似，而我们在火星上找到的某一磁场痕迹距今已有 43 亿年的历史，那么这也就表明，类地行星的核形成之后，很快就能够产生磁场。

对于地球上的大气和生命来说，磁场形成是一个重要的历史时刻。的确，太阳风粒子可吹走大气中质量较轻的气体（氢、氦、水……），使它们远离地球。地磁场避开这些粒子，维持住大气，也保护最原始的生命免遭太阳风和宇宙射线中电离粒子的伤害。

相关阅读：地球，太阳系的一颗行星（45.7 亿年前）；地幔下的地核（44.5 亿年前）；生命最初的痕迹（38 亿年前）。

北极光的出现是因为太阳风粒子与高层大气的相互作用，极光在靠近地磁极的地区十分明显。

地球，蓝色的星球（44亿年前）

水在太阳系中无处不在，但地球是迄今为止唯一一颗表面含有液态水的星球。

关于地球上的水（H_2O）的来源，人们众说不一。一种观点认为，形成行星的尘埃物质本身含有水，受温度与压强影响，这些水在地球上呈液态分布，由此形成了海洋；第二种观点认为，距离太阳系十分遥远的小行星和彗星造访地球时带来了数量可观的水。这两种情况也可能同时存在。

随着地球逐渐冷却，火山像气阀一样，喷出气体和水蒸气。当地表温度满足条件时，水蒸气凝结而形成降雨，雨水汇聚在低洼地带，形成了最早的湖泊和海洋。

只有在很窄的温度和压强范围内（0°C至100°C、一个大气压）时，水才会呈液态；这也是为什么，在太阳系中，如今只有地球表面还有大量的液态水。只要稍稍观察一下我们临近的星球就够了，距离太阳更近的金星，表面温度近460°C；相反，距离太阳更远的火星，是一个温度为–63°C的寒冷荒原。而地球，它与太阳的距离恰到好处：既不会太热，也不会太冷。这就是可居住地带的基本准则，应像地球一样，才具备生命诞生的条件。然而，仅仅与太阳距离合适还不够。地球的大小能够维持大气层的稳定。如果地球更大，地球引力将把一切紧紧聚拢，这样就不会有大气层了；如果地球更小，地球引力将无法阻止气体逸散到宇宙空间中，大气层也不会存在了（月球就是这种情况）。

得益于这些有利条件，地球在成长的过程中从未经历过火星那样的冰冻（近30亿年以来，火星内部只有冰），也没有经历过金星那样的温室效应（大气中的水完全被光解）。

相关阅读：水，至关重要的液体（38亿年前）；水的侵蚀（2.1亿年前）；水资源（2014年）。

水赋予地球美丽的蓝色。当太阳光照射到水面，光谱进行分解。红色与黄色的光波最易被水分子吸收。水越来越深，绿色的光波也被吸收，剩下的就只有蓝色光波了。

岩石再未有过的模样（40.3 亿年前）

在地球的幼年时期，高温环境中形成的岩石与今天大不相同。

最早的陆块大约诞生于 44 亿至 43.5 亿年前。地球内部释放出来的热量是今天的 2 到 4 倍，它们的机理也与我们今天所知的相去甚远。

在不到 2 亿年的时间里，通过板块构造的变化，洋壳[4]在地幔层实现岩石的循环；而陆壳的密度比洋壳要小，因此陆壳主要是漂浮在地幔之上，不会向地幔下沉，不容易形成循环。目前最古老的岩石就是陆壳中的一些遗迹，它们不断累积而形成了地盾[5]，里面存储着地球历史的许多篇章。

最古老的岩石，要数加拿大西北部的阿卡斯塔片麻岩[6]了，这些古老的火山岩距今已有 40.31 亿年的历史。今天已不再形成这样的花岗变质岩（英云闪长岩、奥长花岗岩和花岗闪长岩，或更专业地说，就是 TTG 岩石）。

这些花岗岩中还夹杂着一些更加灰暗的岩石——科马提岩[7]，它的名字来源于南非的科马提河。科马提岩的熔点大约在 1600°C（而目前的玄武岩熔点在 1250°C 至 1350°C）。这些岩石经历了温度的极端变化，因而拥有一种特别的结构（鬣刺结构[8]），在距今不超过 25 亿年的更年轻的岩石中，我们已找不到这种结构。此外，鉴于当时的温度更高，地幔中的熔化物所占比例也就更高：介于 50% 至 60% 之间（如今只占 20% 至 30%）。

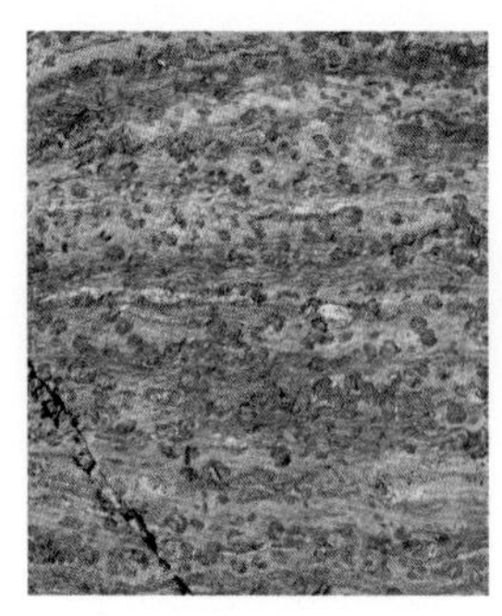

这些特别的岩石证实了地球在逐渐冷却。

相关阅读：巴伯顿的重要线索（36 亿年前）；生命造就的矿物（25 亿年前）；放射性的发现（1896 年）；岩石年龄的推断（1905 年）。

上图：阿卡斯塔片麻岩是地球上已发现的最古老岩石之一（还有的位于加拿大哈得孙湾）。它们形成于特殊的温度条件下，见证了地球遥远的过去。右图：北美地质图，红色部分为哈得孙湾古老岩石的分布区。

Hawaiian Islands

太古宙

(40 亿 – 25 亿年前)

“太古宙”一词,源于希腊语中的“archos”,意为“古老的”。根据国际地层委员会的官方划分,太古宙始于 40 亿年前,但也有人认为把它的开端定在 38 亿年前更合适,因为历来一直将太古宙和地球上生命的出现紧密相连。太古宙前承冥古宙,后启元古宙,这三宙长久以来被统称为前寒武纪,占据了地球史的 85% 之久。

在太古宙之初,太阳照射到地球的能量比今天少 25% 到 30%,但大气中的温室气体却远多于今天,CO_2 的含量是如今地球上的十多倍,以至于地表的平均温度有大约 60°C 之高。

然而,太古宙时的大气中几乎还不含有氧气。可一种非常不起眼的生命却还是在这种缺氧环境中生长繁殖了起来。它就是单细胞的原核生物(细胞结构中没有成形的细胞核),并且以参与岩石沉积构造的方式为我们留下了 34 亿年前的清晰见证,这种岩石也就是我们所谓的叠层石。

人们已了解了这一时期部分“古老的地盾”(分布在加拿大、格陵兰岛、澳大利亚和非洲)的构造,有些岩石后来再也没有发生过变化。

土卫六(Titan,又称为泰坦星),土星最大的卫星,为研究地球在太古宙时期的大气环境提供了一个很好的模型。

晚期重大撞击事件（40 亿年前）

成倍的陨石撞击类地行星，在上面留下了深深的印记。一时间，地球变成了一个不可居住的地方。

我们称这段时间为“晚期重大撞击事件”（Late Heavy Bombardment，缩写为 LHB）。大概是 40 亿至 39 亿年前，陨石和彗星撞击类地行星的次数激增。

根据公认的尼斯模型[9]，这次密集轰炸的原因为一次大型行星（木星、土星、天王星和海王星）运行轨道的后期重组。据推测，此重组打乱了太阳系外部的一些微行星的运行轨道，这些微行星加速冲向太阳系内部，与类地行星相撞。

这些猛烈的撞击在月球、火星、水星以及地球上都留下了印记（地球的程度较轻）：表面的撞击坑让它们看起来千疮百孔。月球表面约有 1700 个坑，以此估算，撞击地球的大型陨石约有 2.2 万个之多。

这些猛烈的撞击并不是没有影响的。要知道，有 40 至 200 个直径比法国的对边距离（1000 千米）还大的小行星撞击了地球，产生的热量足以使一部分海洋蒸发，而那个时候，海洋几乎覆盖了整个地球表面！在距今 44 亿至 40 亿年间，陨石撞击的次数几乎不会超过大轰击期，似乎到了一种平衡的状态，也许地球会有生命诞生的可能，而这一次密集的轰炸使一切又恢复到了从前，扼杀了生命最原初的迹象。生命的进程可能会在之后以一种不同的形式重新演绎。除非，在海底的某个深渊中还有生命幸存下来，并在这一时期结束之后重新繁衍生息。

相关阅读：月球就这样形成了（45.1 亿年前）；生命最初的痕迹（38 亿年前）；危险从天而降（2 亿年前）；陨星坠落对世界的影响（6600 万年前）；钻石坑（3570 万年前）。

一颗流星进入地球大气层的效果图。它因与空气碰撞和摩擦而变得炙热无比。流星的碎片一般都很难落到地表，因为它们在落地之前就已燃尽。

水，至关重要的液体（38 亿年前）

液态水的存在是地球上出现生命的条件之一。

火星诞生之初，它的表面曾经是有液态水的，但在晚期重大撞击事件（距今 40 亿 – 39 亿年）以后，液态水就逐渐消失。与地球相反，如今的火星上已不再有液态水，它本可能和地球一样，但它最终却成了一颗“夭折”的地球。那么，为什么液态水如此重要？

生命体是一个矛盾的个体：它拥有非常有序的结构，而根据热力学的一条基本定律，无序会随着时间一起增长，这个矛盾的关键在于生命体能够消耗能量。因此，生命的首要需求就是能量——在地球表面，最多的能量就是太阳能，最初的生命形态就有可能利用了太阳能。生命的另一个必不可少的元素就是水。

的确，只有水才能给简单有机分子提供有利条件，使它们共同产生化学反应，组成极其复杂而有序的分子排列整体：这就是生命体。

地球表面拥有大量的液态水，它们促成了生命所必需的化学反应，这要归功于水分子相比于其他化合物的独特性。它的分子结构很简单，一个氧原子和两个氢原子就构成了 H_2O。如果水的性质和氢氧两种原子的性质完全一样，那么它就会在 –100°C 凝固而在 –70°C 沸腾，地球上也就不会有生命了。然而水的性质和它们不一样，这多亏了“氢键”，水分子在分子间的力的作用下形成水分子团，水分子团会不断地打散和重建。

水分子的熔点和沸点并不是其唯一的特性。许多物质的确在水中有很大的溶解度，这也与水分子的氢键有关。这些特性对生物细胞的机能有着根本的影响。

相关阅读：地球，蓝色的星球（44 亿年前）；晚期重大撞击事件（40 亿年前）；生命最初的痕迹（38 亿年前）；水资源（2014 年）。

液态水曾经在火星上冲刷出的沟壑。这张图片由美国“火星全球勘测者”（Mars Global Surveyors）探测器收集的信息复原而成（2000 年）。

生命最初的痕迹（38 亿年前）

生命是一个我们熟知的概念，然而我们却很难定义它。要界定生命出现的准确时间同样也很困难。

长久以来，我们都将生物世界（鲜活的）和矿物世界（无生气的）对立起来。自 19 世纪以来，人们渐渐忽略这两者之间的对立。生命的定义非常复杂，对此并没有达成完美的共识。然而，新陈代谢（从环境中吸取营养、进行转化并排泄废物）和繁殖能力等一些标准则得到了一致的认同。

科学家估计，生命最早可能出现在大约 43 亿年前，当时的物理化学条件能够满足生命的诞生，最晚则可能出现在 28 亿年前，那时候的远古生命还在化石上留下了清晰的痕迹。

在这两个时间点之间，地球还遭遇了一次陨石轰炸期，轰炸发生在距今 40 亿至 39 亿年间，如果生命在此之前就已经出现，那么这次灾难很可能毁灭了那些古老的生命迹象。我们因此认为，真正意义上生命的出现是在距今 38 亿至 35 亿年之间。

我们间接观察到的最早生命活动的痕迹形成于 38 亿年前左右。位于格陵兰岛西南部的某些沉积岩的物质成分暗示着当时已有光合作用，因此古老生命在那时就已存在。我们直接观察到的生命最早的痕迹形成于 35 亿年前。位于澳大利亚西部（皮尔巴拉克拉通[10]，世界上最古老的克拉通之一）的一些叠层石，它们的碳酸盐化石普遍由“蓝藻”[11]组成。

非常明确的是，生命至少在 28 亿年前就已出现。在长达将近 10 亿年的时间里，生命一直以古细菌[12]和真细菌[13]的形态存在，它们是地球上仅有的居民。

相关阅读：晚期重大撞击事件（40 亿年前）；巴伯顿的重要线索（36 亿年前）；细菌毯（35 亿年前）；生命造就的矿物（25 亿年前）；雪球地球（24 亿年前）。

古细菌与真细菌不同，因为它们的细胞壁成分不同；古细菌也区别于真核生物，因为古细菌没有细胞核。

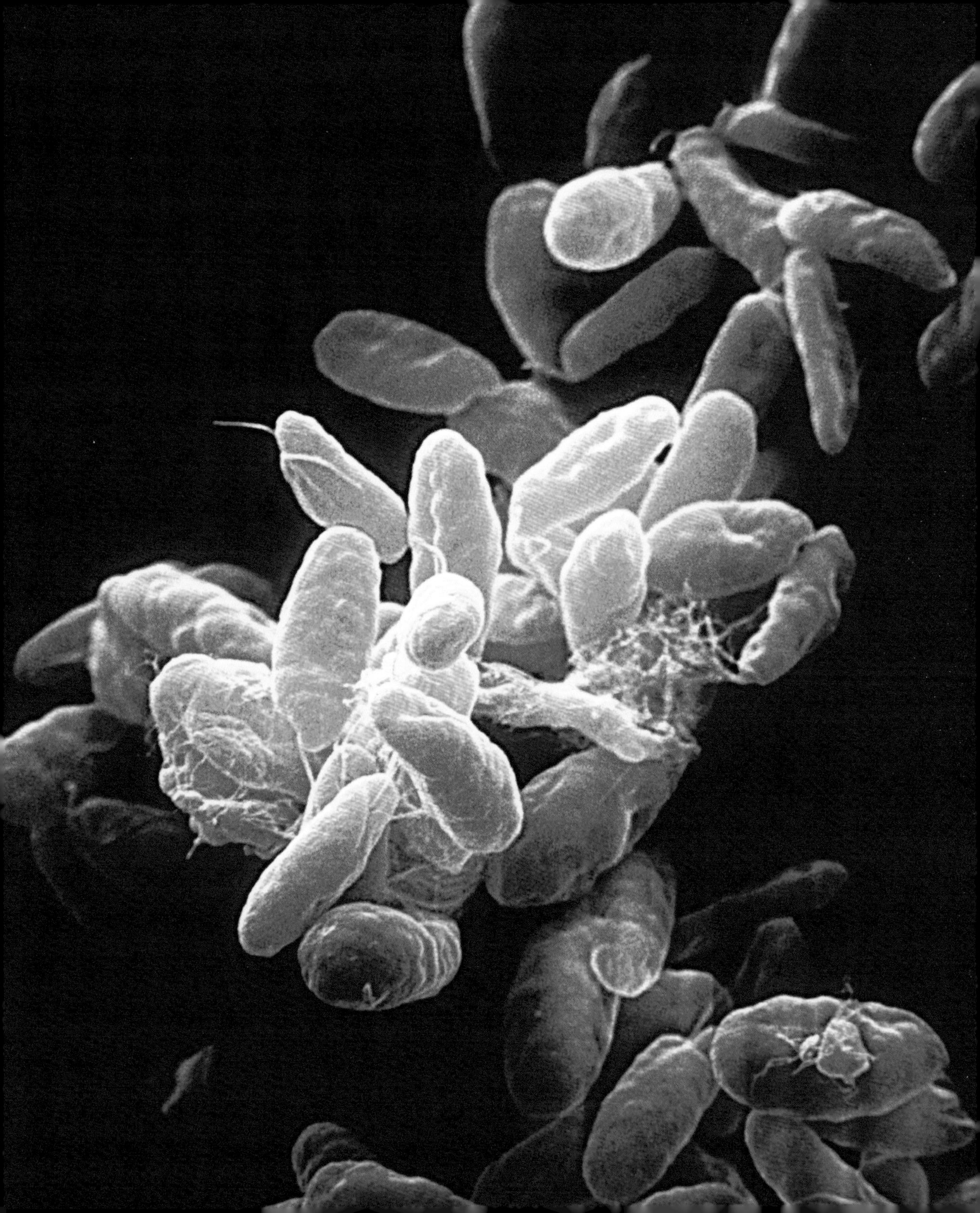

巴伯顿的重要线索（36 亿年前）

特别保存下来的部分岩石为了解地球的古老历史树立了重要的标杆。

我们只能依靠历史留下的证据来认识过去。然而，最古老的岩石通常都是沉默寡语的证人。出人意料的是，某些遗址表现得落落大方，位于斯威士兰以西、南非东北部的巴伯顿山区就是其中之一。

这类岩石形成于太古宙时期，几乎没有变质。它们诞生于距今 36 亿至 31 亿年，是世界三大最古老土地之一，其余两处分别为格陵兰岛西南部（更古老，距今 38 亿年）和澳大利亚西北部的皮尔巴拉克拉通（同样古老）。

在巴伯顿山区，同一层位的岩层给我们讲述了长达 3.5 亿年的历史。这段历史始于 36 亿年前，给我们带来了各类型的信息：关于生命、关于潮汐、关于火山运动、关于当时地壳的形成。仅一个地方就能带给我们如此丰富的线索，这是绝无仅有的。

在这些岩层的底部、科马提河附近，还有至今为世人所知的最古老火山岩：科马提岩（距今 36 亿－33 亿年）。科马提岩是地球在这一时期的典型产物，因为其形成环境远比今天炙热。在这些火山岩和硅质沉积物之上，还有其他一些火山岩与砂岩及条带状硅铁建造[14]组合在一起，“无花果树群”[15]尤其如此（距今 33 亿－32.5 亿年）。在这些层之上，就是砂岩了，它们仍然带有当时的潮汐痕迹，并且是典型的海浪图形，如同我们今天在沙滩上看到的一样！在由融化的二氧化硅沉淀产生的热液[16]沉积中，即我们所称的“燧石”中，也找到了世界上最古老的叠层石之一。

要知道我们还在巴伯顿山区找到了一个保留下来的古老撞击坑，人类曾在那里发现了金，我们的祖先还在里面画了一个个石窟……巴伯顿山区被列入联合国教科文组织世界遗产名录，的确是实至名归。

相关阅读：岩石再未有过的模样（40.3 亿年前）；生命最初的痕迹（38 亿年前）。

正在形成的岩石因急速冷却而呈现出一种叫做“鬣刺”的特殊结构（科马提岩的鬣刺结构）。

黯淡太阳悖论（35 亿年前）

在太阳比今天黯淡的年代，因为有了温室气体，地球才没有被冰川覆盖，因而才能够孕育生命。

这是气候科学的一个大谜题。在太阳系最初的 20 亿年间，太阳光的强度比今天要微弱 20% 至 30%。如果当时地球的大气成分和现在一样，地球将会被冰冻好几个世纪，生命也就会难以维持，更别说繁殖后代了！然而，有确凿的证据表明，当时的情况并非如此，地球表面富含液态水，生命已经出现，在大海里呈现出一片欣欣向荣的景象。

为了破解“黯淡太阳悖论”，人们提出了好几种假说。今天，最新的气候模式能模拟地球早期可能出现的气候情况，也能够对这一悖论做出解释：当时的大气中含有大量温室气体。

既然当时的太阳光更微弱，生命的进化也就更加缓慢。地球上的生物既不能大量释放氧气，也无法将 CO_2 转化为碳酸盐。陆地上没有植被，因此硅酸盐质的岩石就不会因 CO_2 被植物的根吸走而变质。大气中的 CO_2 含量比今天要高 10 倍到 100 倍！空气中没有氧气，因而甲烷（CH_4）可以长时间存在而不被转化为 CO_2（今天，甲烷可在十年的时间内被转化为 CO_2）。因此，空气中的甲烷含量也比今天要高出许多。

有了如此大量的温室气体，即便有“寒冷”的太阳，年轻的地球也可以保持和如今相似的温暖气候，也有助于维持地表的液态水。今天，温室气体可以将地表的平均温度维持在 15℃左右，如果没有它们，地表平均温度将降至 –19℃。

相关阅读：冥古宙（45.7 亿 – 40 亿年前）；氧气有毒！（35 亿年前）；太阳变成红巨星（50 亿年以后）。

日出与日落似乎记录着太阳的生命节奏。事实上，那只不过是地球的节奏。太阳有它自己的经历，它走过了童年，如今已走完了一半的生命旅程。

细菌毯（35 亿年前）

叠层石是生物形成的岩石，它携带着最古老的生命的痕迹。

对于过去，除了它留给我们的信息，其他的我们一无所知。而那些最早的没有细胞核、极其微小、不含硬质成分的生物（原核生物），保存下来的几率微乎其微。这些生物虽然小，但却数量可观，和其他生物一样，它们也会进行物理化学活动，并留下痕迹。我们可以据此知道是谁留下了这些痕迹。

叠层石里就可以找到这样的信息，它有钙质的堆积，呈现简单的波状层理，或呈花菜固结状，有的岩层还很厚。这些岩层构造中还有帮助它们形成的生物的印记，其中最古老的可以追溯到 35 亿年前（我们已在澳大利亚的皮尔巴拉、南非的巴伯顿发现）。

这些能够进行光合作用的生物吸收二氧化碳（CO_2）而释放出氧气（O_2），因此在紧挨着光合作用的区域，化学反应中产生了不平衡，后来通过碳酸钙（$CaCO_3$）的沉淀而达到平衡。这些细粒逐层沉积就形成了叠层石的薄层碳酸盐类沉积构造。

目前存在的叠层石至少由 3 种微生物群落形成：表面是一层薄薄的蓝藻，中间一层光合细菌，最下面一层是在无氧环境中生存的细菌——即所谓的厌氧微生物。我们因此猜测，在 35 亿年前，多个微生物群落可以共存。我们不仅可以在几十亿年前的岩石中找到这些微生物群落，在更年轻的沉积岩中也找到它们的踪迹，比如法国利马涅平原的第三纪[17]钙质化石。

相关阅读：生命最初的痕迹（38 亿年前）；巴伯顿的重要线索（36 亿年前）；生命造就的矿物（25 亿年前）。

叠层石自生命的初始阶段就已存在，形成的一些石结构要么像巨型涡虫，要么像墩状软垫，如右图中位于澳大利亚鲨鱼湾的叠层石。

氧气有毒！（35亿年前）

氧气作为当时那些生物产生的废气，渐渐地改变了环境。它迫使生命适应这种改变，以便从中汲取能量。

当最原始的生物在水里出现的时候，地球的大气中还没有氧气。这些生物在太阳光的照射下将水和二氧化碳转化为糖（碳水化合物），也就将光能这种转瞬即逝的能量进行了转化，产生一种化合物，以便将能量储存起来。这个转化过程还排放出一个副产物——氧（更确切地说，是氧气，由两个氧原子构成的分子，O_2）。

排放出的氧气对当时的生物来说是有害的。但生命会慢慢适应，某些生物最终将这种有害气体加入到它们新陈代谢的过程中，如此发展下去，以至于到了今天，氧已成为一切生命的最基本元素之一。从某种程度上来说，适应氧气对生物而言是有利的，因为有氧反应（好氧微生物）比无氧反应（厌氧微生物）产生更大的能量。

最早的生物所产生的氧并没有立即在大气中聚集起来。事实上，氧气首先与水里的铁发生反应，形成铁的氧化物，氧化物也依然停留在水中。据估计，原始的海洋含有大量的铁元素，大约吸收了生物在10亿年间释放的氧气。到了25亿年前，海里的铁才被完全氧化了，随后氧气逐渐地进入大气；到6亿年前时，大气中的氧浓度已与今日相当，生命也即将走向水域以外的世界。

相关阅读：大气的变化（24亿年前）；臭氧层（6亿年前）。

影响生物圈的一系列事件使人想到印度宇宙起源说中的一个代表形象：跳舞的湿婆。湿婆神既主宰着世间之创生，又主宰着世间之毁灭。

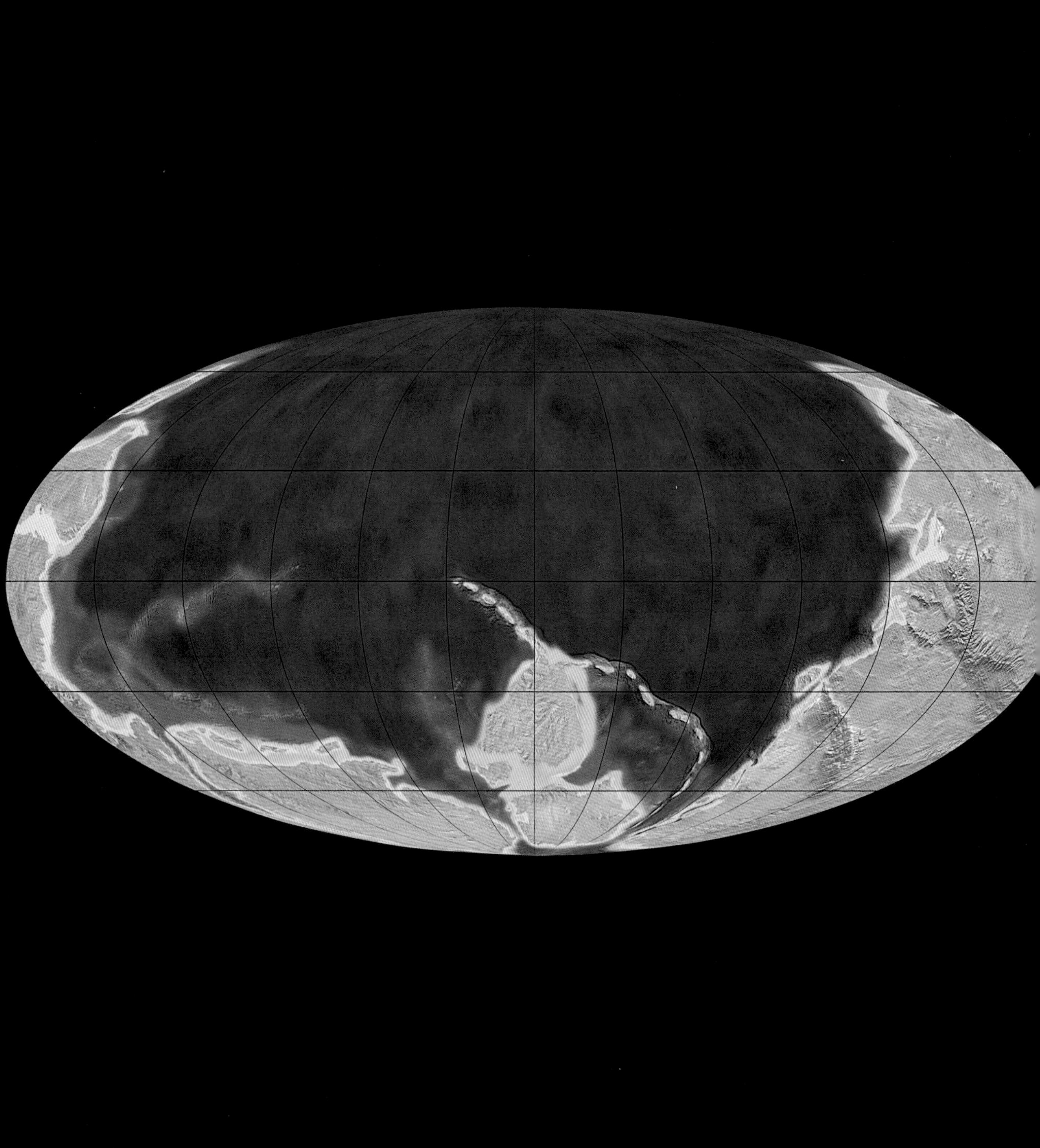

元古宙

（25亿－5.4亿年前）

元古宙是前寒武纪中离我们最近的一个时期。这一宙很长，几乎占据了地史的一半。它前承太古宙（25亿年前），后启显生宙的古生代（5.4亿年前）。在这一时期内，出现了最原始的多细胞生命形态，也出现了最原始的动物。

在元古宙初期，氧气被大量释放到海洋中以及陆地上空，也就是我们今天所知的“大氧化事件”，或者说是氧的灾难，这一事件发生在大约24亿年前，即古元古代时期。微生物大量繁殖，吸收 CO_2，释放出 O_2，环境渐渐发生改变。到了元古宙中期，一些细胞有了细胞核。O_2 这种有毒气体成了它们“能量机舱”中的原料，它们也因此适应了环境。

元古宙的末期出现了最原始的多细胞生命形态——埃迪卡拉生物群[18]（距今6.35亿－5.41亿年），随后出现了最原始的三叶虫，这是一种海洋节肢动物，其身体可纵向分为三叶，三叶虫的出现标志着元古宙正向古生代过渡。

从地质学角度来看，元古宙沉积形成了数量惊人的沉积岩，它们富含铁，含有较厚的碳酸盐。地球也经历了初次大冰期，这也给地质学定义了一个新的纪：成冰纪（距今8.5亿－6.35亿年）。在这一纪，地球有可能被冰川完全覆盖。

元古宙时期大陆样貌复原图（6亿年前）：陆地聚成一片，周围是广阔无边的海洋。

生命造就的矿物（25 亿年前）

矿物的多样性不仅归功于形成矿物时的温度和压力条件，更多亏了地球上的生命。

地球形成的时候，化学元素迅速分离与浓缩。一些元素聚集在金属构成的地核中，另一些则分布在岩石圈地幔中。原本如太阳星云[19]般的同质结构在这一过程变为多种多样的化学成分，并从中结晶出不同的矿物。最初仅有十几种矿物，到微行星汇聚形成太阳系各大行星时，矿物就达到了将近 250 种。

在地球上，构造运动将表层岩石带向深处，这些岩石因而分布在不同的温度和压力条件下，发育出变质作用中的特殊矿物。在地球最久远的土地里，我们能区分出大约 1500 种矿物。生物在繁衍进化的同时，也创造了前所未有的物理化学条件。对矿物来说，光合细菌产生的氧气开启了新的天地。氧气氧化了露出地面的矿物，也就是矿物“生锈了”。这看似寻常的过程给地球表面的化学条件带来了最为显著的变化，同时也是矿物历史上一个尤为关键的阶段。2900 种新的矿物就此问世，其中就包括美轮美奂的绿松石、蓝铜矿、孔雀石……此外，生物本身也会产生某些特殊的矿物，这一能力也影响了地球的面貌，如埃特雷塔峭壁[20]和韦尔东峡谷[21]，它们由天然钙质的骨骼结构（贝壳）聚集而成，是死去的生物创造的杰作。

总而言之，我们今天所知道的 4400 种矿物中，有 2900 种（即三分之二）与地球上的生命息息相关，它们的出现并不仅仅是爱好者的福音，同时也使地球变得更加与众不同：水星上大约有 350 种矿物，而火星在其表面还有水的时候，矿物达到了 500 种（其中 150 种矿物的形成与水相关）。

相关阅读：地幔下的地核（44.5 亿年前）；生命最初的痕迹（38 亿年前）；地球的天文周期（2.25 亿年前）；动物粪便组成的悬崖（8500 万年前）。

孔雀石和蓝铜矿（碳酸铜）的结晶，附着于硅孔雀石（氢氧化铜的硅酸盐）上。这是地球生命繁衍的间接产物。

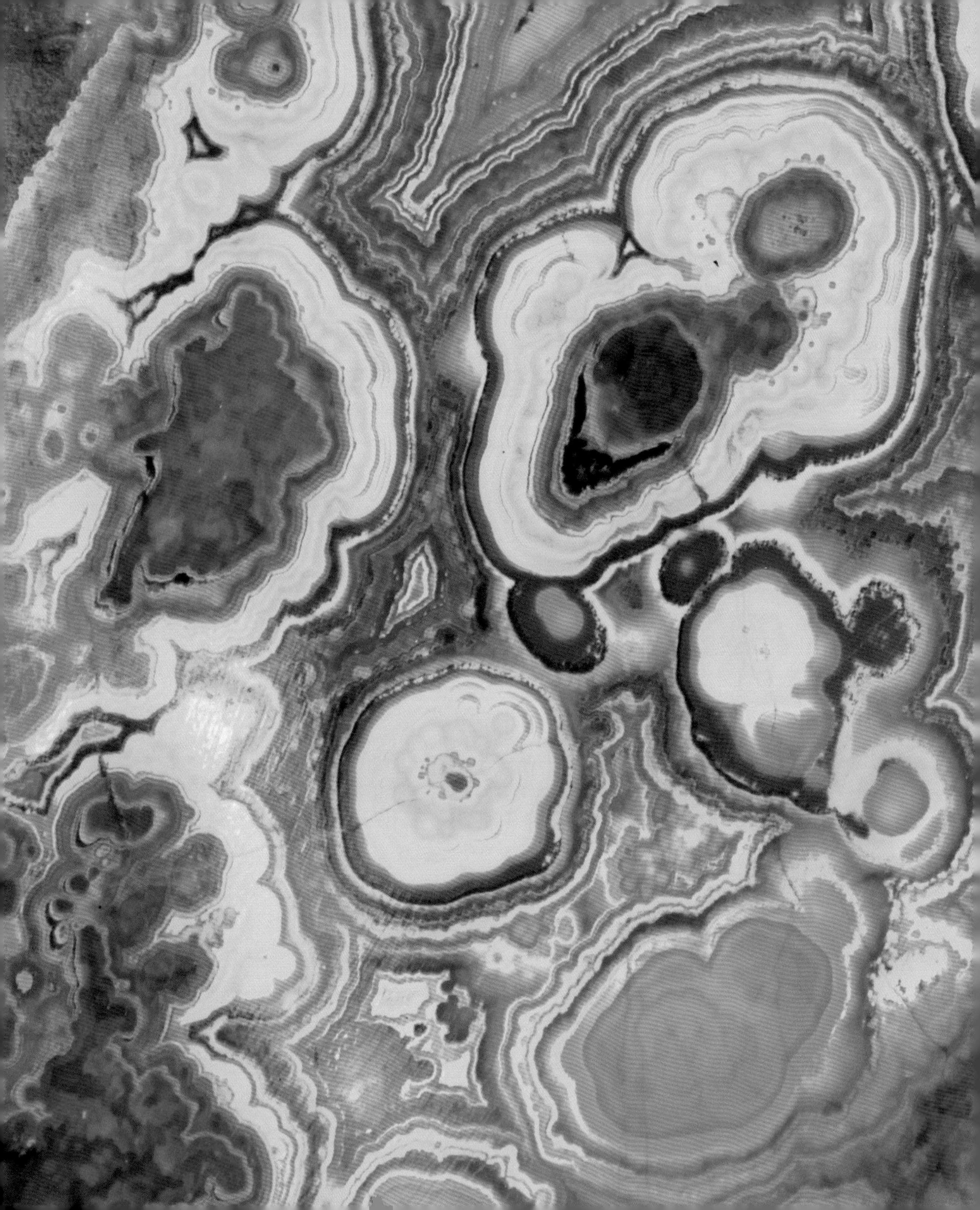

地质构造的转折点（25 亿年前）

自 25 亿年前起，板块之间只进行水平运动，地球从此不再形成以前那样的岩石。

25 亿年前，地球的内部比今天更热，地热在洋中脊通过对流向外释放，当时的洋中脊比今天的长，它们是板块的分界线，那时的板块比现在小且多：长约 300 到 400 千米，而如今的板块已有几百万米长。

和现在一样，那时候的板块也在地球表面水平移动。虽然这一水平构造与今天相同，但当时的垂直构造运动今天已不复存在。在大陆板块中心发生了一种沉陷（sagduction）现象。垂直构造的动力来源于重力。炙热的岩浆（即可以形成科马提岩的）涌上陆壳的表面，冷却形成的岩石比之前的陆壳密度要大。受重力影响，这些岩浆岩趋向于下沉，形成的垂直结构看起来就像一滴滴糖浆，这就是我们所说的沉陷。

大约在距今 25 亿年的时候，科马提岩消失了，这种垂直地质构造也随之消失。这是地球构造过程中的一个分界点：25 亿年前，参与塑造地表的两种地质构造模式分别为水平构造运动和垂直构造运动；距今 25 亿年后，只剩下水平构造运动这一种模式。

相关阅读：晚期重大撞击事件（40 亿年前）；巴伯顿的重要线索（36 亿年前）；雪球地球（24 亿年前）。

这张卫星图见证了沉陷构造现象：几十万米的岩块（浅色部分），被“绿色的岩石带”（颜色更深的部分）划分开。照片上的澳大利亚的皮尔巴拉地区，跨越了近 1000 千米的距离。

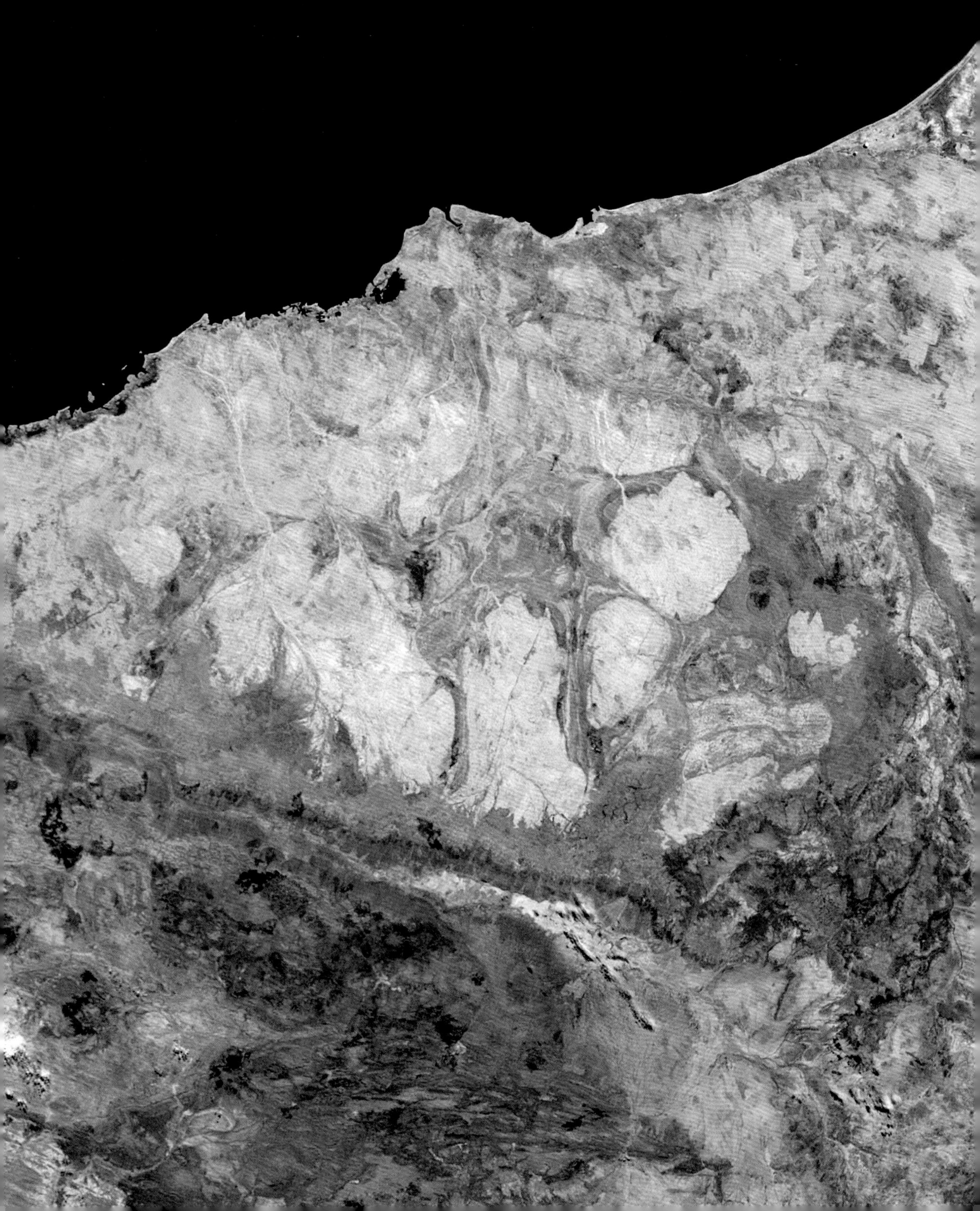

大气的变化（24 亿年前）

越来越活跃的光合作用降低了大气中 CO_2 的比例，提高了 O_2 的比例。

今天，金星和火星的大气中含有大量的 CO_2（分别占 97% 和 95%），而地球的大气含氧量已达到 21%。经年累月的努力才达到了如此高的含氧量。

大约 38 亿年前，地球上出现生命之后，最初，空气中的氧气浓度增长异常缓慢，一直处于极低水平，只相当于今天的十万分之一。

虽然最新的研究表明大气中的氧气浓度在 30 亿年前就达到了一个峰值，但真正决定性的改变还要等到距今 24 亿年左右，也就是将近元古宙初始时期。这一关键阶段就是“大氧化事件”危机，也叫做“氧气灾难”。氧气浓度大幅度上升，浓度最高时占当时大气的 4%（今天的氧气浓度为 21%），氮气和 CO_2 依然是大气的重要组成成分。

在此之前，蓝藻光合作用产生的氧气与海洋中的化合物发生反应，主要和二价铁生成赤铁矿和磁铁矿沉淀。氧气既不在水中聚集，也不在大气中聚集。

但从此以后，情况就发生了变化：海水里溶解的铁元素耗尽之后，氧可以在海水中停留，然后进入大气，大气因此具有了氧化性。这对生命而言是一个重大的生态危机，因为氧气对当时的厌氧微生物是有毒的。另外，氧气还氧化空气中的甲烷（CH_4），而甲烷是一种温室气体，于是地球开始变冷，直至进入“休伦冰河时期”，这一时期很有可能是地球历史上最持久的“雪球”时期，直到 21 亿年前才结束。

此后，大气中氧浓度的增高形成了臭氧层，有了臭氧层，生物由海洋走向陆地成为可能。因此，水中的溶氧超过饱和度极值，很有可能正是打开新的进化通道的钥匙，生物的体型将更巨大，结构也将更加复杂。

相关阅读：氧气有毒！（35 亿年前）；雪球地球（24 亿年前）；臭氧层（6 亿年前）。

在空间站看到的月球、地球及其大气层。

雪球地球（24 亿年前）

生命温暖人心，但却使气候变冷，使地球在一段时间内不断地被冰封、解冻，再被冰封……

自 24 亿至 21 亿年前，地球经历了第一个冰河时期——休伦冰河时期，这是地史上最长的冰河时期之一。它的名称源自发现于北美洲的休伦湖地区的冰碛（我们目前在芬兰也发现了同时期的冰碛）。在这段冰河时期内，地球表面首次完全被冰覆盖。

这突如其来的冰河时期和当时的大气变化有关。生命在地球上诞生，细菌（原核生物）的光合作用开始释放氧气。同时，处于成形阶段的石灰岩吸收空气中的 CO_2，使大气中的 CO_2 含量显著降低。这一温室气体的减少导致地表温度下降，况且那时候太阳照射到地球上的能量仅为今天的 85%。几万年间，温度降到了 − 50°C，水冻结成冰。整个地球表面被冰川覆盖，白雪皑皑的地球将更多的太阳辐射反射回太空；反射率增大又反过来加剧地球的寒冷，地球的冰冻程度更高（我们将之称为正反馈）。在长达几百万年的时间里，从两极到赤道，整个地球成了一个冰球，地表平均温度为 − 10°C。

这样的处境本应是不可逆转的。然而，地球内部仍然保持活跃，火山释放出的 CO_2 在冰盖下聚集，直到冲破冰盖，涌入大气，温室气体便骤然增多，地表温度再度回升。解冻地球只需要几万年的时间。3 亿年的冰河时期中，一共经历了 4 次从冰封到解冻的过程。

相关阅读：生命最初的痕迹（38 亿年前）；黯淡太阳悖论（35 亿年前）；大气的变化（24 亿年前）；回归寒冷（7.5 亿年前）；第一次生物大灭绝（4.45 亿年前）。

地球曾被完全冰封，看起来应该就像今天的北极一样。图为从飞机上俯瞰北极的风光。

海洋中的铁矿（24 亿年前）

20 亿年前水生微生物的生命活动成就了今天的大型铁矿。

在最早的光合作用生物开始产生氧气并改变海洋和大气之前，即 24 亿年之前，大气中含有大量 CO_2，海洋里含有大量二价铁（Fe^{2+}），二价铁溶解在水中，呈现出绿色。

当光合作用产生的氧气进入水中，一切就开始有了变化。二价铁很快被氧化为红色的三价铁（Fe^{3+}），三价铁的氧化物因不溶于水而在海底沉积形成岩石。

在不利于光合作用生物（蓝藻）生长的阶段——比如温度低的时期，或是陆地干旱的时期，流入海洋的蚀变产物就减少，这会放缓甚至终止氧气的产生。这样，岩石中就会有红色较浅的一层，因此形成了带状纹路：红色细腻的铁质岩层与灰色或暗绿色的硅质岩层相间隔。

在古老的地盾（现位于澳大利亚、南非和巴西）上，我们找到了层层堆积的条带状含铁建造[22]（Banded Iron Formation，简称 BIF）。今天开采的铁矿石有 80% 以上都来源于这类带状构造铁矿。

氧化的铁元素沉淀之后，海洋变得更加清澈，阳光能照射到更深的地方，光合作用也就能在更深的水域中进行了。海水的清澈促进光合作用，也加快了氧气的产生。

相关阅读：细菌毯（35 亿年前）；生命造就的矿物（25 亿年前）；臭氧层（6 亿年前）；从光合作用到化石燃料（4.4 亿年前）；消耗能量的骨骼（1.6 亿年前）；生物磷酸盐（7000 万年前）。

巨大的铁矿床是水中微生物生命活动的结果，比如这些位于澳大利亚的铁矿层（在非洲和南美洲也有分布）。

最早的多细胞生物？（21 亿年前）

2010 年在加蓬发现的化石结构，使我们对生命进程的看法发生了革命性的改变。

有一个发现对我们之前了解的生命诞生史提出了质疑。

2008 年，在加蓬的弗朗斯维尔发现了 250 多块化石。2010 年，以普瓦捷大学地质学家阿德拉扎克·阿尔巴尼（Abderrazak El Albani）为首的 21 位学者组成的国际专家组对其进行了详细描述。据分析，这些化石源自黑色黏土沉积，与三角洲浅河道的填充物或是与更深的海底淤泥[23]有关。化石长度在 5 厘米至 12 厘米之间，厚度从 1 到若干毫米不等，呈现出波浪形块状，中间还包含黄铁矿（铁的硫化物）。

在研究中，他们通过医疗扫描器发现了一种多细胞结构，具有一定的组织能力和细胞间交换能力，可以完成形变以及一些协调的动作。研究人员认为这是可交流的细胞组成的集合体，能够协调地移动。这些化石的内部形态以及有机组织分析也表明了某些分子的存在（甾烷[24]），而这是有核细胞（真核生物）所独有的。对于发现者来说，这些加蓬化石极有可能是多细胞真核生物的聚居地。

唯一的问题是，这些化石已有 21 亿年的历史。然而，专家们一直认为有组织的多细胞生物不可能早于距今 6.7 亿年。人们也一直相信，20 亿年前，地球上生命的形态仅仅是单细胞微生物，这些微生物可能会聚集成群，形成“细菌毯”。

如何解释呢？这一发现并没有被驳倒。然而，有些科学家对其分析阐释提出了质疑，认为这些化石只不过是细菌毯被矿化的结果。另一些科学家持谨慎态度，他们强调，某些单细胞生物的集合体也具有自行移动的能力。

相关阅读：生命最初的痕迹（38 亿年前）；细菌毯（35 亿年前）；真核细胞驯服了光（15 亿年前）；埃迪卡拉，第一个知名生物群（5.85 亿年前）。

在加蓬发现的化石结构，其是否为多细胞还备受争议。这张图片的视角范围约 20 厘米。

细胞拥有了一个核（21 亿年前）

进化的过程中，可能因为某一个原始的真核细胞吞噬了原核细胞，从此就出现了核膜。

与原核生物相反，真核生物——不论单细胞还是多细胞——的细胞内都具有细胞核。目前能证明的最早真核生物生活在 16 亿年前，也许它们更早就出现了：在一块具有 21 亿年历史的化石上，发现了与藻类非常相似的生物，而在加蓬的弗朗斯维尔，甚至有迹象表明 21 亿年前就已出现了复杂的真核生物。

真核生物与原核生物的区别在哪儿呢？总的来说，我们可以通过膜结构来对一个细胞进行分类。细胞囊括一个内部环境，即细胞质，还有遗传物质，即一条或多条染色体。最原始的生命形态（真细菌和古细菌）属于原核生物：它们的遗传物质直接浸泡在细胞质中。之后出现了真核生物，它们有了一种新的膜结构——核膜，它将细胞质与储存遗传信息的细胞核分隔开。

生物学家们并不清楚这层细胞内部的分隔膜是如何出现的。但自 1970 年以来，他们猜想是由于原核细胞之间的捕获与融合（古细菌与真细菌之间，或细菌与原始真核生物之间）导致了真核细胞结构的形成。这也解释了为什么真核生物几乎都比细菌的体积要大。

然而这一理论也留下了许多悬而未决的问题：核膜上的孔（核孔）在原核细胞的细胞膜上并不存在。而且，如果一个古细菌细胞作为一个细胞核的来源，被一个真细菌细胞或一个原始真核细胞吞噬，那么古细菌的遗传物质本应进化得越来越复杂，但我们观察到的却是其基因的缩减，这着实令人费解。最后，关于主体细胞的基因及所有携带信息的蛋白质是如何消失的问题，也依然得不到解释。

相关阅读：氧气有毒！（35 亿年前）；生命造就的矿物（25 亿年前）；最早的多细胞生物？（21 亿年前）。

草履虫细胞被不同试剂染色后，能清晰地显现出中部的细胞核（放大 120 倍）。

线粒体在细胞中安家（20 亿年前）

出于偶然的相遇，生命拥有了一个特别的产能系统：线粒体。

随着真核细胞的诞生，细胞内部的分隔开始出现：细胞核将遗传物质与各种细胞器隔离开来。生物学家一致认为，在这些细胞器中，线粒体是因 20 亿年前变形菌门[25]的一种细菌的内部共生[26]而产生的。

在好几百万年的进化过程中，不同的细胞以不同的方式相遇。某些细胞吞噬并消化吸收其他细胞。有时候，这样的消化并不是那么成功，甚至于被吞噬的细胞能在主体细胞中繁殖。又过了一段时间，吞噬细胞失去了自己的主动性，完全成为了一个细胞器。

当这种结合顺利完成并能给整体带来益处时，就达成了共生关系——确切地说是内部共生，因为一方生活在另一方内。某些细菌能将分子所含的能量转化为供其他反应所需的能量，它们可能被真核的厌氧微生物细胞所吞噬，并由此成为了细胞的产能机器：线粒体。线粒体用环境中的氧气进行放热的氧化反应，将能量存储在磷化物中，并且可以逐渐根据需要而释放出来。因此，线粒体成为了细胞的呼吸中心和能量中心。

内部共生的猜想得到了进一步的肯定，是因为线粒体有自己的 DNA 和小细胞器，并且也含有完整的遗传体系，可以自我复制。线粒体的 DNA 序列也与细菌的相似，但与真核生物不同。

相关阅读：生命最初的痕迹（38 亿年前）；细胞拥有了一个核（21 亿年前）。

线粒体（图中粉红色）是细胞器，也是细胞的能量中心。

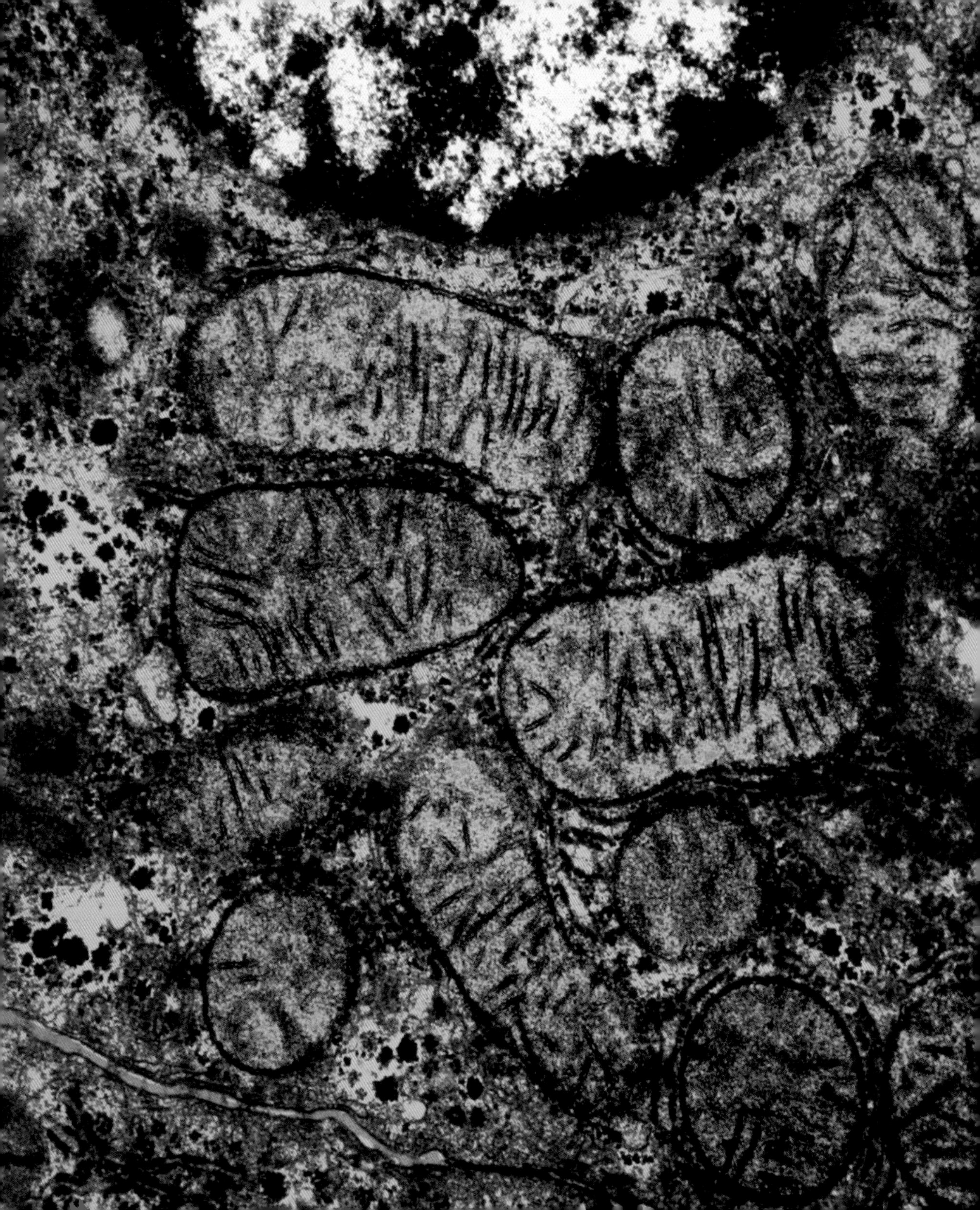

天然核反应堆（19.5亿年前）

在加蓬，十几个天然核反应堆已经运行了十几万年。

20亿年前，铀235（235U）在天然铀（主要为238U）中占的比例比今天高很多，因为235U的衰变速度是同位素238U的6倍以上。和今天一样神奇的是，天然铀能自发进行链式反应，只要自然环境能满足这几个条件：矿石中的铀充足适量且浓度高、有足量的水、没有吸收能力强的元素。19.5亿年前的自然环境就满足这些条件，位于加蓬弗朗斯维尔附近的奥克洛矿区，好几座天然反应堆独立运行了十几万年，通过裂变放热，就像今天人类建造的核电站一样，只不过效率低一些，放电功率仅几十千瓦。

这一世界上绝无仅有的现象是如何发现的呢？1972年6月，法国物理学家弗朗西斯·佩兰（Francis Perrin）正在分析皮埃尔拉特浓缩工厂的日常运作，观察到某一六氟化铀（UF6）样品的同位素含量异常，而这块样品正是来自奥克洛矿场。

在奥克洛的反应堆裂变产生的化学元素中，有的留在了原地，而有的迁移到了别处。裂变的产物之一钚元素（Pu）则完全保留在原地，直到它由α衰变[27]而消耗殆尽（半衰期为2.4万年），转化为铀235，因此铀得以部分重建[28]。据观测，自距今20亿年之后，放射性废物只小幅移动（几厘米，最多几米），即便矿区的环境条件可以满足再活化（如蚀变等）。如此说来，大自然提供了这样的环境条件，放射性材料在那里已被完全幽闭了几百万年。

相关阅读：放射性的发现（1896年）；人类征服了一个新能源（1942年）。

上图：加蓬奥克洛，大约20亿年前，核反应堆开始“启动”，且完全不借助外力。右图：贫铀样品（铀238）。

真核细胞驯服了光（15 亿年前）

由于内部共生，一个蓝藻细胞变成了一个细胞器：叶绿体。主体细胞成为植物细胞，从此可以靠光来生存。

如此漫长的生命史中，有许多奇遇是在我们人类的时代无法想象的。大约在 20 亿年前，细胞通过吞噬一种细菌细胞而拥有了产能细胞器，到了 15 亿年前，又将迎来生命进化的另一关键的相遇。植物细胞中的关键细胞器出现了，这个重要角色可以利用光进行光合作用，它就是叶绿体。

和线粒体一样，叶绿体也是因内部共生现象而出现。以蓝藻为代表的某些微生物因体内含有色素而能够捕获光，进而合成自身的有机物，尤其是单糖和多糖。我们称这样的微生物为光合微生物。

大约 15 亿年前，真核细胞在吸收外部元素的同时，也摄入了某些光合细菌。经过一番调整，不同的细胞变成了共生的伙伴。由此一来，基因在主体细胞核、新并入的细菌以及已存在的细胞器（线粒体）内都实现了传递。合成的细胞含有其细胞核、线粒体和新成员的遗传物质。细胞从此自给自足。

生命发展历程中的重大变革带来了巨大而又费解的谜题，其复杂程度令人惊叹。细胞结合的秘密隐藏在如此漫长的时间里，中间也可能发生过不计其数的进化尝试。我们之所以惊讶，可能是因为这样漫长的过程已经超出了我们的想象……布丰说："时间是伟大的工匠。"

相关阅读：细胞拥有了一个核（21 亿年前）；线粒体在细胞中安家（20 亿年前）；从光合作用到化石燃料（4.4 亿年前）。

叶绿体是通过光合作用将光和二氧化碳转化为糖的细胞器。图为透射电子显微镜下的叶绿体。

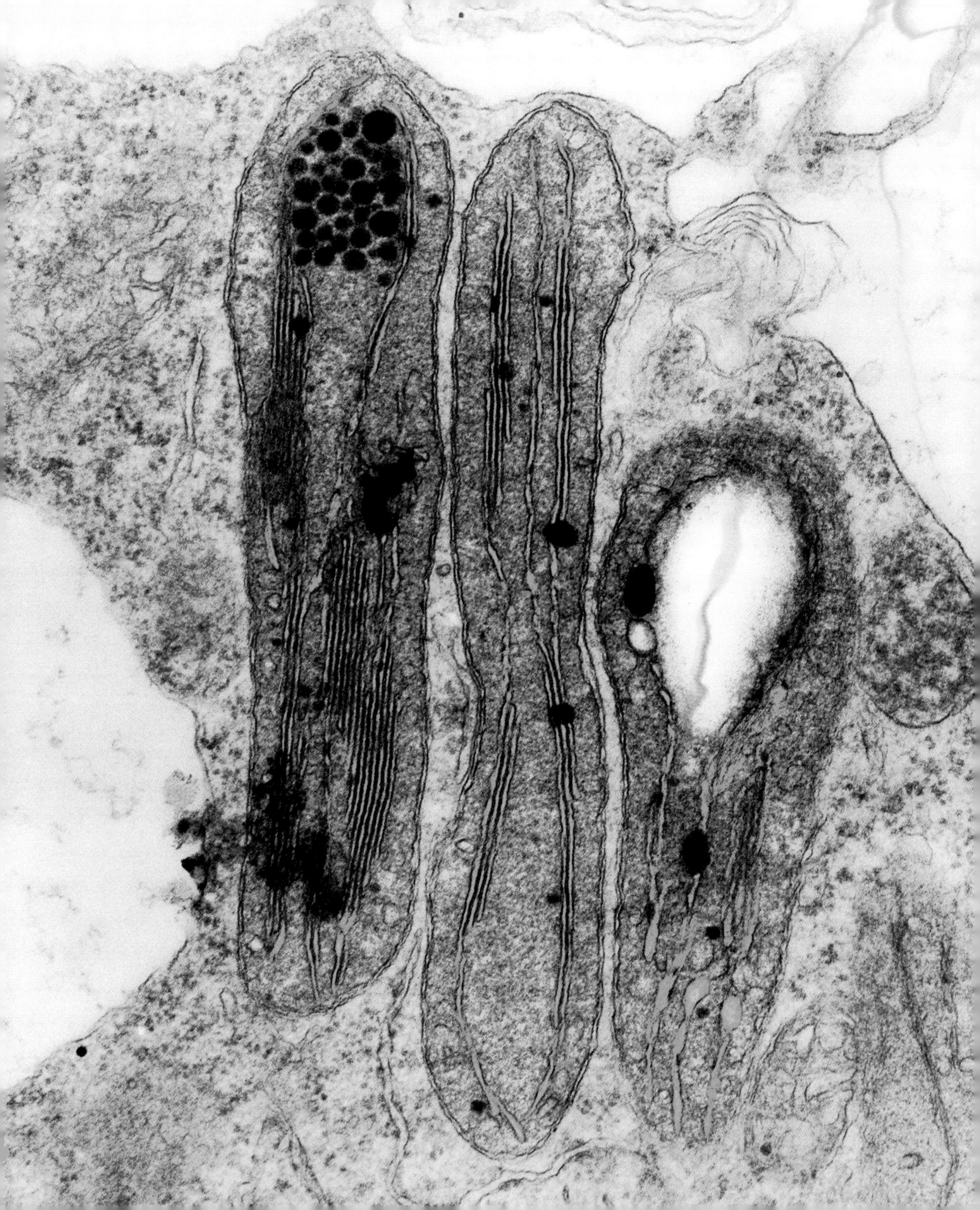

繁殖新模式（15 亿年前）

有性生殖的出现使得基因组合多样化，从而带来了生物多样性的大爆发。

在生命出现后长达 23 亿年的时间里，生物一直都通过简单的分裂进行繁殖。除了偶然的突变之外，基因不会发生改变：一代又一代，基因几乎都是完全一致的。

有性生殖的出现是生物进化中的一件大事。我们不清楚它是什么时候在什么条件下出现的，但我们已经在澳大利亚发现了减数分裂形成的四分体细胞，它可以追溯到 15 亿年前。我们还知道这一新模式是通过发生两次独立的分裂来完成的：细菌的准性生殖[29]是这样，受精和减数分裂机制也是这样。今天的动植物几乎都是这样进行有性生殖的。

从进化的角度看，有性生殖是生命延续的唯一机会。减数分裂时，含有两组染色体的正常细胞分裂成只含有一组染色体的性细胞（卵子和精子）。受精时，雄性细胞与雌性细胞结合，因此两组不同的染色体重组在一起。这种基因重组形成了个体多样性，也有利于新物种的出现。但有性生殖的代价很高昂，尤其是时间和资源的耗费——比如，我们想象一下某些雄性为了吸引雌性而装饰自我（如孔雀的羽毛），这些装饰耗费巨大而对繁殖本身并无实际用处，甚至可能带来危险，因为这也会吸引捕食者的注意。5% 的真核生物通过孤雌生殖[30]的方式自我克隆，它们曾在进化的历程中借助过有性生殖的方式，但最终还是放弃了。

因此，有性生殖也不是万灵药。但从长远来看，放弃这种方式的生物，其后代的存活时间可能会更短。也是出于这个原因，我们观察到的大多是进行有性生殖的物种。

相关阅读：生命最初的痕迹（38 亿年前）；细胞拥有了一个核（21 亿年前）；线粒体在细胞中安家（20 亿年前）；真核细胞驯服了光（15 亿年前）；查尔斯·达尔文的旅行（1831 年）。

雌性水母的性腺在其伞状身体周围排出成熟卵子。这些经减数分裂形成的成熟卵子，为基因重组做好了准备。它们将在海里遇到雄性水母排出的精子，完成受精。

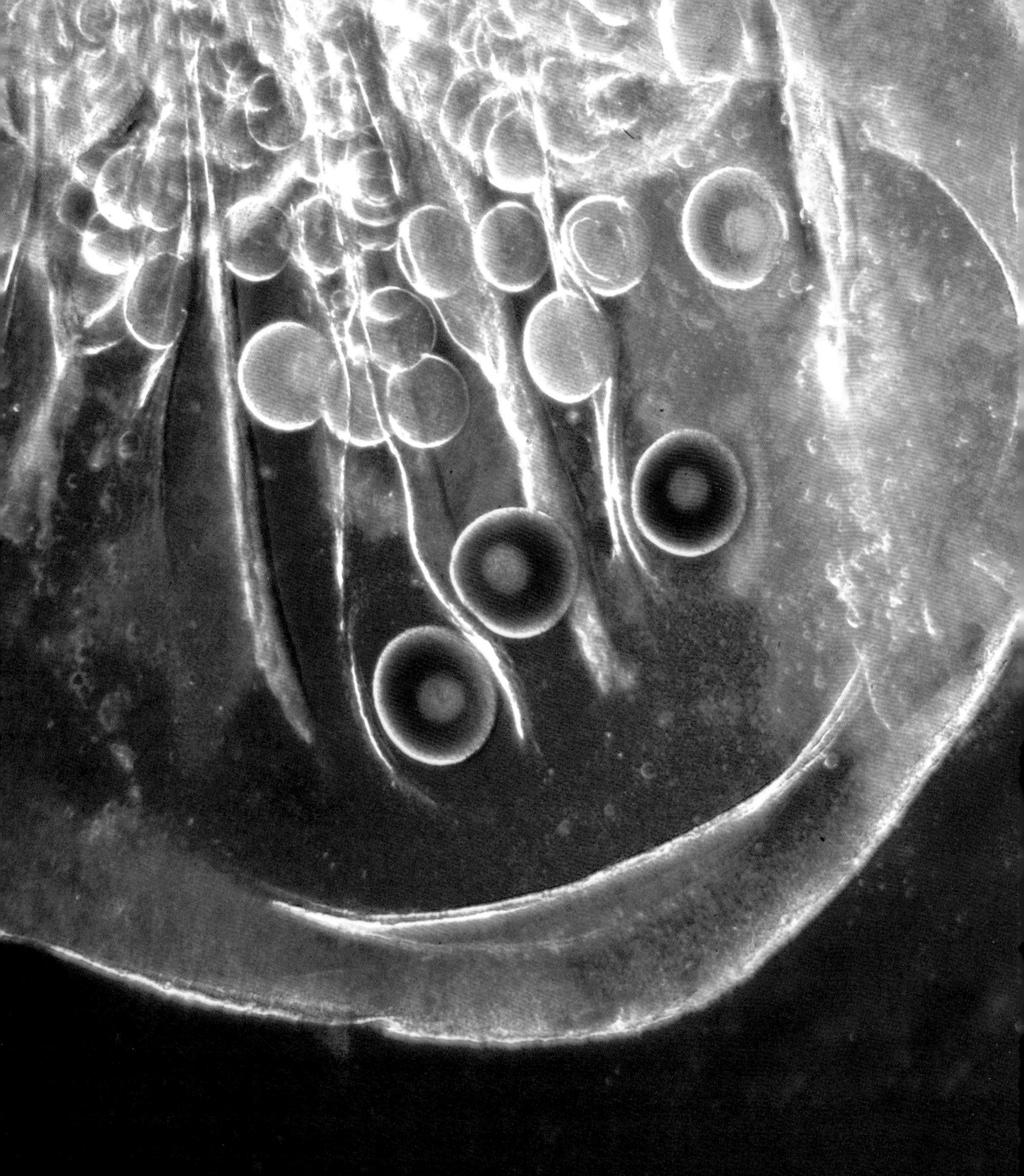

罗迪尼亚超大陆（11 亿年前）

在移动的舞步中，板块构造把陆块拼合在一起。有一条大型山脉就是板块结合的痕迹。

今天的格林威尔造山带从魁北克延伸至墨西哥，绵延几千千米。它的形成原因是两个大陆板块相撞，即古北美洲大陆（北美地盾）和古南美洲大陆（南美地盾），由此形成了一块超大陆：罗迪尼亚（Rodinia，俄语中“祖国”的意思）。约 11 亿年前，这块超大陆集结了当时几乎所有的陆块，四周是汪洋大海。美国东海岸当时与南美西海岸比邻，而澳大利亚则连着美国西海岸。当时的世界版图是多么的不同！

除了这些连成一块的地区，罗迪尼亚还包括一片广袤的河漫滩[31]，上面覆盖聚集着细沙。这片河漫滩的颜色可能是铁锈色的，一片荒芜，因为当时生命还不能离开水。大气的含氧量仅为今天的 5%，还不足以形成臭氧层来抵御紫外线。当时的沉积构造也向我们展示了一些脱水的形状和波纹，特别是许多生物结构、叠层石，它们展示出不同的面貌：片状、花菜状、毯状、柱状……

罗迪尼亚超大陆持续了几亿年，最后因地球内部运动的影响，分裂成了好几块大陆。在罗迪尼亚出现之前还有其他的陆块组合，但要复原似乎也不容易，因为在分裂－组合的过程中，陆块一直在分裂、被打乱、被彻底改变。好几亿年后，另一个更著名的超大陆出现了，它也几乎囊括了所有土地，它就是泛古陆。

相关阅读：臭氧层（6 亿年前）；大陆分离（2.5 亿年前）；南大西洋的扩张（1.3 亿年前）；巨人之路（5000 万年前）。

蒙特朗布朗国家公园，位于加拿大魁北克洛朗帝德区，那里分布的岩石有 10 亿年的历史，曾经是罗迪尼亚超大陆的一部分。

保暖的盖子（8.5 亿年前）

地壳阻挡了地球内部热量的流失，热量不断聚集，最终形成了一个巨大的穹顶。

随着陆地缓慢的舞步，地球每隔 4 亿至 5 亿年就变换一个样貌：板块时而聚集在一起——即形成超大陆，时而分散在地球的各个角落。

超大陆就如同盖子。地球内部的热只能通过热传导散发出来，散热效率非常低。随着热量的聚集，上地幔[32]和地壳内层的温度升高。这股热量在大陆中部尤为强烈，结果导致那里的岩石密度降低，因为岩石受热而趋向于凸上地表，搭起巨大的“穹顶”，地壳就逐渐被拉伸、变薄。这同样也导致了一些裂隙的出现，过热的岩石熔化成岩浆，从裂缝中流出，因此火山活动也非常频繁。

约 8.5 亿年前，在今天美国的西部就形成了一个超级大穹顶。随后，穹顶出现裂纹，并在距今 7.5 亿年左右开裂。裂隙以每年几厘米的速度增长，熔岩从这里涌上地表。断裂带开始出现，正如我们今天所知的东非大裂谷。地壳的断裂处就是给熔岩的流出口。在这种分离作用的帮助下，几百万年后，断裂带被水覆盖并渐渐变成了新的海洋。这种现象在 2 亿多年的时间里不断上演。

成冰纪（距今 8.5 亿 – 6.35 亿年）是一段寒冷冰封的时期，给生物多样性提出了严峻的考验，也引起了环境的巨大变化。但随着大陆的断裂，新的环境条件又促成了物种的多样化，尤其是埃迪卡拉纪（距今 6.35 亿 – 5.42 亿年）和随后的寒武纪初期（距今 5.4 亿年左右）。

相关阅读：罗迪尼亚超大陆（11 亿年前）；埃迪卡拉，第一个知名生物群（5.85 亿年前）；寒武纪生命大爆发（5.41 亿年前）；大陆分离（2.5 亿年前）；南大西洋的扩张（1.3 亿年前）；巨人之路（5000 万年前）；东非大裂谷的形成（4000 万年前）；没有派上用场的驱动力（1895 年）。

尼拉贡戈火山（刚果民主共和国）的熔岩湖，通过其泛着红光的喷发口和冷却的地表，我们可以想象出“保温的盖子”的画面。

回归寒冷（7.5 亿年前）

几千万年间，陆地和海洋一次又一次被冰盖紧紧包裹。

我们的地球很有可能好几次变成了“雪球”，尤其是在距今 7.2 亿至 7 亿年之间，以及距今 6.5 亿至 6.35 亿年之间。

7.5 亿年前，罗迪尼亚超大陆解体，新产生的小块大陆在赤道周围聚集。地球看起来十分平静，洋中脊还不活跃，全球气温缓慢下降。大面积的冰块开始出现并且延伸至赤道。冰将更多的阳光反射回去，海洋变得更暗，由此形成循环效应又加剧了寒冷。除了在赤道可能还有水流淌之外，整个地球都被冻住了。地表气温降到了 –50°C，海里的冰盖达到了一千多米厚……地球变成了雪球。诚然，地球上的生命受到了重创，但在海洋深处还是有生物存活了下来。

岩石中可以找到很多冰期留下的痕迹，以至于人们提议将这一地质阶段（距今 8.5 亿 – 6.35 亿年）称为“低温期”，但围绕冰期的假设还存在争议。

尤其是，什么样的机制足以结束这种冰封的情形，这仍然令人费解。我们猜想从火山喷出的 CO_2 得以聚集，要么在大气中聚集起足量的 CO_2，要么聚集在冰盖之下，某次喷发时被释放出来引发温室效应，使地球变暖并且将地球从冰盖中解救出来。但这种说法还存在疑点，因为通过 6.35 亿年前的碳酸盐中 CO_2 含量测算出的大气 CO_2 浓度，与今天的大气 CO_2 浓度相差不大，远不至于结束如此不平凡的冰封期。

相关阅读：雪球地球（24 亿年前）；罗迪尼亚超大陆（11 亿年前）；冰比水轻拯救了生命（7 亿年前）；冷与热（6.5 亿年前）。

这张效果图展示了地球在历史上数次被冰封的样子。

冰比水轻拯救了生命（7 亿年前）

通常，物质的固态比液态的密度更大，然而水并非如此，这使生命得以在湖泊和海洋的底部找到藏身之处。

得益于水的一些特性，在低温期（距今 8.5 亿 – 6.35 亿年）这个阶段，生命才能在大海深处或没有结冰的涓涓细流中存活下来。

的确，水和其他所有液体一样，冷却时密度逐渐增大。但当温度降到 4°C 之后，水的体积开始增大，直到结冰为止。

这对生命来说非常关键。冬天，温度降低，湖泊里的水从表面开始冷却。冷却之后的水由于密度增大而往深处流动，湖水温度因冷水流而达到均匀水平。这样的机制只有湖水的温度在 4°C 以上时才有效，因为当温度降到 4°C 以下，湖面的水密度就变低，但仍然浮在表面。即便温度继续降低，表层结的冰就像一块盾牌，保持冰面下的温度。因此，即便冬天寒冷而漫长，湖底的温度都能保持在 4°C 而不冰冻（对海洋来说也是一样的），那里的生物也就不会被冻僵。水的这一特点使生命得以维系。

另外，当水结冰时，体积增大。如果水在岩石的缝隙中冰冻，这会导致岩石崩解（称为冻融作用[33]），也有利于腐蚀作用，加快疏松土壤的形成，而这样的土地正是生物繁衍所需的。

所以说，水的特性是非比寻常的；不仅从其化学属性看是如此，从其物理特质来看亦是如此，因为水具有流动性和侵蚀性。

相关阅读：地球，蓝色的星球（44 亿年前）；水，至关重要的液体（38 亿年前）；雪球地球（24 亿年前）；回归寒冷（7.5 亿年前）；饱含水分的岩石（2.35 亿年前）。

瓦特纳冰原尽头的冰河湖（Jökulsárlón），位于冰岛的东南部。冰比水轻，从冰川上剥落下来的冰形成了许多大大小小的冰山。

冷与热（6.5 亿年前）

纳米比亚的钙质矿床见证了一次壮观的气候变暖。

在全球冰封的时期，地球就像一个雪球，这时候形成了冰封期沉积岩。它们是一些碎屑矿床，杂乱无章地混合着或精细或粗糙的沉积岩，岩石通常会被打磨、抛光或刮划。它们分布在所有陆地上——我们猜想它们曾经是聚集在一处的——更确切地说，分布在热带地区，通常在地球最热的地区。

这些厚约好几百甚至几千米的沉积矿床有一个特点：它们的表面覆盖着气候炎热时形成于海洋的碳酸盐。冰封期沉积岩与这些钙质岩的接触面非常清晰。鉴于在这些沉积之间似乎不存在任何空隙，那么，这两种沉积岩的连续沉积也就意味着地球从一个冰封期突然进入炎热的气候。

这些碳酸盐石沉积相对较一致，厚度为几米到十几米。它们被挤压得较为细密，呈现出一些不寻常的特点：同时含有深海和浅海的因雪崩而形成的沉积岩，有时还有生命参与形成的岩石结构（叠层石），甚至还包括风暴频繁的海滨地区的沉积岩。

我们猜想，在冰封期，海底火山喷发的 CO_2 首先在冰盖底下聚集，然后突然大量释放出来。这些温室气体可能使得气温骤升：在 500 万年的时间里，地表温度先从 −40°C 升到将近 50°C。然而从 6.35 亿年沉积岩中的 CO_2 含量水平来看，这个猜想并没有得到证实；另一种猜想是，甲烷（也是温室气体）以极快的速度被大量释放。

相关阅读：雪球地球（24 亿年前）；回归寒冷（7.5 亿年前）；解读陆相地层（1669 年）。

这些钙质岩矿床叠得非常整齐，它们形成于温热的浅水中，覆盖于冰封期沉积岩矿床（其中含有大小各异的组成物质）之上，分界面非常清晰。

10 c

臭氧层（6 亿年前）

生物的活动一直被限制在水中，直到抵挡太阳紫外线的保护伞出现。

臭氧是由三个氧原子组成的分子（O_3），而我们一般所称的氧气是由两个氧原子组成的分子（O_2）。臭氧是在太阳紫外线的作用下，由氮的氧化物经过一系列的化学反应而形成的。在自然状态下，臭氧在平流层聚集。但也是在大气中有足够多的氧气之后，臭氧才得以大量聚集的。臭氧层的形成大约在 6 亿年前，当时的臭氧含量约为现在的 90%。到 4 亿年前，臭氧含量达到了现在臭氧层的水平。

组成生命体的分子（如蛋白质、DNA、RNA 等）是对光具有敏感性的，也就是说，它们会对光线做出反应并且有可能被某些射线摧毁，尤其是紫外线。

通过氧气与紫外线的相互作用，臭氧不断地形成与分解。因此，臭氧的总量受到一定的限制并保持平衡。由于吸收了很大一部分紫外线，臭氧保护生物免遭其毒害。臭氧层形成之前，太阳光及其紫外线将生命限制在水中。太阳的可见光可以照射到海水表层，并哺育生命，而有害的紫外线则被表层的海水吸收了。

到 6 亿年前，臭氧初次达到了一定的浓度，恰好也正是海洋生物多样性大爆发的时期。到了 4 亿年前，臭氧就达到了现在的浓度水平，正是这时候，地球上的节肢动物首次离开海水登上陆地。

如果说臭氧有利于生命的繁殖，那是因为它存在于平流层（即海拔 15 千米之上），如果臭氧存在于我们周围的空气中，反倒是一种强有力的氧化剂，可能对生命有巨大的毒害。

相关阅读：生命最初的痕迹（38 亿年前）；氧气有毒！（35 亿年前）；最早的多细胞生物？（21 亿年前）；雪球地球（24 亿年前）；政府间气候变化专门委员会的创办（1988 年）。

平流层中的臭氧，产生自氧气，它吸收紫外线，因此保护了生命。臭氧并非一直都很充足，它存在的首要条件是有足够多的氧气被海洋生物释放到大气中。此模型图展示了南极洲上空目前的臭氧层空洞（蓝色）。

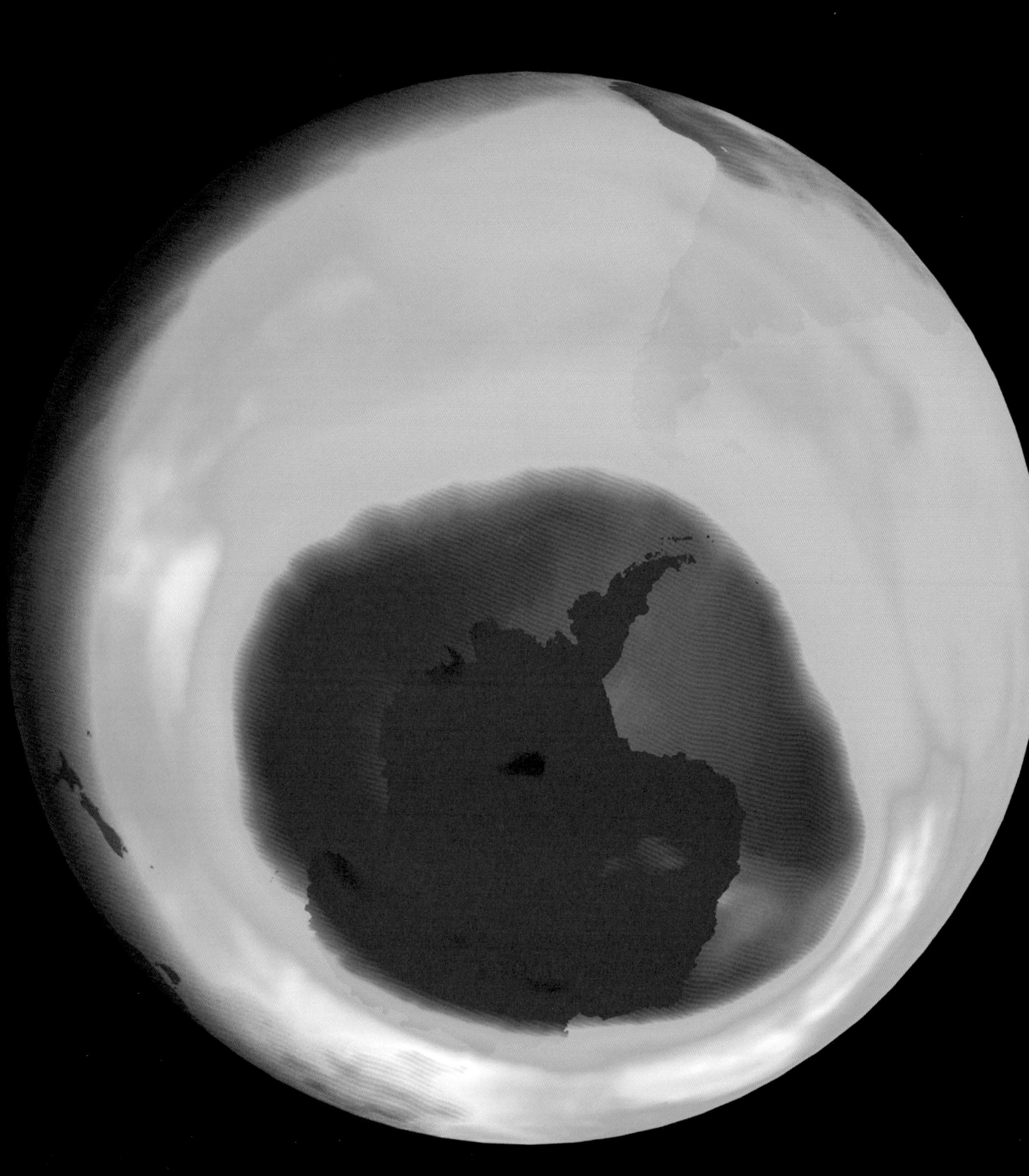

马特洪峰的峰顶来自非洲（6 亿年前）

当板块进入撞击阶段，它们相互交错而形成壮观的混乱场面，地质学家致力于将其梳理清楚。

我们常常会问地质学家，山是怎么来的。高大的山峰通常是由板块相遇和碰撞产生的。从海洋底部海拔 –4000 米上升到海拔 4000 米。阿尔卑斯山的马特洪峰，海拔 4478 米，它堪称瑞士人的骄傲，同样也跳不出这则规律。它本来自大海，形成马特洪峰的岩石是 1.6 亿年前沉积在特提斯海里的淤泥，特提斯海是曾经将亚欧大陆和非洲大陆隔开的古海洋。

在特提斯海的深处，火山喷发形成的火山岩有时会覆盖海底，我们发现这些火山岩与沉积物混杂在一起。当大西洋被打开，非洲板块稍稍发生了旋转，原本东部向北移动的距离超过了西部。非洲板块因此猛烈地撞上了欧洲板块，同时推动特提斯海底部的沉积物和火山岩隆升。

卢台特阶[34]的这次碰撞，发生在将近 4500 万年前。受到碰撞的挤压作用，欧洲大陆增厚，隆升形成了我们称之为山脉的地形地貌。接着，腐蚀作用又冲刷了相对于深处岩石而裸露在外的大部分岩石。

因此，我们在马特洪峰同时能找到古老的海底沉积物和火山岩，并且，在峰顶还有来自非洲大陆的片麻岩，如今已有 6 亿年的历史。

相关阅读：大陆分离（2.5 亿年前）；南大西洋的扩张（1.3 亿年前）；印度的漂移（6500 万年前）；大陆漂移说（1912 年）。

马特洪峰是从草地中冒出的尖角，其德语名 Matterhorn 就是这样来的（“Matt” 意为草地，“horn” 意为角），因为在几个世纪之前，马特洪峰的山脚下绿草茵茵，不是白雪皑皑。

埃迪卡拉，第一个知名生物群（5.85 亿年前）

在地球的不同角落，出现了一个一直以来引人好奇的生物群：埃迪卡拉。

元古宙末期，正值板块构造运动旺盛的时期，罗迪尼亚超大陆分裂成好几块（极有可能是八块）陆地。分裂总是对物种多样化有利的，在低温期的冰封之后不久，出现了多细胞的软体生物[35]，也就是说体内或体表没有矿化的骨骼结构，它们留在沉积岩里的印记之所以被保存下来，要多亏了微生物毯的作用使其表面变得更加坚硬，因而形成一种印模，或者说是“裹尸布”。

这些软体的生物形态各异，但又是如此特别，以至于足以取一个专门的称呼：埃迪卡拉生物群。埃迪卡拉这个名字来源于澳大利亚的一些小山丘，最早被描述和记录的生物群就在那里。但我们还在其他 25 个国家发现了，尤其是在加拿大纽芬兰和纳米比亚。整个生物群的名称同样也是一个地质时期的名称，即埃迪卡拉纪，距今 6.35 至 5.4 亿年。

这些生物出现于距今 5.85 亿年，并且在距今 5.42 亿年的寒武纪前夕达到鼎盛。它们大部分的形态都让研究者好奇不已：它们不与任何已知生物有相似性，有的像光盘、有的像水管或绒布袋子。如何将它们分门别类，至今还是谜题，此外，我们并不确定它们是动物。

这些生物化石的特点是有许多不同的组织结构，但物种多样性并不丰富（我们只能列出一百来种），而今天的动物所具有的不同组织结构较少，但物种的多样性很高。今天的大部分组织结构，都在寒武纪时期就出现了。似乎大部分埃迪卡拉生物群的生物形态都没有留下后代就消失了，至今原因不明（但也有可能这种消失只是化石记录不完备造成的假象）。

这一首次多细胞生物物种大爆发应该很快就胎死腹中了，这是一场失败的经验。但也不能说是完全失败，因为我们在这些奇怪的化石中找到了最原始的“两侧对称生物”，它们的双边系统是现代动物的主要形态。

相关阅读：回归寒冷（7.5 亿年前）；寒武纪生命大爆发（5.41 亿年前）。

约 5.5 亿年前海底风貌复原图：主要为水母状或叶状的（腔肠）动物。

不是海藻、不是细菌、也不是胚胎（5.7 亿年前）

来自中国的神秘化石，起初被认为是胚胎，如今我们终于在新技术的帮助下揭开了它的秘密。

在中国西南部的贵州省境内，一些极小的球状化石保存完好。1997 年，它们被发现于距今 5.7 亿至 6 亿年的含磷岩石中。

这些化石在十多年的时间里一直是个谜题。最初，它们被认为是绿藻化石（团藻）。随后，另一个研究团队提出它们更有可能是动物胚胎，因为其大小体量，尤其是小球状的结构和胚胎最初分裂成的细胞团相类似。

这在当时可是一个爆炸性的消息。由于胚胎的脆弱性，胚胎化石是特别罕见的。当时已发现的最古老动物化石追溯到 5.3 亿至 5.4 亿年前。因此，在中国的这一发现将地球上现代生物的出现往前推了 0.3 亿至 0.4 亿年……

许多年来，这一假说占据上风，但也有一些专家持质疑态度：胚胎十分柔软、脆弱，这些岩石保存了胚胎，却没有任何幼体或成熟个体的痕迹，而幼体和成熟个体反而比胚胎更加坚固，具有更强的抵抗力……

2007 年，一个研究团队提出，陡山沱组[36]化石可能是纳米比亚珍珠硫菌的化石，因为这种大型细菌的体形与之具有可比性，并且细胞排列也属于同一种。

2011 年的最新研究将这一猜想推翻：在原子同步加速器的帮助下，研究人员可以检测后期细胞分裂的阶段，这在之前是不可见的，而观察到的结果为，这些微小的化石既不是动物胚胎也不是大型细菌，而是完整的生物，其细胞分裂机制与寄生虫类似，尤其是在鱼类动物中的鱼孢霉。

这些中国化石的谜题很好地表明了什么是科学的演进过程：猜想受到越来越多的限制，接着会有新的认识将其取代。

相关阅读：生命最初的痕迹（38 亿年前）；最早的多细胞生物？（21 亿年前）。

陡山沱组生物群（中国南部，贵州）：这些小球让人想到正在分裂的细胞。

显生宙

（5.41 亿年前至今）

显生宙是生命可以被看见的时期。尽管其持续时间比之前的宙都要短（冥古宙 5.68 亿年，太古宙 15 亿年，元古宙 20 亿年），但显生宙所囊括的是最近的 5.42 亿年地球史，根据不同类别生物的出现和生物世界的大型危机被分为不同的代。

因此，我们从前到后将显生宙分为：古生代（距今 5.41 亿－2.52 亿年）、中生代（距今 2.52 亿－6600 万年）、新生代（距今 6600 万年至今）。

气候呈现出四个主要时期，对应于大气中 CO_2 浓度的变化。在距今 5.4 亿至 3.6 亿年这 1.8 亿年间，CO_2 浓度是之后的 10 到 25 倍，使地球成为了温室星球。接着，在距今 3.6 亿至 2.4 亿年这 1.2 亿年间，CO_2 浓度骤降，原因是石炭纪的丛林植物生长迅速，消耗了 CO_2，使得地球一度处于冰期。此后地球上的 CO_2 浓度再没有达到过元古宙时的高度，即便是在工业时代。之后，在距今 2.4 亿至 0.65 亿年的这 1.75 亿年间，大洋中脊火山运动频繁，CO_2 浓度因而稍微上升，泛古陆也分裂成了好几块。地球又经历了一个新的温室星球时期。最终，自距今 0.65 亿年来，大洋中脊运动减弱，释放出的 CO_2 变少，气温逐渐降低：地球进入了全球降温的新时期。

显生宙是生命可以被看见的时期，而且生命往往是以非常美的方式呈现的，就像这只蜻蜓。

古生代（5.41 亿－ 2.52 亿年前）

这是“古老生命”的时期。这一时期始于著名的三叶虫的出现，这是一种化石收藏家们都熟知的节肢动物，其身体形态由三条纵叶构成；结束于二叠纪－三叠纪灭绝事件或二叠纪大灭绝，生物界遭受的最大生物危机——某些学者指出，生命差点就完全毁灭，95% 以上的海洋物种消失（其中包括三叶虫）。

我们对古生代生物的认识与对更早生物的了解是不可等量齐观的。我们已从一个通体柔软动物的世界来到了有矿化骨骼生物（无论是内骨骼还是外骨骼）的世界。无脊椎动物繁衍尤其旺盛。植物和动物都将走出水面，从海水中解脱出来，在露出水面的陆地上繁衍生息。

在地质方面，古生代始于罗迪尼亚超大陆的分裂，终结于一个新的超大陆的形成：泛古陆。

在这一代，除了距今 4.45 亿年时有一个短暂的冰期，总体而言是比较热的，平均气温大约在 22 － 25℃（今天为 15℃）。然而在这一代的最后阶段气温迅速下降，平均气温降到了 10℃左右。

相关阅读：罗迪尼亚超大陆（11 亿年前）；大陆分离（2.5 亿年前）。

这张地图呈现了 4.7 亿年前地球的状态。最大的三个岛代表北美洲的一大部分（左上）、西伯利亚（右上）和波罗地大陆[37]（下方）。

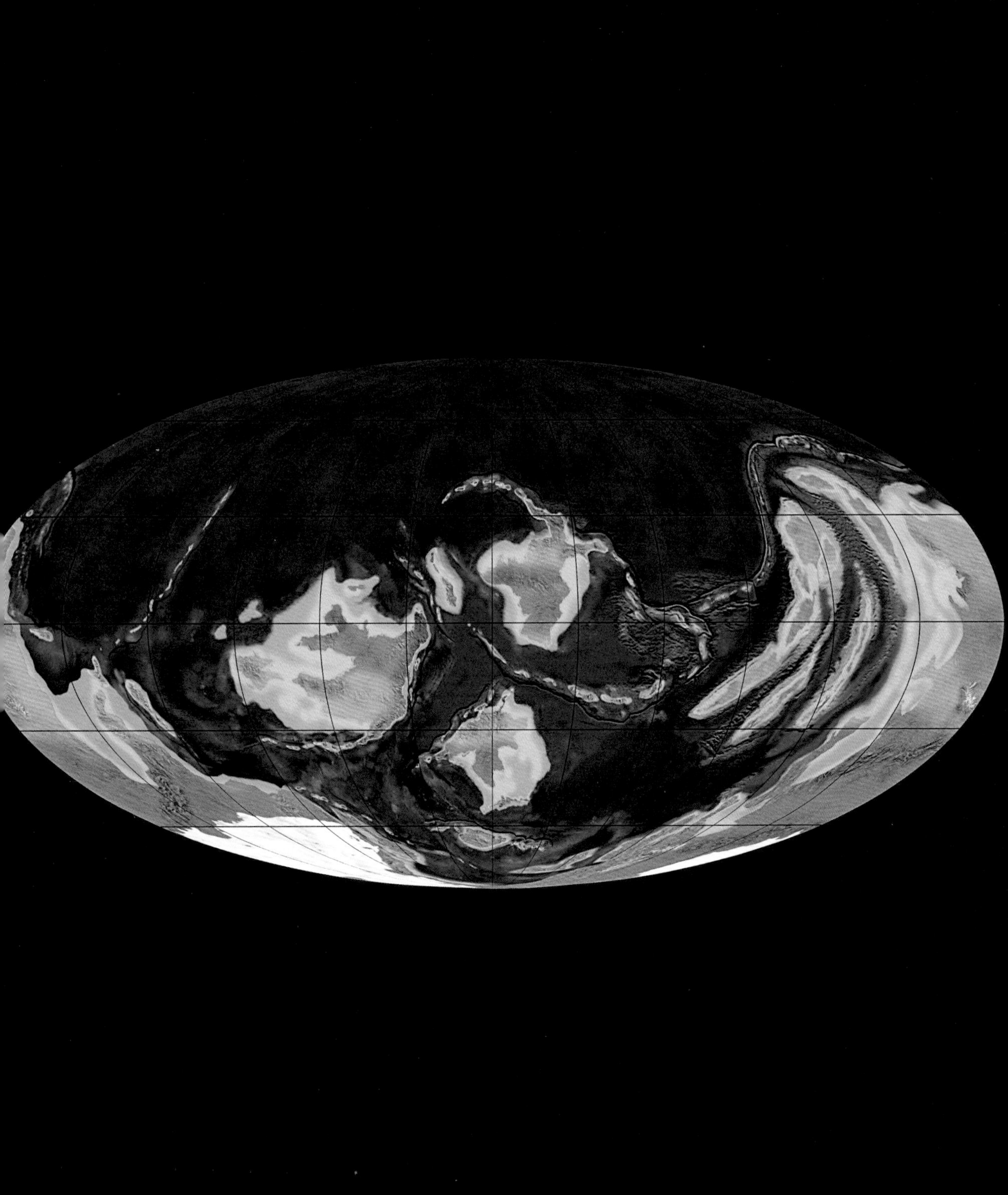

寒武纪生命大爆发（5.41 亿年前）

在地质年代划分时间表里，此处我们要看到的是全新的生命形态突然涌现。

自从生命出现在地球上以来，主要是单细胞的形态；到了寒武纪（距今 5.41 亿 – 4.85 亿年），也就是古生代的六纪中的第一个纪，多细胞生物大量涌现。我们可以从土壤在这仅仅几百万年间的记录中发现一场真正的物种化石爆炸：寒武纪生命大爆发。

这场史无前例的演进已被许多古生物记录和分子数据证实，是地球生命进化中具有决定性的转折点：现有的大部分后生动物[38]门类（多细胞动物）在这一时期出现，动物、植物和细菌的种类都达到极盛。

尽管化石记录中看到的寒武纪生命大爆发格外惊艳，但它其实是一个漫长演进过程中的最高阶段，这一过程从前寒武纪（新元古代[39]，距今 10 亿 – 5.41 亿年）就已经开始，因此有必要将其置于一个更大的框架内来分析。的确，这一时期的生命的最大特点在于硬质组织的增长，即拥有矿化的骨骼（碳酸盐、磷酸盐、二氧化硅、甲壳素……），比如说腕足动物、软体动物、古腹足类动物（类似于锥形硬质海绵）和节肢动物。在花园里，我们能找到前些年生活于此的蜗牛的痕迹，但和它们同时存在过的鼻涕虫就未必，因为蜗牛的壳可以留存下来。同样的道理，我们能更容易地找到矿化骨骼生物的痕迹。因此，我们对这类生物的了解就比那些通体柔软的生物多得多。

寒武纪发生的一切在我们看来是生命形态的大爆发，但所谓的大爆发也许只限于我们对地球认知范围内。

相关阅读：生命最初的痕迹（38 亿年前）；保护性骨骼（5.41 亿年前）；澄江生物群（5.2 亿年前）；伯吉斯，致命的泥流（5.05 亿年前）。

三叶虫是古生代生物群（据统计有 1.8 万多种动物）的代表。它们的身体让人联想到鼠妇，但其形态不论纵向（叶）还是横向（头、胸、腹）都分成三部分，因此得名“三叶虫”。

保护性骨骼（5.41亿年前）

这个时期出现的水生生物，许多都拥有了骨骼。

几千万年来，整个生物界在颤抖着。其变化似乎比以前加快，正如埃迪卡拉生物群所证实的那样。

埃迪卡拉纪后期，某些生物拥有了矿化的骨骼——如克劳迪纳（Cloudina）这种后生生物，我们对它的了解仅限于其几毫米长、依次交错的锥形钙质骨骼。

在世界上大部分的化石区（澳大利亚、印度、中国、蒙古、西伯利亚、哈萨克斯坦、伊朗、北美等），许多新的物种都在寒武纪初期（距今5.41亿年）出现，它们体型十分微小，不到几毫米，并且拥有矿化骨骼。

这些动物非常特别，其化石被称为“小壳化石”。我们能发现一些小壳化石构筑了整个骨架，但大部分化石都是生物的残片（海绵、软体动物、古棘皮动物……）。这次矿化骨骼的广泛出现也正是生物开始隐匿的时候。我们猜想，贝壳的出现恰好满足了生物受保护的需求，并也反映出捕食者和被捕食者之间的武器较量。

大部分的骨骼是由碳酸钙构成的，也有一些是磷酸盐、二氧化硅或有机物……这样的矿化是如何发生的呢？矿化反应的发生，需要在较短时间聚集巨大的能量，而要聚集这样大的能量，大气中的氧气浓度至少得达到今天的10%——这到距今5.42亿年的元古宙末期才得以实现，而这些小壳化石也正是这时候出现的！

相关阅读：大气的变化（24亿年前）；埃迪卡拉，第一个知名生物群（5.85亿年前）；寒武纪生命大爆发（5.41亿年前）。

开腔骨类（Chancelloria）的化石，这种生物与今天的海绵有一定的相似度。那些细小的部分称为钙质体，是由矿物质构成的（二氧化硅或碳酸盐），它的一生都在其中定居。（样本编号：NPL 15001）。

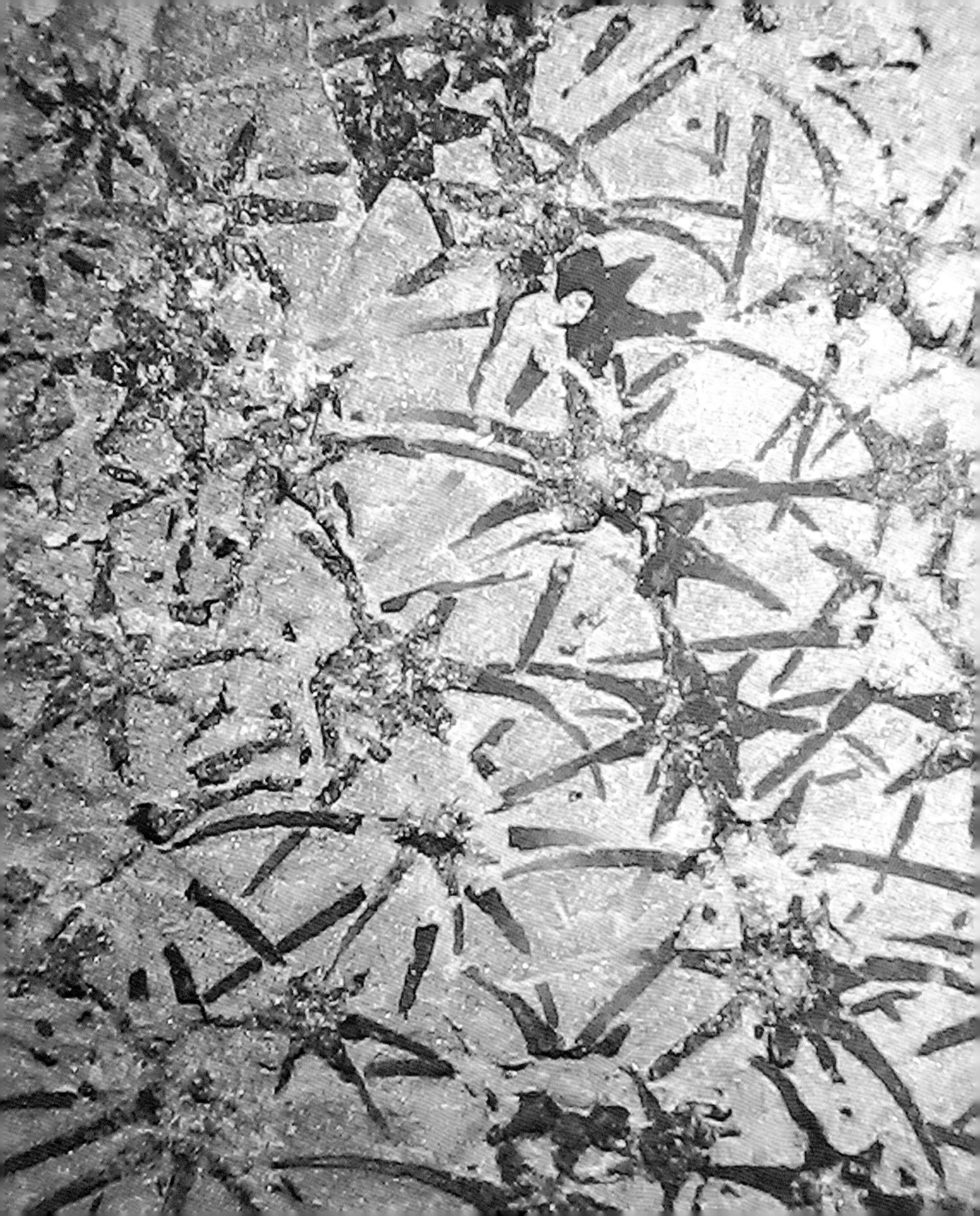

紧邻苏格兰的阿登地区（5.3亿年前）

随着一片海洋的闭合，一道巨大的山脉诞生了。

一片名叫巨神海的海洋曾隔开了波罗地大陆（Baltica，欧洲北部）和劳伦大陆（Laurentia，加拿大东北部）。由于板块构造运动，巨神海闭合，一片山脉隆起。它就矗立在今天的欧洲及美洲的北部。加拿大、纽芬兰、格陵兰岛、斯堪的纳维亚、苏格兰、布列塔尼和阿登地区在那时候还彼此临近。

最早的记录将这片山脉定位于苏格兰，名叫加里东，也是苏格兰的拉丁语名。褶皱和隆升是分好几阶段形成的。早期阶段（距今6.5亿－5.3亿年）称为卡多姆期，因为这一现象在诺曼底十分明显：寒武纪的岩石记录了当时的海平面变化，并且还有与地质构造相关的一个褶皱。后期阶段（距今5.3亿－4亿年）称为阿登期，因为在阿登地区（并同时也在布列塔尼地区）很明显。在这些地区，我们能找到最初的褶皱痕迹，之后变成了山脉的褶皱带今天仍然从北到南、从东到西贯穿着整个欧洲——海西褶皱带，从布雷塔尼的边缘到俄罗斯，从西班牙南部到欧洲北部，我们都能观察到它。

加里东山脉之高大，完全可以与今天的喜马拉雅山相媲美。因此，它之后经历的侵蚀作用与使它隆起的造山运动一样强烈。于是在这片山脉附近，散布着大块的高地；而一些较小的部分，由于更容易被陆地上的水流带走，被带到了更远的地方。

今天，这片山区已几乎被削平，我们只能找到最深处的部分。斯堪的纳维亚、苏格兰和布列塔尼的花岗岩和片麻岩就是很好的例子。

相关阅读：老红砂岩大陆（4亿年前）；新红砂岩（2.6亿年前）。

苏格兰的朋尼维山，大不列颠群岛的最高峰（1344米），它由4亿年前产生的花岗岩形成。

澄江生物群（5.2亿年前）

中国云南的一个化石群为寒武纪早期的一个多物种海洋生物群落提供了特别的资料。

最原始的生命长期以来都是仅由柔软的部分组成的，正因如此，它们也是最不为人所知的。当我们发现被保存下来的生物，保存下它们的场地（化石群）具有非常重要的价值。

澄江化石群就是这样一个重要的地方，位于中国西南部的云南省，1984 年在一些已有 5.2 亿年历史的寒武纪早期页岩中发现了大量化石，因而声名远扬。岩层是由一片浅层温热海水下的淤泥形成的，整个复杂的海洋生态系统都被保存下来。

多种多样的生物，不论无脊椎的还是有脊椎的，都被发掘出来：至少 16 个门类，再加上一个至今还是个谜的群类，共有 196 种生物，是生活在那个的群落的一个最为复杂的资料库。

对这些生物的软组织或硬组织进行解剖为古生物学家提供了详实的细节：某些动物的消化系统甚至是神经系统的各个成分都惊人地保存完好。

这个生物群被称为“澄江生物群”，它包括极其丰富的门类：藻类、海绵、腔肠动物和大量的“两侧对称生物”，还包括最古老的脊索动物化石（所有脊椎动物都出自脊索动物门）以及至少四种脊椎动物，如海口鱼 (haikouichthys)，第一种真正意义上的脊椎动物，与今天的七鳃鳗十分接近。

我们在澄江生物群找到了奇怪而又惊人的形态，其中几种也同样出现在不列颠哥伦比亚省伯吉斯最有名的页岩中，或澳大利亚南部鸸鹋湾（EmuBay）。比如奇虾（Anomalocaris），这种动物可以长达一米，应该是这个生态系统中的捕食者或是吃腐食的动物；再比如神秘的欧巴宾海蝎（Opabinia），它柔韧的长嘴是寒武纪生物群中独有的。

澄江化石群，见证了群落结构很早就得到了发展，并且为一个大规模的生态环境提供了佐证；2012 年，澄江化石群被列入世界遗产名录。

相关阅读：埃迪卡拉，第一个知名生物群（5.85 亿年前）；伯吉斯，致命的泥流（5.05 亿年前）。

怪诞虫（Hallucigenia）是一种在澄江发现的分节动物。只有几厘米长的身体呈细长形，就像一条虫一样。这种动物有 7 对触手，排列在身体的一侧，另一侧排列着 7 对刺。此处我们能清晰辨认的是它的肢体连接处（类似于粒状的结点），我们猜测其身体的延伸部分在图片的右侧。

金（5.15 亿年前）

金不变质、稀有且珍贵，总是让人充满向往。许多表达法与金有关，金还频繁引发贪欲、犯罪和战争。

金的脱颖而出应该要归功于它的光泽和稳定性：年复一年，它总保持着闪耀亮丽的颜色。这种美感与它的化学稳定性息息相关（与大部分金属不同，金不会被氧化），除此之外，我们还不能忽视它的物理特性：可塑性很好（1 克金可延展成 1 平方米的金箔），延展性也很突出（1 克金能拉成 3 千多米长的金线）。

金矿多种多样，但总体上含金量都很小，通常每吨矿石中不超过 10 克金。由于金这种金属密度较大，因此深入到地球的内部。在法国，金矿主要分布在密内瓦的砂岩和石灰岩，距今已有 5.15 亿年的历史（寒武纪）。

金是人类发现的第二种金属，仅次于铜。在史前文明的末期，金就已经被开发。第一次大型淘金探险应该是埃及人于公元前 4000 年组织的，在努比亚沙漠（“努比亚”来源于 Nub，意思为金）。之后，土耳其也开始了寻金之路，尤其是帕克托勒斯河流域的吕底亚王国，克洛伊索斯国王的财富由此而来。

通过岩石提取和淘金进行官方或非法的勘探，有时导致了淘金热，将一些冒险家和国家卷入其中，而通常在这些国家，开采金矿是不被赞许的行动。因此，西班牙人在美洲中部和秘鲁黄金国的淘金热，可能也是导致印加帝国没落的原因。

我们今天认为有超过 15 万吨的金被人类开采（相当于边长 20 米的立方体），目前的金矿储量大约为 5.1 万吨。每年产量在 2200 吨左右。中国是黄金的第一产国，但世界上最大的金矿在巴布亚（位于印度尼西亚的格拉斯伯格矿山）。在欧洲，金在一些古老的高地被开采：布列塔尼、中央高原和黑山。2004 年，法国最后一个金矿在萨尔西涅关闭，这里也是世界最大的砷矿。

相关阅读：钙铀云母（2.95 亿年前）；玉（1.58 亿年前）；钻石（1 亿年前）；祖母绿（6500 万年前）；琥珀（5600 万年前）。

天然金，仅由一种化学元素构成的矿，没有附属成分，通常呈细微颗粒状，极少有块状。

伯吉斯，致命的泥流（5.05 亿年前）

海底的泥流保留下了世界上独一无二的海底生物群的瞬间。

在加拿大西部落基山脉，伯吉斯峰封存着片状的沉积岩，20 世纪初，我们在这里发现了世界上独一无二的一个化石群，主要是软质躯体动物，且保存得极其完好。

这种惊人的保存完好状态，主要归功于这些生物被掩埋的速度——当时海底突发了一系列泥流。大量处于海底或接近海底的生物，以及在水柱中游动的少数生物，都一并被带走、掩埋。那些细小的沉渣无孔不入，将生物的外围或内部填满。沉渣中氧含量低，能够阻止食腐动物和细菌把生物群吞噬，因此使它们能被完好地保存下来。

当这个化石群在 1909 年被发现的时候，地质学家还难以理解这其中的意义。史蒂芬·杰伊·古尔德在这些伯吉斯的“美妙奇迹”中看到了寒武纪生命大爆发是一场彻底的实验，有许多不同的组织形态方案参与其中，但最终只有几个形成了目前的生物门类——如皮卡虫（Pikaia），在澄江化石群发现之前，它是已发现的最早的脊索动物。一个邻近的生物群在中南半岛被找到，但由于理解错误，法国人将它忽视并遗弃在了越南的河内。

今天，伯吉斯化石群的巨大储藏量（超过 20 万个样本）使我们能够描述出 150 种左右的动物、藻类和细菌，并且能通过统计的方法研究整个生态系统，这是其他化石群无法提供的。

随着对其他寒武纪化石的观察和发现，伯吉斯化石群也不再那样神奇：这些动物的组织形态可能没有想象的那么多样化，并且许多无法分类的动物也最终列入了现代动物门类中。

相关阅读：埃迪卡拉，第一个知名生物群（5.85 亿年前）；保护性骨骼（5.41 亿年前）；澄江生物群（5.2 亿年前）。

这幅海底效果图展示了被掩埋的一些动物，尤其是令人生畏的奇虾，它的体型近一米长，是节肢动物的祖先。

大地上的植物（4.8 亿年前）

生命终究跨出了水面，所有生物都有了占领各种不同生态环境的机会，其中包括陆生植物。

在超过 30 亿年的时间里，生命一直存在于水中。大陆表面没有任何生机，只有岩石裸露在地表。陆地的风光应该类似于我们今天的大荒原：塔克拉玛干沙漠、阿哈加尔高原、纳米比沙漠……不过，陆地上还有河流！

大约在 5 亿年前，陆地上出现了植物，它们类似于我们今天在一些荒原中看到的地衣和苔藓（今天在极地地区，驯鹿以此为食）。这些最早的“殖民者”依附于岩石最细微的凹凸不平处，然后靠攀缘茎生长。水还没有在它们的群体中流淌。为了抵御脱水作用，这些植物能够复活：缺水的时候它们完全干枯，等到下一次下雨的时候再吸水重生。

其他植物有另外一种生存策略。为了适应缺水的环境，它们长出一层隔水的角质层降低水分的流失，或者通过特殊的通道来满足自身呼吸的气体交流。它们存活下来，产生并散布的孢子同样也能抵御脱水作用，因为孢子被一层类似于节肢动物的甲壳质的物质包裹。

所有这些植物都呈细小的分叉轴形态，没有叶子，或横躺或直立，并且有初级的经脉分布。作为最早的植物，它们代表着一个真正的在空气中和矿石中的“殖民领地”，并且给微生物提供了可降解的原材料，这也为最初的土壤形成奠定了基础。

此后，许许多多的生物都开始尝试新的生活条件。征服了新环境的大部分生物可以自给自足，而其他一些却需要靠别的生物养活，它们就是陆生动物。

相关阅读：植物的新种类（4.2 亿年前）；种子发育（3.9 亿年前）。

地衣和苔藓这样的生物最早向不利的生长环境进军，就像这片位于冰岛的土地。

第一次生物大灭绝（4.45 亿年前）

奥陶纪的海洋温度骤降，在这里上演了生物物种的第一次大危机。

海洋在奥陶纪（距今 4.85 亿－4.43 亿年）的 4 千万年内共降温 15°C。距今近 4.8 亿年前，海水温度为 45°C，不适合生命繁衍，相反，到了 30°C 时，海水中出现了大量物种。已经存在的物种分化成不同种属，而许多新物种也诞生，比如软体动物或以海百合为代表的棘皮动物。

但到了 4.45 亿年前，出现了一次严重的降温，冰期开始。对于生命来说，这是生物多样性的一次大灾难。从地质时间划分上来看，这一事件持续了约 1 千万年，其中顶峰时期发生在赫南特期（Hirnantien,距今 4.45 亿－4.43 亿年),持续了 3 百万年。受到影响的主要是海里的生物，因为当时生命还没有完全真正地在陆地上安家。

这场危机主要是由两个现象导致的。第一个是由冰期引起的海平面下降，即海退现象，造成浅海区范围的大幅缩小，而浅海区正是生命赖以生存的场所。受害最严重的是底栖动物，即生活在水底的动物：三叶虫、棘皮动物、腕足动物、珊瑚虫。

第二个现象是海平面的快速上升，即海进现象，成因是在冰期结束后，陆地上结的冰融化，水流入大海。这导致海水含氧量降低，形成了所谓的缺氧环境，给海底生物圈带来危害。

冰期已被今天的许多观察发现所证实。比如，在撒哈拉沙漠中心，我们可以看见大冰川留下的痕迹，它们曾缓慢流向海洋，在冰川底部基岩上刻下了痕迹。在布列塔尼的克罗松半岛，一些镶嵌在沉积物中的卵石与附着在冰山上的石头十分类似，它们随着冰山的融化渐渐被带到海底。在这场灾难之前，海底的沉积物中主要含有生物群的遗骨（贝壳、甲壳……)；灾难开始后，沉积物成为了微生物统治的世界。

相关阅读：第二次生物大灭绝（3.72 亿年前)；第三次暨最大的生命大灭绝（2.52 亿年前)；第四次生物大灭绝（2 亿年前)；第五次生物大灭绝（6600 万年前）。

奥陶纪沉积岩上冰划过的痕迹（距今 4.4 亿年）今天由于侵蚀作用而显现，在撒哈拉的特内雷沙漠清晰可见。

从光合作用到化石燃料（4.4亿年前）

对能量的需求促使生物收集能源，而这些能源在千百万年后又为人类所用。

生命体是一个物理化学系统，其本身处于热力学失衡状态，平衡的维持需要依靠能量。在地球表面，最易获得的能量就是太阳能。因此大部分生物都通过直接或间接的方式从阳光中汲取自身所需的能量。有的生物将光能转变成化学能并储藏下来，它们是食物链的最底层生产者，绿色植物和某些细菌就是这样的生产者。

另一些生物食入植物，进而消化其中的有机物，也就是汲取植物储藏的化学能。它们同时也消耗植物光合作用所释放出的氧气，用来“燃烧”它们的食物，产生能量。在食物链的更高层，另有一些动物吃这些植食动物，而它们也会被更高层的捕食者所食用，如此下去。

当生物死亡后，有机物就逐渐分解，释放出水蒸气、二氧化碳和能量。这个过程可以通过燃烧来完成（森林、热带草原），同时放出热量；或者在土壤当中由细菌参与来完成；又或者是被别的动物吃掉，比如人类。这样看来，生物圈的相互作用少不了两种重要的大气成分的参与：水蒸气和二氧化碳。

当有机物分子没有完全被分解——在缺氧的条件下就会如此——能量也就没有在生物死去的时候完全消耗殆尽。那么它被储藏千百万年后，就变成了如今人类必不可缺的能源：化石燃料。

因此，当我们使用化石燃料，也就是煤、泥炭、石油、天然气，就是在进行与很久以前的光合作用相反的化学反应。当我们燃烧石炭纪的一块炭，温暖我们的是3亿年前植物所吸收和储藏起来的太阳能。即便是细菌分解今天从地里渗出的原油，也是在消耗千百万年前所储藏的化学能。

相关阅读：大西洋的盐与石油（1.25亿年前）；石油工业的诞生（1859年）。

石油源自生物，是古老的“绿色能源”。

植物的新种类（4.2 亿年前）

泥盆纪期间，植物界的革新使得它们迅速征服了陆地，这是具有决定性意义的一步。

在奥陶纪的时候，也就是距今 4.8 亿至 4.5 亿年，植物似乎已经开始占领陆地，但植物在陆地上确切的化石痕迹，只追溯到志留纪晚期（距今 4.2 亿 – 4.17 亿年）。

陆地上最早出现的植物是十分简单的，没有导管和脉络。只要有水、二氧化碳和阳光，它们就能自给自足，我们称它们为自养生物。为了获得阳光，它们不能被别的植物或淤泥遮挡。向着有光的地方生长，或者增大光照面都会促进它们的进化。植物最早只由简单的茎组成，正如泥盆纪的莱尼蕨，之后，植物渐渐长出了棘刺，以吸收更多的光。接下来长出的叶片则成了光合作用中的“太阳能板”。

在这一时期，我们可以看到植物形态的大爆发：脉络开始生长，水和营养物质能在植物体内流通；长出了假根，植物便能固定在其生长的地方；之后又进化出了真根，植物便可以汲取矿物质和水分；木质素则增强植物组织的机械强度，支撑起植物的直立生长。木质结构的发展分为不同种类，比如带茎的植物（有胚植物）、木贼属植物（楔叶类）、有脉络的植物（石松类）、前裸子植物——其中某些物种能达到几十米高，如古羊齿[40]。泥盆纪末期（距今约 3.8 亿年），湿润地区的地表已完全被高达 10 米至 30 米的树木覆盖。

相关阅读：大地上的植物（4.8 亿年前）；种子发育（3.9 亿年前）；羊膜防止干燥（3.1 亿年前）。

羊齿蕨植被。支撑食羊齿蕨挺立的并非木质素，而是其树干上密布的根状纤维。

岩石决定植物（4.06亿年前）

岩石与生物多样性的紧密联系通过植被来体现，这一点往往在地貌上体现得十分明显。

不生草木的山被我们称为“秃山”。在法国阿韦龙省，比如从德卡兹维尔市往东南方向走十来公里，走在这片植被茂密的地方中，一座孤零零的小山丘会突然映入眼帘，上面没有一棵树，也没有一座房子，这就是一座秃山——勒皮德沃夫。它位于菲尔米，由一块巨大的绿色岩石形成，泛着深黄色的粼光。在中世纪时，人们用这块石头建造孔克镇修道院的喷水池。今天，它仍然用于装饰店铺门面。它无论是看起来还是摸上去都很像蛇皮，这也是为什么我们将它命名为“蛇纹岩”。蛇纹岩源自地球深处，是地幔的一部分在高温热液的作用下转化而成：成因是4.06亿年前一片海洋的闭合。

这块特别的岩石的特殊化学成分阻止了树木生长，但相反，它却能促进某些灌木或个别特殊植物的生长，比如世界上独一无二的植物“菲尔米凳”，就只生长在这里。

这种岩石还分布在其他山丘，它们不管在哪里都会激起人的好奇。在法国阿尔代什省北部的苏德卡拉瓦山上，树木（栎树、白蜡树、花楸树）都不会超过几十厘米高。在意大利，位于东南部平原的贝利山。在日本，许多蛇纹岩形成的山被称为“Bozu – yama”，其中“Bozu”就是秃头的意思，而“yama”意为山。

地形与地貌是各种因素综合作用的结果。首要因素是基岩，究竟是岩石形成的还是冲积形成的。这也是为什么我们不会在石灰质土壤上看到杨树和鸭子，也不会在黏土上看到栎树和绿蜥蜴。

相关阅读：大地上的植物（4.8亿年前）；植物的新种类（4.2亿年前）；种子发育（3.9亿年前）。

上图：蛇纹岩制成的鱼纹圣盘（9世纪），藏于卢浮宫。右图：西班牙兰萨罗特岛的火山沙土上种植的葡萄。

水外足迹（4 亿年前）

水中开始有了生命，在将近30亿年的时间里，生命的迹象只局限于水中，大地一片荒芜。4亿年前，一切发生了变化。

大约在 4 亿年前，地球从猛烈的造山运动中渐渐归于平静，主要地形都在这一时期形成。人们今天还能发现加里东山系的痕迹，特别是在苏格兰、布列塔尼和阿登高地。由于侵蚀的缘故，地表又逐渐回复到原状：平坦的地面，一望无际。地势并不突出，一场小小的风暴就能让海水淹没大片陆地。风暴平息后，水又流回大海，在陆地上的低洼处留下生物。随着水洼干涸，这些生物大多难以存活，只有一小部分得以幸免，肺部初具雏形。这个动作中所隐含的意志却还远远不够“强大”到足以“征服”大地，幸存下来的生命最终还是要适应大气环境。

节肢动物属于第一批逐渐在陆地生活的生命：它们之所以能够存活，是因为先到来的植物能够为它们提供必需的食物。

这些动物脱离了水环境，在觅食的过程中还是很受约束。对比看来，植物采取扎根战略，利用外在条件（吸收太阳能），而动物则采取移动战略（为了寻找食物），利用其内部贮存。最终的选择是：要么定于一处，自给自足（例如植物）；要么四处移动，依存他物（例如动物）。

植物内部有维管系统，动物内部有血管系统，它们通过食用水合食物或是饮水获得水分。动物和植物的繁殖属于不同的分支。

所谓的“征服”也有偶然的运气成分。人们会说到这里，就好像人们往往只会提起所有曾经“成功”的经历一样。

相关阅读：紧邻苏格兰的阿登地区（5.3 亿年前）；植物的新种类（4.2 亿年前）；水中的动物（3.65 亿年前）。

从水中爬出的节肢动物在沙滩上留下印迹，就好像这只蝎子今天给我们看到的一样。在已经发现的样本中，我们甚至能观察到动物从砂性土坡上爬过的痕迹。

老红砂岩大陆（4 亿年前）

从中欧到北美分布着大量的红色砂岩，说明这里在很久以前有一条山脉，后来因侵蚀的原因而支离破碎。

随着巨神海的闭合（距今 5.3 亿－4 亿年），超大陆上形成了巨大山系，超大陆包含今天的北美、北欧与东欧地区，也就是劳伦西亚大陆。我们至今还能在苏格兰（苏格兰在拉丁语中为 Caledonia，译为加里东）、布列塔尼、阿登地区和北美观察到加里东山系的遗迹。

4 亿年前，受侵蚀作用，加里东山系分崩离析。那时的气候炎热潮湿，岩石变质严重：石灰岩被溶解，含矿物质的岩石遇水后变性（水解现象），成为黏土。只有石英遇水不会变质。大量的碎屑沉积岩形成，其主要成分是砂子（石英粒）和黏土。

在变性的过程中，一些矿物质（云母、闪石、辉石、石榴石）释放出铁，然后被氧化。这一类氧化物不溶于水，赋予沉积物红色的色调。它们主要集中在浅海地区，海洋生物在这一区域大量繁殖，其中就有盾皮鱼，它们是具有大片角质盾片的化石鱼，又称作“带甲鱼类”，它们属于最早的有颌类脊椎动物。

随着时间的推移，沉积物堆积形成砂岩。高大山系解体的过程中形成了丰富的产物，覆盖了大片大片的区域，从中欧一直到北美。“老红砂岩大陆”就这样诞生了。老红砂岩大陆与后来形成的另一片红砂岩大陆（形成于 2.6 亿－2.4 亿年前）有所不同：前者由海洋沉积形成，后者由河流冲积而成。

在劳伦西亚大陆上，当水中携带的碎屑物减少时，水域中的礁迅速发展，形成了一个包含藻类、层孔虫、海绵动物和石蚕的生态系统。

相关阅读：紧邻苏格兰的阿登地区（5.3 亿年前）；新红砂岩（2.6 亿年前）。

斯匹次卑尔根群岛的赫加王储（Kronprinshøgda）山（950 米），因其所含的岩石成分（砂岩与泥质岩）而呈现红色的外观。这里的沉积物可追溯到泥盆纪（4.1 亿－3.9 亿年前），是老红砂岩大陆的一部分，加里东山脉侵蚀的产物。从第一幅图上，我们可以区分潮汐形成的平原和冰丘（法语中“冰丘”一词衍自爱斯基摩语，意即覆盖着沉积物的含冰小山）。

种子发育（3.9 亿年前）

植物可以在远离水域的地方生长，这是种子提供的新机会。

植物是大陆的第一批占领者，远在动物登上陆地之前。存活下来的植物（苔藓植物、蕨类）就已适应了大陆，但它们的繁殖仍离不开水。有了种子，它们便可以摆脱原来的生长环境。

在 3 亿 9 千万年前，产生种子的植物（种子植物）慢慢长大。种子中包含植物胚胎，种子不仅可以帮助植物繁殖，它储存的营养（碳水化合物、脂类和蛋白质）还有助于胚胎的发育。胚珠的珠被发育成保护种子的种皮。种子植物的传播不再依赖孢子，而是依赖配子，前者实现无性繁殖，后者则实现有性繁殖。

配子包括以花粉粒呈现的雄配子和包含卵细胞的雌配子，在授粉之后形成胚胎。种子帮助运送这些繁殖要素。种子离开植物，物种得以扩散。促成植物传播的方法多种多样：有的种子轻而小，有的种子表面具有刺钩，附着在动物身上、蛛丝和昆虫的附属器官上，借助风力传播。这是一场真正的植物革命。随着种子植物的成长，植物的繁殖脱离了水的约束，开始有了空中传播。种子也引起了主要的突变。

组织经过脱水后，种子进入休眠状态，生命状态放缓，直到完全具备种子萌芽的外部条件。就这样，埋在土里的种子在萌发之前的几年里一直保持存活状态。就算条件看似已经满足，种子也只有在经历一段时间的休眠后才会萌芽：许多植物在夏末播种，但要经历寒冬的休眠后，才在来年的春天萌发。因为休眠的原因，种子才不会在美好的秋日里过早萌发，过早萌发的种子往往难以成活。

相关阅读：大地上的植物（4.8 亿年前）；植物的新种类（4.2 亿年前）。

种子是一个奇妙的新事物，它需要播撒出去，也经得起等待，有时是长久的等待，之后才迎来一个新生命的发育。图为莲座叶丛中的铁树种子。

第二次生物大灭绝（3.72 亿年前）

70% 的海洋物种在泥盆纪遭遇灭绝。

在有据可查的五次生物多样性危机中，有一次就发生在泥盆纪晚期（距今 3.58 亿 – 3.72 亿年），这实际上是发生在几百年间的一系列事件。

此次危机主要影响且深度波及了全球范围内的海洋生物。21% 的科，50% 的属，将近 75% 的海洋物种灭绝。海里的礁类消失殆尽，只有造礁类生物得以幸存，虽然它们中的大部分也遭遇灭绝，它们只能以单独的个体生存下来，不再能聚集成礁群。三叶虫、腕足动物、头足类中的很大一部分也灭绝了。脊椎动物门中无颌的甲胄鱼类也灭绝了。

在陆地上，没有什么可以阻挡植物与节肢动物门（昆虫、蝎子等）活跃的进化。

不同于发生在奥陶纪（距今 4.45 亿年）的第一次大灭绝，奥陶纪的危机是由于气候变冷，而泥盆纪的大灭绝主要归咎于当时不稳定的气候，冷热快速变换。

在造成此次灭绝的可能原因中，海水缺氧与海平面下降或许起到了决定性的作用，那是在泥盆纪弗拉斯阶与法门阶两阶之交，距今约 3.72 亿年。此次事件又被称为“凯尔瓦塞事件”(Kellwasser)，对在此之前、期间与之后的海洋沉积物的分析都是事件的见证，那时海水很浅，生意盎然。分析表明，远离大陆的区域因缺氧而遭受重创。

泥盆纪中期(距今 3.93 亿 – 3.82 亿年)，陆上植物一片繁盛，它们在光合作用的过程中可能“抽走”了二氧化碳，导致了气温骤降，与此同时，造成了海水中的缺氧。

相关阅读：第一次生物大灭绝（4.45 亿年前）；第三次暨最大的生命大灭绝（2.52 亿年前）；第四次生物大灭绝（2 亿年前）；第五次生物大灭绝（6600 万年前）。

头甲鱼是一种有甲无颌的鱼，消失于泥盆纪晚期。

水下撒哈拉（3.7亿年前）

摩洛哥南部的伊尔福德现存有非同一般的水下动物群落，保存完好。

在泥盆纪末期（距今3.7亿－3.6亿年），非洲北部被一片高温海域覆盖，海洋中的生物刚刚经历一个危险的阶段，许多物种都已经消亡。水中生长着一个生物群，它们中大多数只有手掌或是盘子大小。它们中有头足纲软体动物：螺旋壳体的棱菊石，和菊石有亲缘关系，还有角石，它外壳的形状像动物的角，一般是直的（其名称也来源于此），还有节肢动物门动物（三叶虫），看起来像海里的鼠妇和海百合。它们死后，身体沉入海底淤泥中；它们的壳体被埋葬并被保存下来。

在摩洛哥南部伊尔福德东南约30公里的地方，有一个景点因为完好保存了丰富多样的化石而享誉世界。化石的颜色通常从深灰色到红色再到白色不等，绚丽的色彩赋予石头真正的审美价值。这里的石灰岩层被加工成盥洗盆、桌面、色拉盘，还有室内装修的所有物品，销往世界各地。

这里的化石色彩丰富，美丽非凡，它们可能更值得被保护，而不是像联合国教科文组织列出的其他有化石的景点，以旅游开发的名义被野蛮开发。

相关阅读：第二次生物大灭绝（3.72亿年前）；绿色撒哈拉（公元前6000年）。

摩洛哥艾佛德的海百合化石。开叉的萼片覆盖着树干，下面固定的是深海的动物。

水中的动物（3.65 亿年）

最早的四足动物生活在水里，但它们已进化出对陆地生活的适应能力。

四足动物主要包括空中与陆地上的脊椎动物，从一开始就四肢分趾。现在的脊椎动物主要是现代的两栖动物与羊膜动物（爬行动物、鸟类与哺乳动物）。

真正意义上最古老的脊椎动物出现在泥盆纪晚期，距今 3.75 亿年。从鱼到四足动物的进化过渡中衍生了集合四足动物和鱼的种群，胸鳍结实，骨架突出，开始和爬行动物相似。

棘螈经历过泥盆纪，距今已有 3.65 亿年，它被视作最早具备特有的移动关节组织的四足动物化石，后来进化成翅膀与鳍（鲸类），但有些动物后来却没有了这类组织（某些爬行动物）。它每只脚有 8 个脚趾（熟悉的泥盆纪四脚动物脚趾都多于 5 个，但具体数目尚未确定）。

但它还未成为完全意义上的陆生动物。许多特征表明它还很依赖于水域：它的骨骼还不足以在陆上支撑它的体重（它体型较大，身长一米），鳃由骨架支撑，和鱼一样有一条侧线。

和当今的许多物种诸如鱼甲龙属一样，棘螈占据陆地从适应开始——对水域的适应。用肺呼吸只是为了适应水中缺乏氧气的区域，如炎热的沼泽。行走的能力也是对水底的适应，但其最初的功能已经变了。人们认为，对于早期的四脚动物，它们可以移动的肢体帮助它们在水底“行走”，或是在红树群落拥挤的地带。到了陆地之后，这些动物一定不是人们想象的四脚爬行，而是像海豹一样移动。

直到后来，才发现这些特征都能帮助它们在陆地生活。

相关阅读：水外足迹（4 亿年前）；羊膜防止干燥（3.1 亿年前）。

艺术家劳尔·马丁再现的棘螈在水中凝望岸边的画面，它似乎就要上岸了。

石炭纪的加拉帕戈斯群岛（3.2 亿年前）

加拿大的乔金斯化石崖壁是珍贵的地质岩层，里面记录了地球一个完整历史时期。

我们通过地球留下的化石证据了解它的历史。通常，这些证据都不是很有说服力。有时我们能遇到异常丰富多样的化石残余，把它称为生物库。位于加拿大新斯科舍省的一处遗址就属于这一类。由于其所含大量 3.2 亿至 3 亿年前的生物化石而被誉为“石炭纪的加拉帕戈斯群岛”。也是研究石炭纪（泥盆纪之后的一个时期，自距今 3.59 亿 – 2.99 亿年）的一个全球性参考遗址。

乔金斯化石崖壁是一处占地 689 公顷的古生物学遗址。这里的岩石展示了这一地球历史时期的风貌。无论是从岩层厚度还是丰富程度来看，这都是世界上最重要的岩石，中间的化石记录了这一时期最完整的陆地生物的形态。人们在这里发现了地球历史上最早的爬行动物，爬行动物是羊膜动物最古老的代表，而羊膜动物这个动物群包括爬行动物、恐龙、鸟类和哺乳动物。这里除了动物、其他植物、各种痕迹的化石，还有完好保存的树木化石，展现了这里的环境情况，有助于人们完整地重构出它们曾经生存的大片热带雨林。

这处遗址群拥有绵延 14.7 千米的海岸，崖壁、岩石平台和海滩，保留着三种生态系统：河湾生态系统、洪泛平原雨林生态系统以及遍布淡水湖泊的防火林冲积平原生态系统。化石崖壁上有 96 类共 148 种化石，还有 20 处足迹群，这处遗址展示了这三种生态系统中最完整的生物化石。

正是基于这重要的意义，该遗址于 2008 年被列入联合国教科文组织的世界遗产名录。

相关阅读：澄江生物群（5.2 亿年前）；水下撒哈拉（3.7 亿年前）；有毒的湖（4700 万年前）。

含有大量化石的乔金斯崖壁（加拿大，新斯科舍省，芬迪湾）。

羊膜防止干燥（3.1 亿年前）

有了羊膜，四足动物就能适应空气。

生命自 3.5 亿年前出现以来，一直被困在水中，直到 4000 万年后才从水中走出来。植物和动物先后适应了陆地上的环境。出于食物和繁殖的考虑，动物还是依赖于水。它们要生活在水边，也不能去更干燥的地方冒险。

3.1 亿年前，那时正处于石炭纪，正如林蜥属化石遗迹所证实的，林蜥属是众所周知的古老爬行动物，它的新特征将它的繁殖从水环境中解放出来。这个进步就是羊膜，有了这一层膜，羊膜动物的胚胎便可以在水中成长。

羊膜可以保护胚胎免于干燥，还可以避免碰撞。羊膜动物可以在水外产卵。另外，在羊膜出现的同时，动物的皮肤也已形成，较干的皮肤又相对防水，能减缓皮肤表面的水分流失。

许多脊椎动物身上都有羊膜（爬行动物、鸟类和哺乳动物）。从此，这些动物可以远离水域，而两栖动物（生活在陆地和水中的大蝾螈）则不一样，它们还是要部分依赖水。因为有了羊膜蛋和防水的皮肤，早期的四足动物对水的依赖性大大降低。因而它们可以深入以前到达不了的地方。从这一刻开始，爬行动物开始变得多样化，再分出许多的动物群（鳄鱼、龟、蜥蜴与蛇、鸟类和哺乳动物……）

相关阅读：细菌毯（35 亿年前）；水外足迹（4 亿年前）；种子发育（3.9 亿年前）。

龟卵。卵有了羊膜的包裹，动物便可以离开水进行繁殖，可以到新的陆地世界上探险。

我们燃烧的煤（3.15 亿年前）

在快速沉积的潮湿地带，植物的遗体不断堆积，储藏了大量的碳元素，也就是今天所使用的煤。

在 5000 万年的时间里（距今 4 亿－3.6 亿年），欧洲有一条气势宏伟的山脉。构造运动停止以后，地形也不再抬升，只会遭受蚀变和侵蚀，岩石被风化，破碎物质被清走。

风蚀的产物叫“碎屑物”，它们堆积在突出地形周围的低矮地区。当时的欧洲属热带气候，在这条山脉剥蚀产物的沉积物上，生长出了丰茂的植被，而且这片土地还非常肥沃。

物质在堆积中不断下沉。砂和黏土无规律地涌入，因而这些地带会周期性地时而被水没过时而露出水面。高出水面的地方长出了由大型蕨类和球果植物组成的森林，为巨蜻蜓提供了栖息处，而泥炭沼泽的土壤则成了大型两栖动物的住所。树死后，树干倒地，由于沉积物太厚，树干很快就掩埋在树叶和其他物质之下。掩埋是如此之迅速，以至于有机物都来不及被分解。随着时间的推移，黏土和沙子变得坚硬，变成页岩和砂岩，而有机物则渐次变成泥煤、褐煤、煤，最后变成无烟煤，含碳量越来越高，能源价值也越来越高。时而被掩埋，时而露出水面，煤层的堆积中夹杂着页岩层与砂岩层，它们也包含丰富的有机物。

煤的开采已有很长的历史，但它的使用直到 18 世纪的工业革命才得到普及。未开采的部分形成大的堆，被称为废石堆。在内部有机物缓慢进行内部燃烧时，黑色页岩转化为红色产物，通常被开采用于铺公园的小路或道路的路堤。

相关阅读：从光合作用到化石燃料（4.4 亿年前）；新红砂岩（2.6 亿年前）；大西洋的盐与石油（1.25 亿年前）；大自然不是取之不竭的（1890 年）。

石炭纪木头化石的踪迹。从叶子的痕迹可以确定这是一棵封印木，树高可达 30 米。得此名也是因为树叶印迹和小印章很相似。

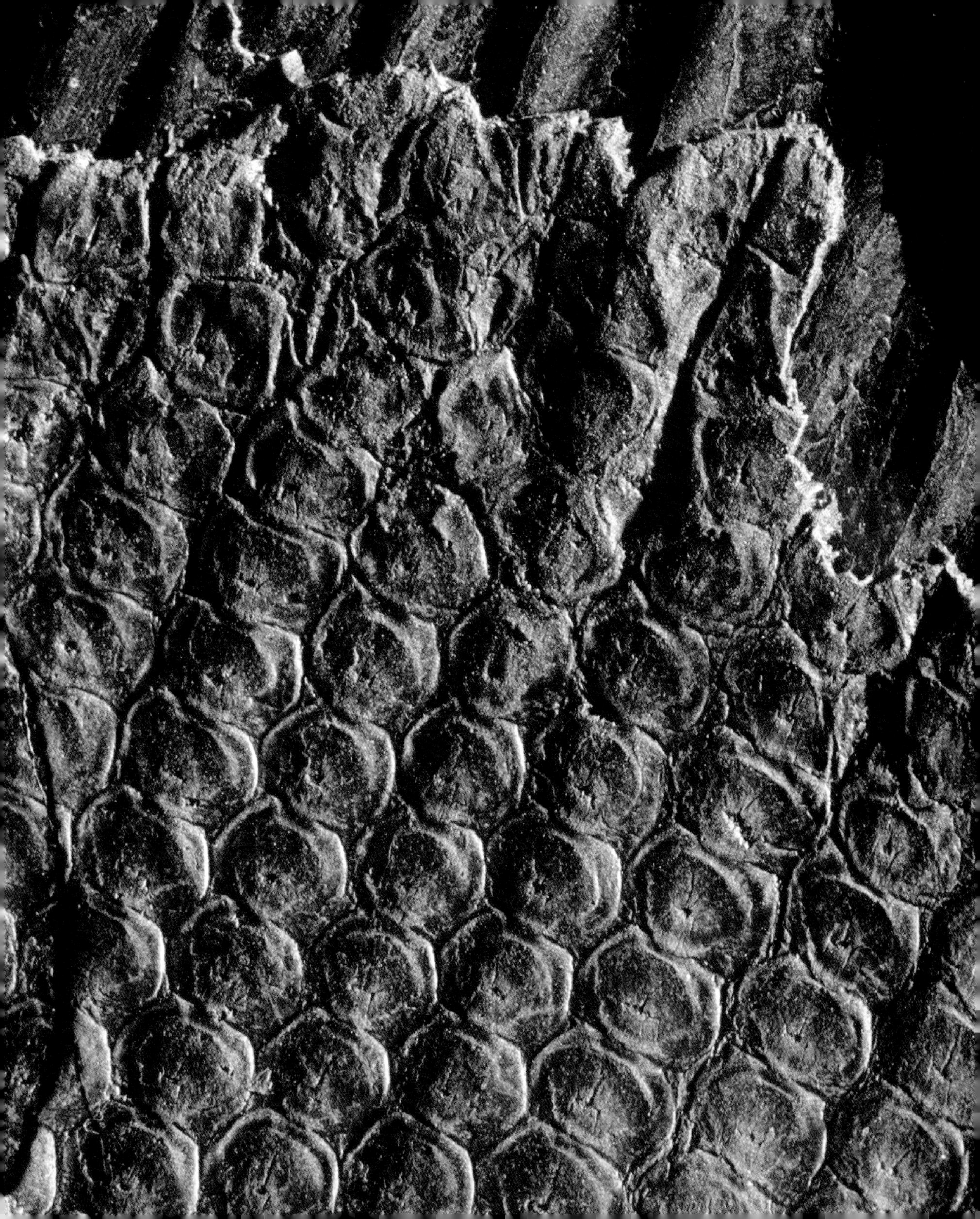

钙铀云母（2.95 亿年前）

巴卡拉的水晶玻璃有一种独特的黄绿色泽，因为它采用了欧坦地区的放射性矿石。

这里有备受赞誉的奢华波西米亚水晶，产量高，为了推销，梅斯主教路易·德·蒙莫朗西·拉瓦尔于 1764 年从路易十五手中得到授权，在法国东部的巴卡拉创建了一个水晶制造厂。十九世纪时，水晶制造厂成就显赫：水晶餐具、乳白水晶花瓶、巧夺天工的挂式分枝吊灯享誉整个欧洲——这些产品只有一个简单的名字，那就是巴卡拉，与利摩日[41]和塞夫尔[42]一样都有其背后的意义。

水晶制品呈彩色是因为其中含有金属氧化物：铁氧化成红色或黄色，铜和钴氧化成蓝色，镍或锰氧化为紫色……巴卡拉的水晶制品的颜色与众不同，这为它赢得了巨大的成功：一种在紫外线的照射下呈荧光黄绿的颜色。这是因为加入了一种叫钙铀云母的矿物，钙铀云母的名字衍生自它的产地欧坦地区。这种铀矿物又被称为二氧化铀：这些物品也被称为铀玻璃制品。闹钟或手表上的夜光数字就是采用这类材料。因此，这些物品都是放射性的。

在欧坦附近的索恩－卢瓦尔省，约瑟夫·德·尚博在马尔马尼的圣桑福里安的矿床中发现了钙铀云母（云母铀矿）——在第一座原子能反应堆建造时引发了一阵采铀热，这座矿于 1945 年再度开放。水合磷酸铀和磷酸钙沉积在热液矿脉中，矿脉中还有多种多样的花岗岩，这里的花岗岩形成于海西山链末期（约 3 亿年前），是中央高原的主要基础。同样的地质环境还存在于世界其他地区（德国、美国）。

相关阅读：金（5.15 亿年前）；岩石决定植物（4.06 亿年前）；老红砂岩大陆（4 亿年前）；玉（1.58 亿年前）；钻石（1 亿年前）；祖母绿（6500 万年前）；琥珀（5600 万年前）；放射性的发现（1896 年）。

左图：钙铀云母赋予了巴卡拉水晶不一样的色彩，欧坦博物馆。右图：铀矿（华盛顿地区）的主要成分是钙铀云母，钙铀云母最早在欧坦地区被鉴别出来。

新红砂岩（2.6 亿年前）

平静的地球上砂岩沉积，铁颜料给它们染上了红色。随着时间的推移，沉积物化为岩石。

我们今日所见之地球，或是起伏的丘陵，或是雄伟高山，或是千沟万壑。然而，就地球的历史而言，它在很长一段时间内并没有“地形”一说，平平坦坦，一望无际。只有在某些地方出现地表分离，或是其他地方地幔靠拢或猛烈抬升，这些强大的内部力量才会造成突出的地形。

地球恢复平静后，地形变化慢了下来，地形也逐渐趋于平缓。广阔的大地上出现了平地与高山。从古生代到中生代（距今 2.6 亿－ 2.45 亿年），从今天的俄罗斯，跨越整个欧洲北部，直到美国，这片区域的景象均是如此。江河缓缓流淌，水流随风暴或狂风大雨而变，沙石随之沉淀，因其中含铁而形成红色沙粒。久而久之，沉积物变得坚硬。沙粒更加结实，形成的岩石为红砂岩。因为这个概念的范围很广，人们有时将其称为“新红砂岩大陆”，以此来区分它和 4 亿年前形成的红砂岩。

这类砂岩还用于建筑物中，例如斯特拉斯堡的（圣母）大教堂，上－考内格斯堡，罗德兹大教堂。有时候，一整个区域都有这类明显的特色，例如科雷兹的小镇科隆热拉鲁格。另外，有的地方就是因这类风景而著称，其中最有代表性的是美国的纪念碑山谷，印第安语中意为“岩石的山谷”。

相关阅读：老红砂岩大陆（4 亿年前）；欧洲的一道盐层（2.3 亿年前）；纳瓦霍砂岩（1.9 亿年前）。

左图：科隆热拉鲁格（科雷兹）的圣皮埃尔教堂。右图：纪念碑山谷（亚利桑那）。砂中含有的氧化铁赋予山谷红色的外表，砂后来形成了红色砂岩。

中国的超级火山（2.58 亿年前）

地球历史上经历过许多火山大规模爆发的阶段，影响覆盖全球，今日的地球已不能与其相提并论。

火山爆发让人心生恐惧，因为它表现出来的是威力，而且大多是破坏力。正是由于火山爆发，地面上才有了以蒸汽形式存在的水，有了叶绿素合成与食物链底层所必需的二氧化碳。在地球的成长中，部分时期产生了大量的火山熔岩，其数量之多远远高于我们今日所见。

今中国南部的峨眉山的玄武岩熔岩绵延 33 万平方千米（相当于整个德国的面积），其平均厚度为一千至两千米，堪称雄伟壮丽！这一地区的火山喷发始于 2.58 亿年前（二叠纪），持续了将近 100 万年，对地质产生了迅速的影响，对气候的影响也不可小觑。

这类高温的火山活动释放出大量的二氧化碳、水蒸气、温室气体，还有大量的含硫气体（SO_2，二氧化硫）最后化成了硫酸盐雾。此外，火山爆发的灰尘造成太阳光减弱，酸雨（硫酸）等一系列连锁气候效应。因灰尘遮天蔽日，气温迅速（就在几年的时间里）下降十多度，随后，在灰尘下落后，受到火山气体的影响，气温又开始持续攀升。当地幔的热膨胀超过火山的喷发物（岩石圈下面的地幔受热膨胀），这就有可能会引起海洋面积的缩小，至少该地区会如此。

这样的变化日积月累，对生物世界产生了极大的影响，尤其是海里的无脊椎动物、具有钙质骨骼的浮游生物（例如纺锤虫）。

相关阅读：地球，蓝色的星球（44 亿年前）；第四次生物大灭绝（2 亿年前）；南大西洋的扩张（1.3 亿年前）；大规模火山爆发对世界的影响（6600 万年前）。

火山大爆发阶段表现了生物多样性，这个阶段的火山熔岩大多是流体熔岩，就如同今日在夏威夷所见一样，但其规模要远胜于后者。

中生代（2.52 亿－ 6600 万年前）

中生代属于“中间的生命”，和中生代在希腊文中的意思相同（“中间的”＋“动物”）。中生代意味着生物的丰富多样，中间包括生物的两次大灭绝：距今 2.52 亿年的二叠纪－三叠纪灭绝事件，距今 6600 万年的白垩纪－第三纪灭绝事件，这是最著名的灭绝事件（但不是最重大的）。

中生代曾被称为“爬行动物时代”，这个时代出现了蜥臀目恐龙与鸟臀目恐龙，它们包括陆生爬行动物、翼龙、会飞的爬行动物、海生爬行动物（鱼龙、蛇颈龙）。除此之外，还有一些重要的种群于这个阶段问世，其中最突出的就是哺乳动物。

临近中生代末期，开花植物又为世界增添了更多的色彩。到了中生代末期，现代生物初具雏形，比如说哺乳动物。

在中生代开始时，各大陆连接为一块超大陆－泛古陆。在中生代期间，它们逐渐分裂，形成新的生态位，因而出现了新的物种。

中生代时期的平均气温为 19℃，比现在的平均温度要高出 5℃。

相关阅读：显生宙（5.41 亿年前至今）；第三次暨最大的生命大灭绝（2.52 亿年前）；第五次生物大灭绝（6600 万年前）。

1.7 亿年前的地球轮廓：泛古陆被海洋（特提斯洋）分成了两块大陆，北部的劳亚古陆和南部的冈瓦纳古陆。

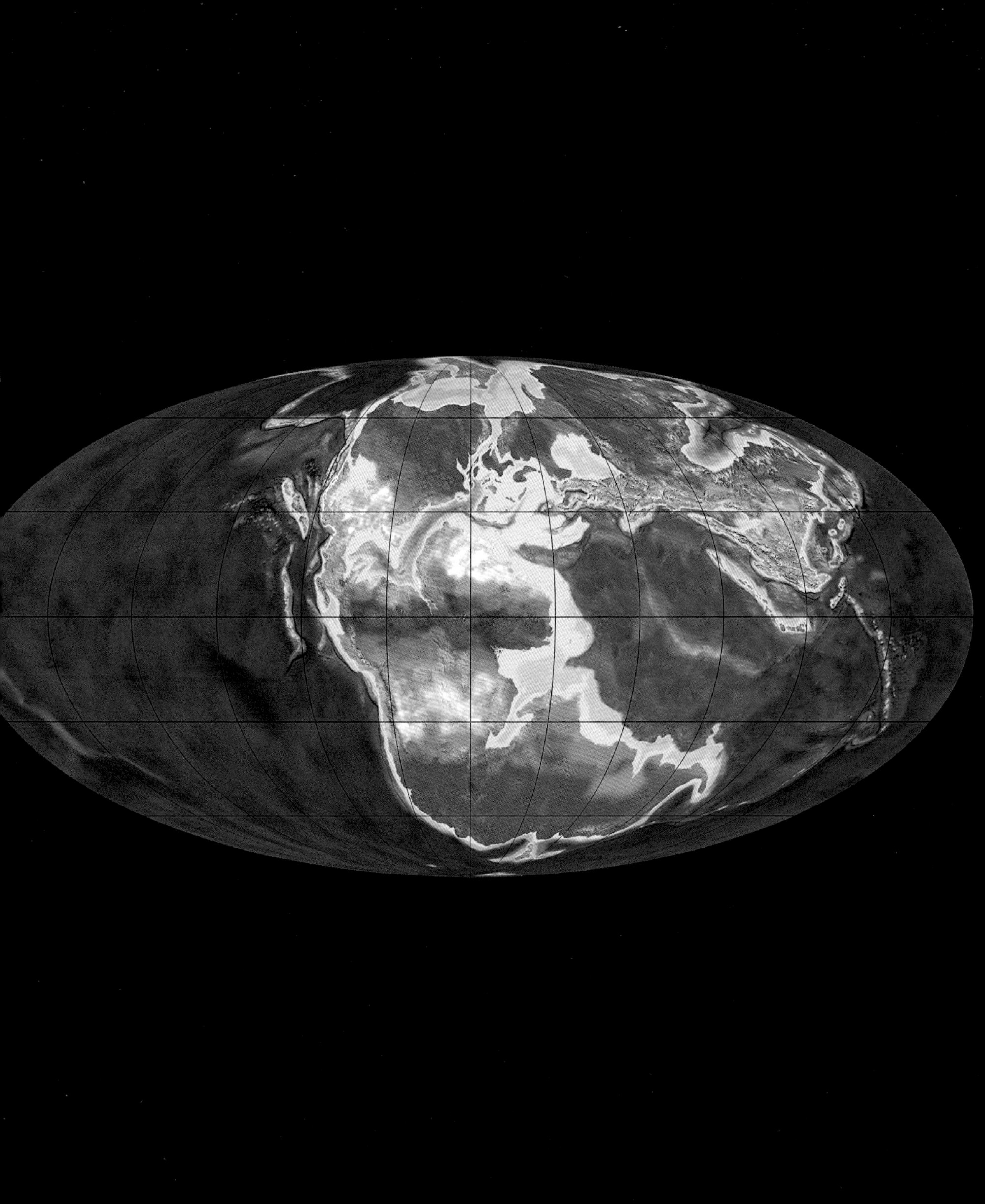

第三次暨最大的生命大灭绝（2.52亿年前）

在古生代到中生代的过渡时期，环境的巨大变化给生命带来了灾难性的影响。

地质时代的划分主要是基于生物多样性的剧变。二叠纪－三叠纪生命大灭绝是地球所经历的最剧烈变化，它把古生代与中生代区分开来（二叠纪是古生代的最后一阶；三叠纪则是中生代的起始）。

长久以来，人们认为此事件持续了几百万年，它的意义非同一般，影响了整个生物圈，划出了两个时代之间的界限。地质学家由此区分出两个大的火山爆发阶段，时间相近，但区别明显。第一个阶段是2.58亿年前的峨眉山（今中国南方）火山爆发。第二个阶段是2.52亿年前今西伯利亚区域内的火山爆发。二叠纪－三叠纪生物大灭绝似乎与这两次“炮火袭击”造成的影响密不可分，这两个阶段相隔近600万年，每一个阶段持续约100万年。强烈的火山爆发干扰了气候，此外，还要考虑到二叠纪期间形成超大陆泛古陆所带来的影响，泛古陆的形成伴随着浅海与滨海地区面积缩小、大陆板块汇聚引起的气温下降以及猛烈的火山爆发。

二叠纪－三叠纪生物大灭绝是生物世界经历的最大危机：陆地上，70%的生物灭绝；海洋中，一半的科，四分之三的属，95%的物种消失。所有的生物群均被波及，程度各有不同。一些生物群惨遭灭门，如三叶虫、造礁类生物（床板珊瑚）、古生代数量庞大的有脚棘皮动物（海蕾类）或极为多见的海生单细胞微生物（纺锤虫）。其他生物则大量死亡，如海百合（棘皮动物门海百合纲）、腕足动物门、陆生的蕨类。也有一些生物幸免于难或是影响较小，如双壳软体动物、“鱼类”、四足动物等。

相关阅读：第一次生物大灭绝（4.45亿年前）；第二次生物大灭绝（3.72亿年前）；中国的超级火山（2.58亿年前）；第四次生物大灭绝（2亿年前）；第五次生物大灭绝（6600万年前）。

从前的大型珊瑚群与今天的珊瑚不同，它们并没有顺利躲过这场大灭绝，例如尺寸达到数厘米的床板珊瑚（琏珊瑚属）。

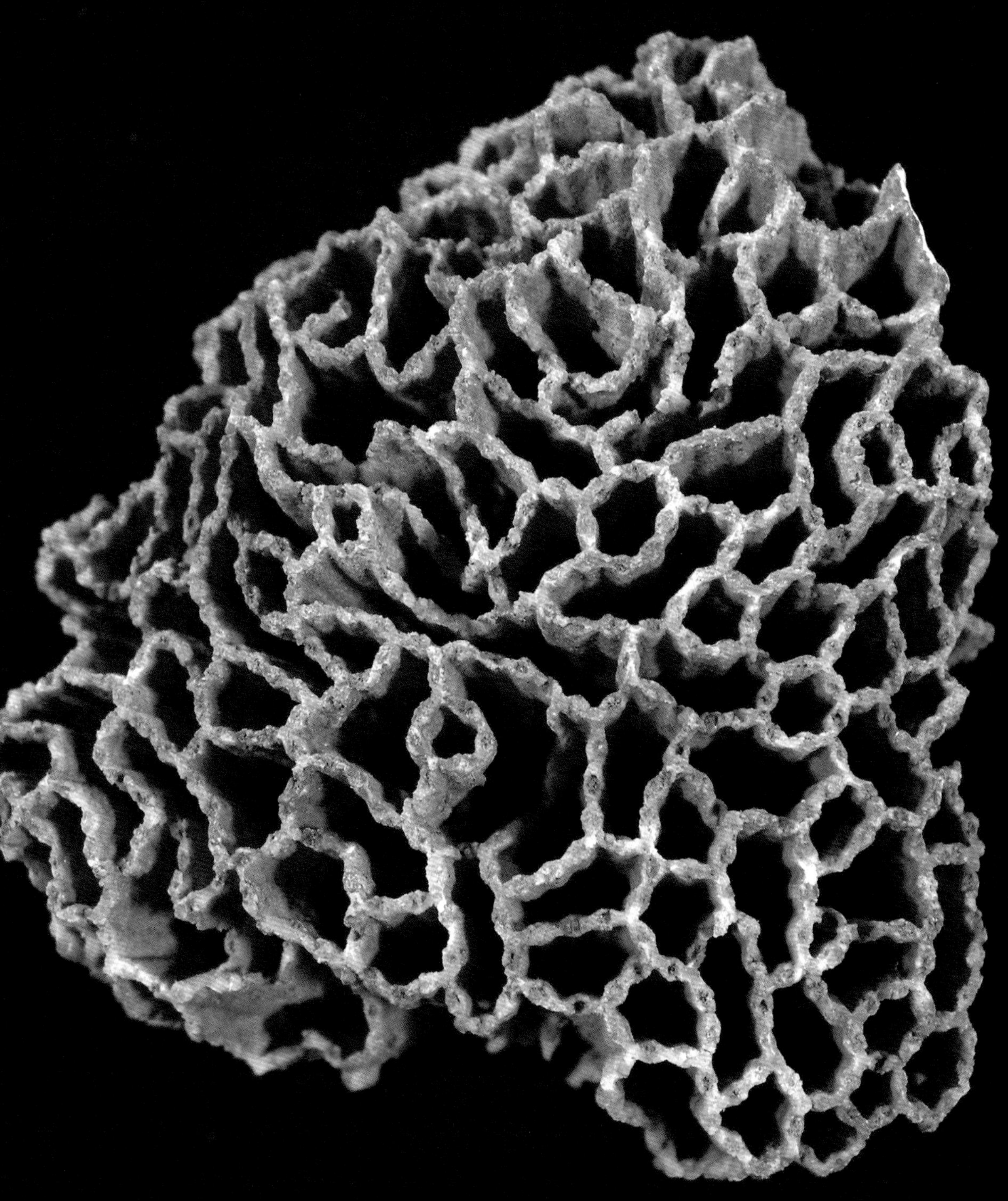

大陆分离（2.5亿年前）

随着板块的合与分，泛古陆于中生代初开始分裂。

如喜马拉雅山一般高耸的山系在6.5亿至6亿年前被抬升起来，与此同时，大陆板块互相靠拢。此次地形变化从布列塔尼到德国的哈尔茨高原，地形变化之后大陆便连成一块。随后的近5000万年时间，地球上并没有太大的变化。随着时间的流逝，地势的高低起伏趋于平缓，形成了一片广阔的平坦大陆——泛古陆，其大陆性气候十分鲜明。

在泛古陆的西部，地处一隅的泛古洋部分开始下沉。直到2.4亿年前，这个角落演化为海洋的扩张中心，它逐渐扩大并向西推进：一个新的大洋特提斯洋正在形成。泛古陆开始分裂，到目前为止，共持续了近2亿年。

特提斯洋的扩张产生了重要的地质、气候与生态影响。后来，大陆分成了两大块：北部的劳亚古陆（从圣劳伦斯河到亚洲）和南部的冈瓦纳古陆。气候从显著的大陆性气候变为海洋性气候。海洋的扩张也伴随着海平面的上升。陆地上的许多地方被水淹没，多种生物得以蓬勃发展。

特提斯洋裂开也使大陆分裂，制约了繁殖的可能性与同物种生物间的基因交换。大陆的分裂绵延了几百万年，基因交换最终也仅仅存在于某些种群中。这些种群在这两块大陆上分别变得更为多样。

相关阅读：保暖的盖子（8.5亿年前）；马特洪峰的峰顶来自非洲（6亿年前）；南大西洋的扩张（1.3亿年前）。

四世纪的一幅镶嵌画上的海洋之神与海神特提斯（土耳其，达芙妮地区）。在希腊神话中，特提斯是海神，乌拉诺斯（天神）和盖娅（大地女神）之女。她表现了海洋的丰富多产。

菊石占据海洋（2.5 亿年前）

地质学上具有代表意义的菊石在中生代迎来了蓬勃发展。

菊石美丽非凡，它们卷曲的身体是如此完美，就好像是为了创建和谐的数学范例与几何法则。

菊石是一种软体动物，它的腕部围绕着头部，属于头足纲动物（足环列于头部）。它们生活在贝壳里，贝壳通常是卷曲形，菊石只占据贝壳的后半段，其余部分充满空气，用于改变浮力。菊石是海洋生物，与现在分布于西太平洋的鹦鹉螺是近亲。

在中生代，菊石占据了全世界所有的海洋，有的生长于高温海域，有的生长于冷水海域。可以通过它们的化石重构出热带、温带、副极地环境……菊石的动作方式跟鹦鹉、乌贼或枪乌贼相仿，靠喷水的射流反作用前进、后退。不同种类的菊石在不同的深度活动，它们的活动或许还受气候条件影响。

不同时期的菊石大小不一（从几毫米大小到将近两米，最常见的也有若干厘米），形状与壳体也千差万别，因此菊石化石在地层学上很有意义，也就是说，可以利用菊石化石推断地层的形成年代。在某些时期，推断的时间精度可以达到 50 万年以内。

相关阅读：保护性骨骼（5.41 亿年前）。

菊石的卷曲部分非常美观，在空腔壁（红色部分）之间还能经常发现漂亮的晶体（白色部分）。菊石：马达加斯加侏罗纪的三义菊石。

饱含水分的岩石（2.35 亿年前）

岩石的矿物晶格中含水，它们是如此隐蔽以至于人们发觉不了。

人们都知道水对生命以及地球的众多进程都不可或缺。和人们通常的想象不一样，地球上最大的水库不在海洋，而在地幔岩石的矿物中。地幔的岩石中包含的水约是海洋含水量的二至三倍，是地壳含水量的一半。

要说起岩石中不为人关注的含水量，石膏就是一个好的例证。石膏有时呈现出透明晶体的形态，如箭头双晶、燕尾双晶，又如沙漠玫瑰。把石膏放置在吸墨水纸上，完全看不到水的痕迹。但当人们把同种晶体放置在玻璃容器中时，加热后容器壁上会有水滴。

水分被封在晶体点阵中，受热即释放出来。水的外循环，也就是液态水只占地球水源的一小部分。地球上的储藏的液态水共为 15 亿立方千米，其中 97% 为海水。近四分之三的含水层为冰雪形式的淡水，也就是说，地下岩石的孔隙中含有四分之一的水量。湖泊、河流、大气、生物中的水，这些为人眼所见的水不到总量的百分之一。

50 万立方千米的水受热蒸发后又以降雨的形式落到陆地。水的全球大循环对气候及水流都有重大影响。陆上三分之一的降水都来自蒸发的海水，水循环保证了海陆生态系统之间的联系。

植物通过水吸收、储存、蒸发蒸腾等方式积极参与到水循环中。

相关阅读：地球，蓝色的星球（44 亿年前）；水，至关重要的液体（38 亿年前）；生命造就的矿物（25 亿年前）；水资源（2014 年）。

这些花状石头实际上是巴黎石灰岩矿床中发育形成的箭头石膏晶体（始新世）。

恐龙的时代（2.3 亿年前）

最有名的化石动物恐龙曾统治大陆近 2 亿年。

1842 年，英国古生物学家理查德·欧文创建了“恐龙”这个名词，用来指代一个蜥蜴类爬行动物群，其中包括三大类型，它们分别是：斑龙、禽龙和林龙。恐龙这个词在希腊文中的意思是“恐怖的蜥蜴”。欧文通过这样的命名方式表现了这类动物的主要特征，它们体型巨大，这可能也是它们能一直吸引大众目光的主要原因。真实的情况是，最大的食草类恐龙重达 100 吨，还有一些恐龙却和一只母鸡一样大小，小盗龙就属于这一类。

这一个种群的特点是它的多样性，这也反映了它们进化的成果：人们了解各个大陆上的恐龙，它们外形各异，除主要的陆生恐龙外还有飞行类，有两足类或四足类，还有食肉类或食草类等等。

最早的恐龙出现在三叠纪，约 2 亿 3 千万年前。它们是祖龙亚纲爬行动物，填补了二叠纪－三叠纪大灭绝之后的生物空缺。人们一直认为其中最早的代表是小型的食肉类两足动物，但近期在波兰和坦桑尼亚发现的化石表明某些食草类恐龙也早就存在。最后的大型爬行动物消失于 6600 万年前白垩纪末期的那场大灭绝。它们被称作不会飞的恐龙……因为我们今天所知道的鸟类，从最普通的麻雀到信天翁，它们都是兽脚亚目恐龙的分支。后来是中华有羽毛恐龙的发现，1996 年中华龙鸟的问世（或称“中国的有翼蜥蜴”，兽脚亚目，高 70 厘米，重不足 1 千克，覆盖羽毛），人们才就鸟类是从恐龙进化而来达成科学上的共识。这也间接地改变了恐龙过去在人们心中行动迟缓、身材笨重、笨手笨脚的印象。

相关阅读：恐龙飞起来（1.55 亿年前）；第五次生物大灭绝（6600 万年前）；索侯芬石灰岩（1.5 亿年前）。

由于印迹通常都很脆弱，也难以持久，所以能保存下来的并不多见，而一亿多年前的恐龙印迹更是弥足珍贵。这块记录了恐龙印迹的石板硬化为岩石，又在后来的地质构造运动中发生倾斜（玻利维亚苏克雷附近，白垩纪某个湖边的恐龙足迹）。

欧洲的一道盐层（2.3 亿年前）

海洋不时地淹没劳亚古陆和冈瓦纳古陆的平地，盐分不断累积，直到变得很厚很厚。

在中生代初期，今天的欧洲大部分地区都还很平坦，在如今的阿尔卑斯山地区北部，当时还是一片浅海。这片水域中的动物留下了大量的贝壳，水中有两类沉积物：黏土和盐。后来，受炎热天气的影响，形成了沼泽与潟湖。从淹没到干涸，周而复始，这样便形成了盐层（岩盐、硬石膏、石膏），其厚度可达几百米。我们今天还能在洛林、汝拉、德国、奥地利、喜马拉雅山发现各种颜色的沉积层。

盐的开采历史久远。它被用于商品交易、市场调节，还有全球范围内都征收的盐税，而在法国则是中世纪、旧君主专制时期，当时的盐税局职员，也就是当时的海关职员负责征收间接税。由于密度的差异，要开采盐需要穿过不同的地层，这些地层中可能含有水、油或石油，这也是石油巨头关心采盐的原因。相比其他的岩石，盐有很强的可塑性，它常常扮演“肥皂层”的角色：一条山脉形成时，含盐层首先变形，且更为强烈；因此，当土层发生长距离的移动时（人们所说的掩冲体），含盐地层就像润滑油一般作为移动的地基。

相关阅读：新红砂岩（2.6 亿年前）；大西洋的盐与石油（1.25 亿年前）。

大盐湖（美国犹他州）给人们清楚地展现了 2 亿多年前欧洲的部分面貌。这里一望无际，是刷新速度纪录的地方。

地球的天文周期（2.25亿年前）

沉积岩保留了对历史环境的记忆，见证了气候变化的重要阶段。

地球的运转主要受太阳影响，而太阳对生命来说不可或缺。地球沿着倾斜的轴线进行自转，倾斜角发生周期性变化。轴线在空间中的方向也不是一成不变的：地球像陀螺一样旋转，地球也沿着偏心轨道围着太阳转。这些天文参数（倾斜度、岁差、偏心率）改变着地球接收到的太阳光辐射能量，并产生影响。按天文周期（2万年、4万年、10万年），地球周期性地经历冰期与间冰期。该周期又称为“米兰科维奇循环”，可通过冰帽与海底沉积物了解。深海的沉积物是气候的记忆，它们保存着水中生存过的生物残留物和黏土。

生物（包括浮游生物）死亡时，其有机部分迅速消失，而矿物部分（内骨骼或外骨骼）化成人们所说的“海洋雪”（或有机雪），最后沉在深海海底。当环境有利时，有机物迅速繁殖，残余物不断累积。环境不利时，沉积物减少。一年一年，几千年之后，沉积层已厚。随着时间的推移，沉积的淤泥化为岩石，形成的带状层展示着季节变化。

今天，我们在法国东南部、在地中海四周、在美洲和亚洲都能发现这类钙质沉积地层……人们也可以通过阿尔卑斯山脉，从东欧经喜马拉雅山到日本的硅质沉积岩提取气候信息。

相关阅读：季风猛烈的时代（1.8亿年前）；消耗能量的骨骼（1.6亿年前）。

右图：地球的天文参数改变了地球所接收到的太阳光辐射量，对气候变化有一定的影响。

亚利桑那的石化森林（2.18 亿年前）

流水把树木带到美国西部地区，硅化后的树木形成了多彩的树干化石。

2 亿多年前，在赤道气候的影响下，今北美地区的河谷洪水泛滥。这片平原上树木丛生，有蕨类、木贼（马尾），为昆虫、爬行动物和两栖动物提供了栖身之所。在稍干燥的地区，植被构成有所不同，包括苏铁目、本内苏铁目、银杏、高达 50 米的球果植物。

树木死后，树干被流水裹挟到河流下游，它们迅速被沉积物掩埋，隔绝了空气。覆盖的沉积物包括硅质矿物盐，矿物质渗入细胞结构并结晶，所以树木才能保存得如此之好，硅化木溶解时还能发现其中的木质素。在缝隙中或是空穴中还有岩石结晶或紫晶、黄晶或茶色的石英。它们的色彩与所含物质有关，如铁、锰，如果含铬则呈现出绿色。

树木完好地保存在超过 600 米厚的沉积物中，直到 6 千万年前，大地猛然抬升，平地变为高原（科罗拉多高原）。沉积岩受到侵蚀而片片崩落，硅化的树干重见天日，完好无损，雄伟壮丽。这中间包括七个物种，大部分为南洋杉，以及其他逾 200 种植物。

“石化森林”现在属于美国的国家公园，位于科罗拉多高原上，展示出令人称奇的地质形态。

相关阅读：水下撒哈拉（3.7 亿年前）；石炭纪的加拉帕戈斯群岛（3.2 亿年前）；有毒的湖（4700 万年前）。

通常树亡则树林消失，但要排除树木迅速被矿物质掩埋的情况。树木发生分子级的物质变化。矿物质结晶可以保存树木的原始结构并附带一定的创新。亚利桑那“石化森林”中的树干。

水的侵蚀（2.1 亿年前）

液态水是我们这个星球的特征之一。水分为气态、液态、固态。人们对水已习以为常，以至于常常忽略它的存在，然而，每一种风景中都有其自然雕琢的痕迹。

储存是水的功能之一，水的流动与对生命的供养是它的另一功能，或许较前者更为重要。大气中的水平均每六天更新一次，水循环是地球表面每年规模最大的化学物质活动。水循环在全球各地之间转移热能，行使着热调节器的功能。总而言之，水是形成岩石侵蚀的重要因素，它渗入矿物的晶体点阵中，改变矿物结构，吸入二氧化碳，高处的矿物填补低洼处，古老的地形结构就这样趋于平坦。因此，水对气候、生命与地形都至关重要。

我们的星球上有超过 90 种化学元素，地壳中分布最常见的 15 种元素可以形成多种化合物。宇宙仅有两类原子，它们都是最轻的原子：约 90% 的氢原子，9% 的氦原子。这两种元素不能形成化合物，也不能形成组成生命的任何一种分子。

氢与氧之间有一种很强的电化亲和势，二者结合形成水分子。在地球上的大多数化学反应中，无论是对矿物界还是生物界，水分子扮演着反应剂和催化剂的双重角色。

水，平淡无奇，它雕琢世界，诗人为之沉醉，孩童为之愉悦，干渴的人因之得到浸润。

水，取之不尽，必不可少，妙不可言！

相关阅读：地球，蓝色的星球（44 亿年前）；水，至关重要的液体（38 亿年前）；冰比水轻拯救了生命（7 亿年前）；饱含水分的岩石（2.35 亿年前）；水资源（2014 年）。

科罗拉多河发源于美国的落基山脉，流入加利福尼亚湾。大峡谷的形成就是受它的影响。从马蹄湾这一个地方便可窥见河流的蜿蜒曲折，这是一片被侵蚀的高原。

危险从天而降（2 亿年前）

2 亿年前，一颗流星在地球的大气层中解体，它的残骸袭击了法国中心。

通过观察对岩石的冲击作用，可以明显看出罗什舒瓦尔的碰撞构造，除此之外，再也没有其他圆形构造有相同意义。一颗直径约 1.5 千米的陨星以近每分钟 20 千米的速度撞击地球，形成了一个直径至少为 21 千米的陨石坑，深深改变了地下岩石。同一时期还有许多的陨石坑：加拿大（曼尼古根）有一个直径为 70 千米，法国罗什舒阿尔有一个直径为 20 – 25 千米，乌克兰奥伯龙有一个直径为 15 千米，还有两个分别在美国的雷德温和圣马丁。这五个陨石坑都是外星物体破碎后进入大气层，在几小时的时间里连续撞击，形成一系列的撞击坑（链坑）。撞击坑粗略地排列在当时的地图上。直到最近，对罗什舒阿尔陨星的时间推算仍有不同说法。尽管如此，有一种新的测算方式将陨石坑的形成时间定位为 2 亿年前，即三叠纪与侏罗纪的交界点。

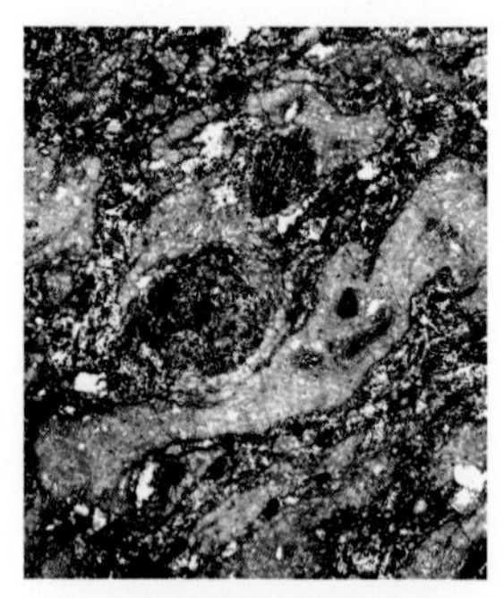

提出这种新方法的人认为陨星可能落在靠近海岸的某个浅水区域，引起了 8.2 级地震与强烈的海啸，人们在距事发地点 700 千米，甚至 1300 千米的地方仍能发现其痕迹。然而，科学家认为并不是这次大碰撞造成了随后的生物大灭绝。

侵蚀作用持续了 2 亿年时间，我们今天已看不到这个陨石坑的形态变化。与此相反，撞击以一种特殊的方式粉碎了岩石，撞击产生的高温使其部分熔化，它们后来变成了玻璃状。

相关阅读：晚期重大撞击事件（40 亿年前）；陨星坠落对世界的影响（6600 万年前）；钻石坑（3570 万年前）；流星陨石坑（5 万年前）。

左图：撞击产生的能量使岩石熔化，这种“冲积岩”便是佐证，这也是罗什舒阿尔的撞击坑的结构特征。右图：加拿大曼尼古根陨石坑卫星图。

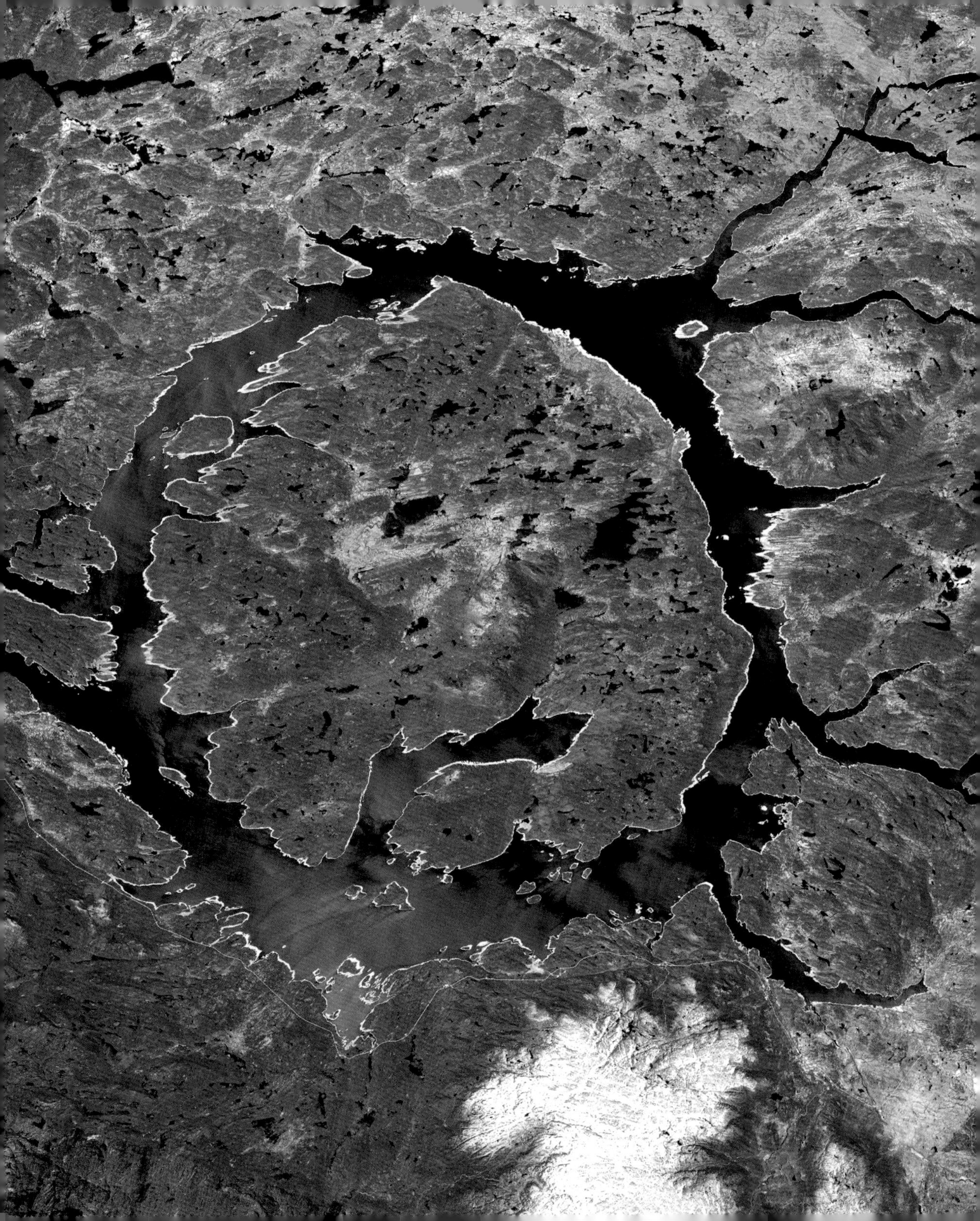

第四次生物大灭绝（2 亿年前）

一次重大的火山活动严重影响了生物的多样性，而这次火山活动则形成了后来的中大西洋。

2 亿年前的三叠纪－侏罗纪大灭绝或许界限最不明确，也最不为人所知，对生物多样性造成的影响并不是最残暴的，也没有影响到像恐龙一样有代表性的种群。恐龙自 3000 万年前出现后便已呈现出它的多样性，它们几乎没有受到大灭绝的影响，其他的一些陆生动植物却遭受冲击，最后的“哺乳类爬行动物”也遭遇灭绝。

海洋中的生物大灭绝并没有太大的时间差，但 23% 的科，47% 的属，75% 的物种都消失了。牙形石这种生物地层学中常用的化石也不复存在，植龙目也灭绝了，后来接替它占据同一个生态位的是现在的鳄鱼，一同灭绝的还有幻龙目与盾齿类。

许多现象都可能为这次生物大动荡做出解释，其中有一种说法最有说服力。在三叠纪末侏罗纪初，中大西洋的展开初见端倪，人们在后来的海洋边界观察到了强烈的火山活动。相同迹象还发生在西欧（西班牙南，大西洋沿岸的比利牛斯山）、美国（纽瓦克盆地）与加拿大的东海岸、西非（摩洛哥、毛里塔尼亚、利比里亚）、拉丁美洲东北部（圭亚那与巴西）。“中大西洋岩浆省”（CAMP，Central Atlantic Magmatic Province）面积约 700 万平方千米，相当于整个欧洲，体积约为 200 万立方千米。这个玄武岩形成的省可能是已知的最大的，测年结果为 2.01 亿至 2.02 亿年前，即三叠纪－侏罗纪交界点前 100 万至 200 万年。根据精确的年代测定和它对气候变化的影响推测，火山爆发可能是生物大灭绝的罪魁祸首。

相关阅读：第一次生物大灭绝（4.45 亿年前）；第二次生物大灭绝（3.72 亿年前）；第三次暨最大的生命大灭绝（2.52 亿年前）；大陆分离（2.5 亿年前）；第五次生物大灭绝（6600 万年前）。

三叠纪至侏罗纪生物大灭绝时消失的植龙目尼克罗龙骨骼化石。亚利桑那，新墨西哥州。

纳瓦霍砂岩（1.9 亿年前）

在侏罗纪，风力堆积而成的沙丘化为五彩的砂岩，为无数西部片增添了色彩。

亚利桑那（美国）北部呈现出如梦如幻的沙漠风景，那里地形多样，总体平缓，色彩丰富，米色、黄色、橘色乃至嫩红色应有尽有。

2.5 亿年前，陆地合并为一块广阔的大陆——泛古陆。这块大陆后来开始分裂，在面积巨大的大陆内部，砂砾形成了埋藏沙丘，整个过程从 1.9 亿年前直到 1.75 亿年前（早侏罗纪）。

一些节肢动物在这些沙丘中留下了运动的痕迹——脚印，洞穴，与此同时，恐龙还在强势扩张。我们在美国西部纳瓦霍砂岩的形成中发现了这些古老的沙丘：形成沙丘的砂粒黏结在一起，沉积物化成砂岩。

这里的岩石呈带状或层状，交错相织。这样的层理结构与沙丘的形成过程有关：风吹着砂粒在沉积物上留下痕迹，见证着沉积物的不断变化。砂岩中较软的部分受到不同程度的侵蚀，形成了多样的地貌。砂岩中还有不同比例的氧化铁或氢氧化铁（包括赤铁矿、褐铁矿或红色、黄色的矿物质），因此这里呈现出丰富的暖色调色彩。

相关阅读：老红砂岩大陆（4 亿年前）；新红砂岩（2.6 亿年前）；阿萨巴斯卡的油页岩（1.2 亿年前）。

在美国犹他到亚利桑那边界可以欣赏到狼丘（纳瓦霍砂岩）。

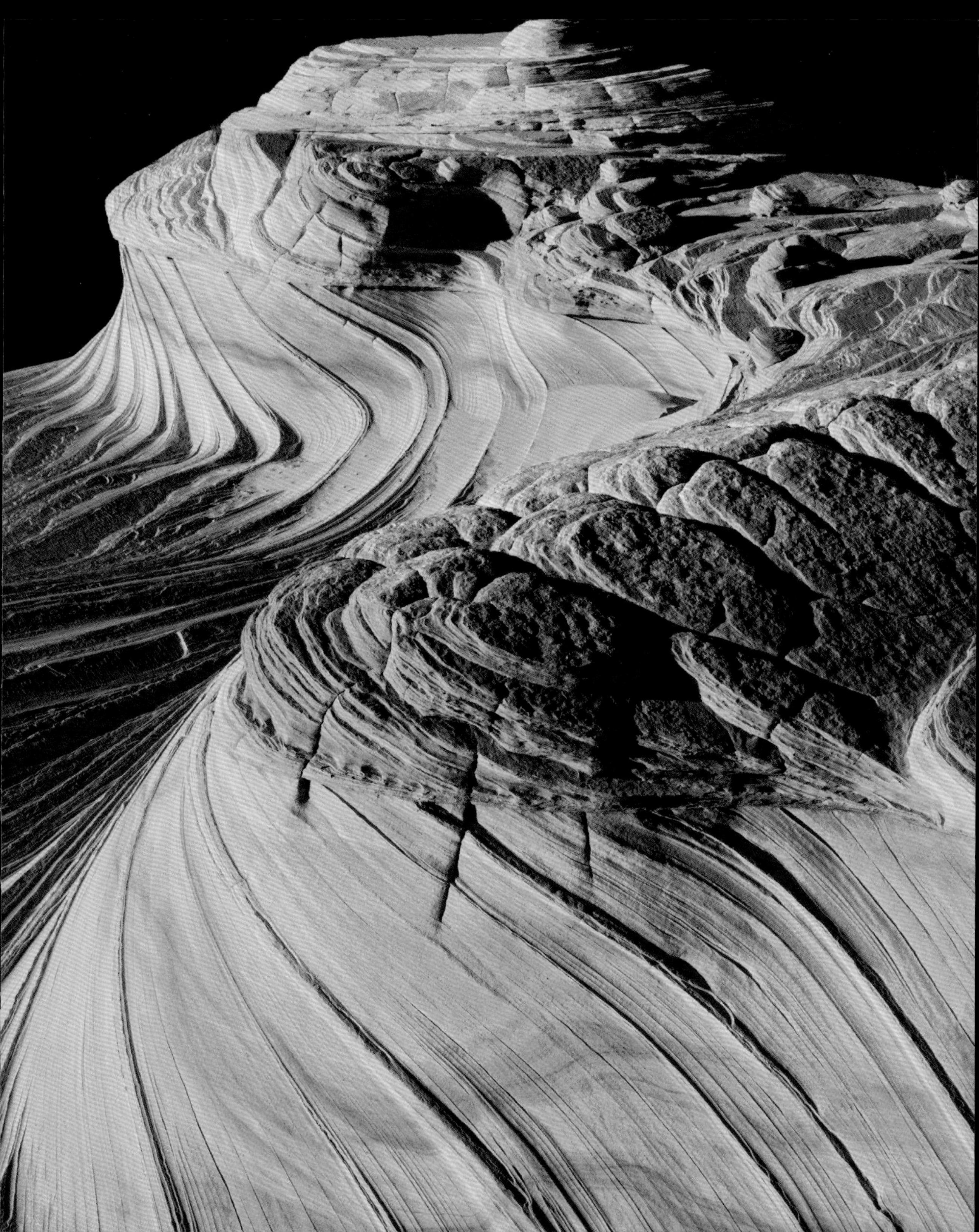

“小”危机（1.82 亿年前）

一次火山爆发，气候变化，洋流循环温度降低都会引发生物多样性危机。

1.82 亿年前，侏罗纪初始，也就是托阿尔阶时期，地球正在经历泛古陆的分裂，这片独一无二的大陆的解体是造成二叠纪大灭绝的原因之一（距今 2.9 亿－ 2.5 亿年）。

大洋中脊非常活跃，温度高，受热膨胀，抬升海平面。大陆分裂，沿海地区扩张，这有利于增加生物多样性。可是！沉积学、同位素与古生物学都见证了 1.82 亿年前气温从猛增到骤降引起的气候变化。

火山喷发是造成升温的原因，大量的火山喷发物（大火成岩省）分布在南非的卡鲁－费拉、南极洲、南美洲、印度、澳大利亚、新西兰。沉积物中也许还含有大量的甲烷。

原来无论怎样的灭绝事件，原因都不尽相同！气候变化再加上洋流改变。气温升高减少了低温和高温水域之间的交换，减缓了洋流循环，使得海底含氧量骤降。海洋生物必然最受影响：菊石、箭石、腹足类、双壳类……被波及的有 8% 的科、26% 的属、35% 的海洋物种，虽然不及大灭绝那么触目惊心，但其影响力依然不可小觑。这次事件表明，“五次生物大灭绝”之外的数次“小”灭绝也影响着生物的多样性。

相关阅读：第一次生物大灭绝（4.45 亿年前）；第二次生物大灭绝（3.72 亿年前）；第三次暨最大的生命大灭绝（2.52 亿年前）；第四次生物大灭绝（2 亿年前）；第五次生物大灭绝（6600 万年前）。

多特尔恩豪森（德国）的油页岩中发现的菊石（镰菊石）见证了托阿尔阶灭绝事件。

马达加斯加鲸基（1.7 亿年前）

水与石灰岩相互作用，形成了异乎寻常的风景，为生命创造了独一无二的条件。

石灰岩的主要成分是碳酸钙，遇酸即溶解。二氧化碳（CO_2）气体在水中形成碳酸，这种酸作用于石灰岩，在时间的力量下能溶解石灰岩。有时较强的溶蚀作用能形成巨大的地下洞穴，法国的巴蒂拉克天坑和阿尔芒落水洞就是很好的例子。但最大的地下溶洞是越南的韩松洞，高 240 米，长 4000 米。这种溶蚀作用还形成了除溶洞之外的其他特殊地形。它们最初是在斯洛文尼亚的喀斯特地区按当地的地名来命名，同时还形成了一系列相关的术语：坡立谷、石灰岩沟、落水洞、残丘……

由于岩石本身已四分五裂，石灰岩中的水循环显得更加容易。在固体材料中，裂缝的形成通常和岩石所受到的应力相关。接近平行的裂隙网并不少见，有时甚至能有两个网络相互交织。溶蚀作用更容易受石灰岩内部的方向影响。被溶解的地方扩大后，人们可以观察到长长的石灰岩岩片，或者，在两个晶格同时发育，它们交叉的地方只会留下破损、独立的针状物，看起来有点像仙女的烟囱，只是没有了上面的盖子。

这种石灰岩于 1.7 亿年前形成于马达加斯加的各个地方，人们把它称为鲸基。这些区域人迹罕至，栖息着别处没有的动植物（地方性动植物），人们对它们也知之甚少。许多地区都已划为自然保护区。

相关阅读：独一无二的资料库（5200 万年前）。

纳莫霍卡(Namoroka)鲸基国家公园位于马达加斯加岛的东北部。鲸基(Tsingy)来源于马达加斯加语中的“mitsingitsingy”，原意是踮着脚尖走路，因为这里的岩石太锋利了，根本不能光着脚在上面行走。水溶蚀了石灰岩的表面。由于这里的喀斯特地形如此明显，因而此处鲜有人至，拥有许多独有的物种，形成了特别的群落生境。

季风猛烈的时代（1.8 亿年前）

特提斯洋开始裂开，其热带位置和作用给这个地方形成了强劲的季风。

泛古陆的分裂形成了一个叫特提斯洋的海洋，分开了北边的劳亚古陆和南边的冈瓦纳古大陆。特提斯洋像是一个向西推进的圆规，不断扩张，就好像有一个海洋的角落在朝西下陷。这个角落除了沟部，通常都很浅。

1.8 亿年前，劳亚古陆的南海岸呈东西走向，绵延近 12000 千米。这条海岸线以北为大陆，以南为海洋。这样的地理条件易形成季风气候，今天在同样的条件下也形成季风气候：巴基斯坦南部、澳大利亚、墨西哥湾北，几内亚湾。

这时的季风要比现在的季风更为强劲，沿着不到 2000 千米的海岸线吹，路线比现在要短六倍，表现非常活跃。

随着季节的变化，受季风影响，大洋深处的海水上涌，海水冰冷但营养丰富。浮游生物断断续续地大量繁殖。这样一来，微生物的骨骼部分在海底沉积，使这片水域的肥力更强。

根据水流的深度，方解石或文石（以有孔虫类为例）贝壳与骨骼被溶解，其他的硅质则被保留了下来。

随着时间的变化，沉积物越发致密，并经历了一系列的变化。泥质的沉积物和其中的骨骼部件化成岩石。总的来说，这样的变化抹去了化石残留物的痕迹，有时也能发现保存完好的骨骼。如果能把它们从岩石中取出，人们会在其中发现真正的微生物小首饰：岩石晶体组成的一小串骨骼。

这些微化石见证了过去的生命，也有助于研究者探寻化石所在岩石的形成年代。

相关阅读：地球的天文周期（2.25 亿年前）；消耗能量的骨骼（1.6 亿年前）；岩石年龄的推断（1905 年）。

在浮游生物中，有一些需要大量的能量才能组成矿物质骨骼，其中就包括放射虫类硅质骨骼（0.150 毫米，采用电子显微镜扫描）。

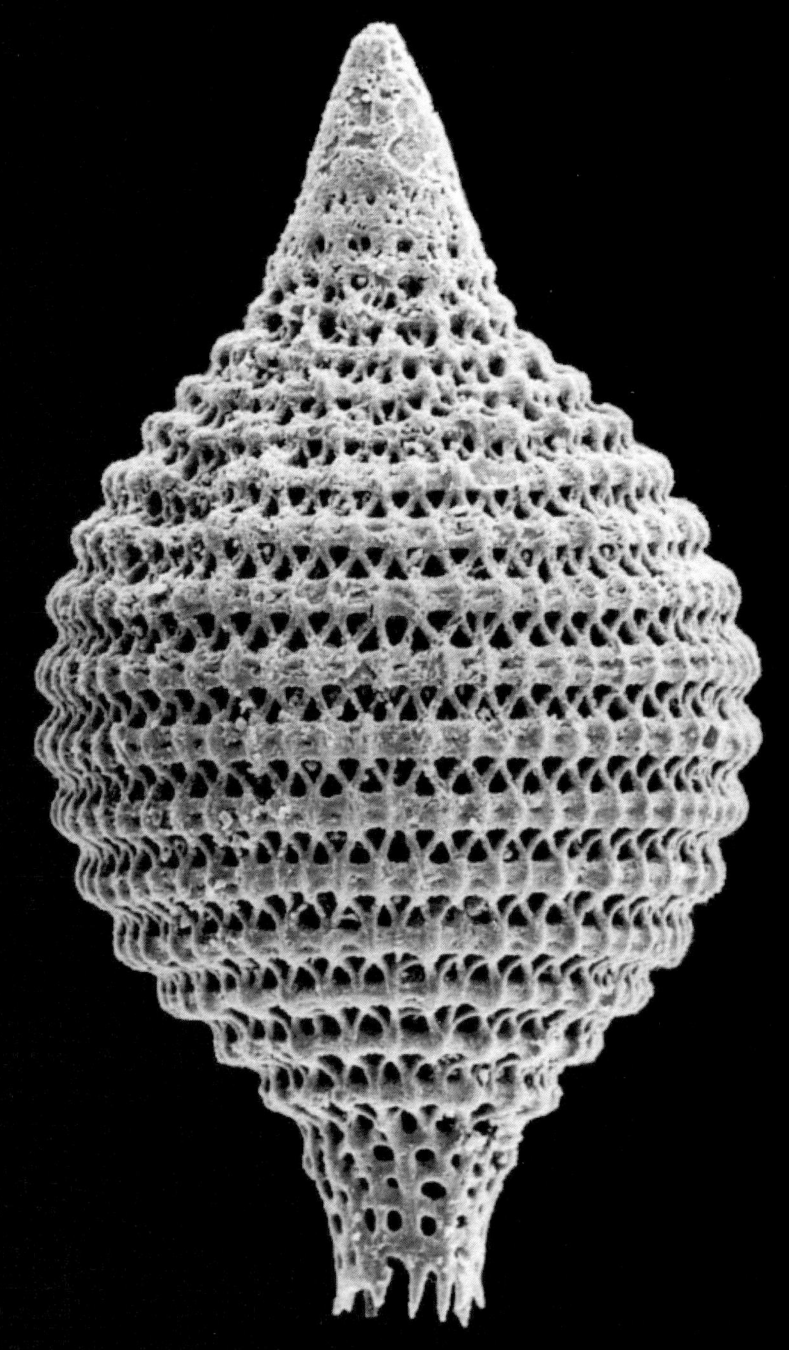
100 µm

来自地球深处的热水（1.65 亿年前）

断层中释放出的热液有助于形成富含有机物的深水环境。

在罗纳河河谷的西边，一些大的断层自蒙彼利埃到瓦朗斯，绵延 100 千米。始于古生代的裂缝在中生代侏罗纪时，即 1.65 亿年前，又再度形成，导致了东南部的土地下沉。事实上，断层将海底的风景分成一小块一小块。在侏罗纪时代，海底岩石的险峻与陡峭勾勒出一幅马赛克般的地质构造。

在那个时候，海底位于地下 500 米深处，因缺少阳光，这里的生命并不繁盛多样。然而，这里的断层中升起来的热液有利于形成一个多产的生态系统，就如同在罗纳河畔拉武尔特发现的化石岩层（人们把这类化石富集的地方命名为化石库）。人们在这里发现了多种多样的生物，其中有许多是独一无二的，化石集中的地方通常是在浅水区域。在拉武尔特化石库，化石或是泥灰层的印迹，或是在铁结核中大量集中。如此，它们以三维立体的方式被保存下来，并且能够呈现出许多解剖学上的细节，既能表现生物中硬实的部分（骨骼、甲壳、附属器官），也能表现柔软或脆弱的部分（触角、肌肉、其他内部器官、眼睛）。

这类就地保存下来的生物群落数量大，且以甲壳虫为主，即使在今天也是很少见的。海底的热液和热液的渗出既成就了生命的希望，而它释放出的有毒物质又导致了生命的毁灭。

相关阅读：埃迪卡拉，第一个知名生物群（5.85 亿年前）；澄江生物群（5.2 亿年前）；伯吉斯，致命的泥流（5.05 亿年前）；索侯芬石灰岩（1.5 亿年前）；有毒的湖（4700 万年前）。

侏罗纪时期热液的释放促成了这种古老的章鱼（Proteroctopus ribeti）的发育，身长约 15 厘米，被完好地保存在罗讷河畔拉武尔特的化石库。

从海底到高山（1.6 亿年前）

在侏罗纪末期，特提斯洋的扩张达到极限。它将闭合，紧缩……至现在的阿尔卑斯山山巅。

在 1.75 亿至 1.45 亿年前，特提斯洋将大陆分为南部的冈瓦纳古陆，北部的劳亚古陆。特提斯洋的东部较深，西部相比较浅，浅海中分布着岛屿，那里钙质泥浆沉积，还有群生或单独的珊瑚礁。

海洋开裂的地方喷出高温物质，有时甚至是地幔里冒出岩浆。这中间还穿插着海底的火山爆发。炽热的火山熔岩一遇水就会马上凝固，气球一样的形状，如同滴在水中的热蜡。水滴外表面为固态，内里为液态：它们堆积时产生变形，并与邻近的水滴结合在一起。它们远远看起来就像一叠枕头，也因此得名枕状玄武岩。

玄武岩上堆积着沉积物。在它们之下是来自地底深处的岩石。有些岩石熔化了，有些则没有，但它们都参与到了强烈的热流（热液）循环中，这样的循环改变了岩石，无论是玻璃质还是矿物质岩石。

由此形成暗绿色的大理石，中间带着黄绿色的纹理，看起来像蛇皮，因而得名蛇纹岩。经打磨之后，这种美丽的岩石可用作镶边石。

大陆靠拢时特提斯洋缩小直至最终闭合。在经历褶皱和超覆[43]作用后，这些海洋深处的岩石都露出地面，有的形成了高山，需要经受侵蚀。

正是如此，我们在意大利的阿尔卑斯山脉的维索峰，或是谢拉耶（Chenaillet，属法国境内的阿尔卑斯山）山顶都能找到曾经的海底岩石。

相关阅读：岩石决定植物（4.06 亿年前）；大陆分离（2.52 亿年前）；南大西洋的扩张（1.3 亿年前）；巨人之路（5000 万年前）。

海底的火山熔岩大多是玄武岩。因为形成于水中，所以看起来像垫子。人们今天还能在山巅发现这种堆积结构：谢拉耶高地（阿尔卑斯山）的垫状火山熔岩远远看起来就像圆球或是管道。

消耗能量的骨骼（1.6 亿年前）

海里的生物捕获必需的化学元素用来构建骨骼，这需要消耗很多能量。

有些生物通过创造钙质沉积物改变生存的环境，蓝藻就是其中的代表之一。光合作用形成的碳酸钙不断堆积，形成叠层构造。从某种程度上来说，这种矿物质沉积是生物活动的副产品——“旁系沉积物”，其他生物则需要矿物质来满足某种需求。大部分的贝壳类动物都在此列，它们利用矿物质构筑保护层。至于脊椎动物，它们形成磷酸钙，磷酸钙组成它们的骨骼部分，肌肉附着在上面可以运动。

某些单细胞生物的骨骼既能起到保护作用，又能支撑细胞质的流动。例如骨骼棘，用来作为细胞质的延伸，有助于捕获食物。

生物从水中获得化学物质，用来形成碳酸酯、磷酸酯或硅质矿物部分。水中的物质越丰富，摄入越容易。如果在生物的生命周期内，这种物质极度缺乏，这种生物便不能生长，最后甚至会消失。如果这种物质很少，生物可以从外界捕获，但这一过程需要更多的能量。硅质骨骼的生物便属于这一类。（硅藻类、放射虫类、海绵动物门……）

事实上，水中虽然有硅，但远未饱和。摄取硅质消耗大量的能量，另外生物必须要具备丰富的食物才能够发育。这种必需性也解释了为什么我们今天能发现硅质微化石堆积形成的岩石，当时的特提斯洋因深处水域的上升而充满了丰富的营养。

相关阅读：细菌毯（35 亿年前）；季风猛烈的时代（1.8 亿年前）。

放射虫类的骨骼有多种多样的形态。它们的组织和美丽的外观为艺术家和建筑师赋予灵感（电子显微镜下的生物，约为0.2 毫米）。

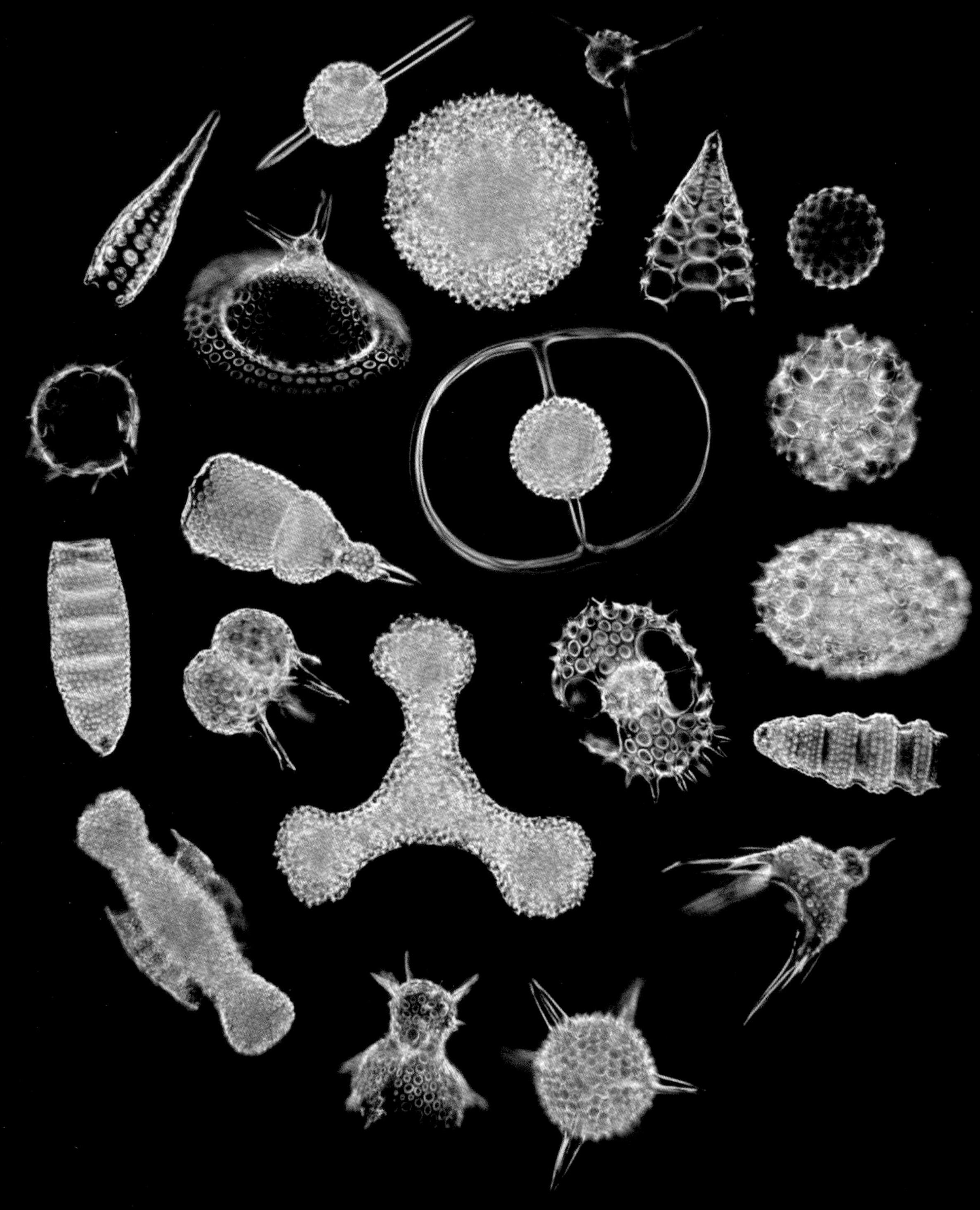

玉（1.58亿年前）

玉因其特质而自史前以来一直备受推崇。

玉是一种兼具坚硬与柔韧的宝石，它分为两种类型：软玉和硬玉。软玉是钙和镁的硅酸盐矿物，属闪石类（石棉也属于这一类）。硬玉的晶体结构和化学组成也不同：它是钠和铝的硅酸盐矿物，属辉石类，更为坚硬、致密，同时也更加罕见，也正是因为如此，它才显得越加珍贵。

自新石器时代以来，就有了形形色色的玉。在公元前5000年到公元前4000多年，从西欧到东欧，横贯3500公里，各式各样的打磨玉斧非常盛行。

在东方，玉象征着帝王至高无上的权力。玉的开采始于7000年前，公元前4700年至公元前2900年间的新石器时代的红山文化尤为推崇玉石。中国人将这种次等宝石加工成小巧的物件，在亚洲的玉石中，缅甸玉最负盛名。它形成于1.58亿年前（晚侏罗纪）的大陆碰撞处，这处碰撞还要早于印度大陆与亚洲大陆的相撞。它由俯冲引起的古老火山弧下陷造成，俯冲现象使岩石（被称为变质岩）发生了变化，它在相对较“低”的温度下承受巨大压力。

在美洲中部，奥尔梅克人、玛雅人、阿兹特克人都大量使用玉。西班牙的征服者把玉带入欧洲，并根据设想的治愈功能给它冠以“腰石”。在17－18世纪的法国国王藏品中，人们也能发现他们的腰带上有一块硕大的宝石，宝石恰巧在肾的位置，因为人们认为宝石可以治愈肾绞痛。

相关阅读：金（5.15亿年前）；钙铀云母（2.95亿年前）；钻石（1亿年前）；祖母绿（6500万年前）；琥珀（5600万年前）。

矿物学院收藏的缅甸翡翠，尺寸为11厘米。

恐龙飞起来（1.55 亿年前）

自 1860 年在德国发现始祖鸟以来，鸟与恐龙之间的关系，以及鸟类的起源都引发了人们的争议。

20 世纪 90 年代，众多中华龙鸟的发现印证了一个假设：现在的鸟是由兽脚类恐龙进化而来。

在所有的特征中，飞翔的能力帮助恐龙占领新的生态位，成为更灵活的猎手，同时也能更巧妙地躲避捕食者。

但这些恐龙是怎样飞起来的？这里有两种不同的理论。第一种认为，飞行的起源是树生恐龙凭其利爪攀上树干，在树枝间跳跃，在下落的过程中形成了双翼。第二种认为，奔跑型动物先获得飞翔的能力：摆动覆盖着羽毛的原始“臂膀”，他们加快速度，直到可以起飞。第二种“从陆地出发”的理论似乎更加可信。

著名的始祖鸟生活在 1.5 亿年前，它的肩膀和翅膀的解剖样本表明，它能边振翅边以每小时 20 千米的速度奔跑，这样的速度足够让一个这样重量的陆生动物从地面飞起来。

那么它们的羽毛又是从哪儿来的？人们最开始推测是爬行动物的鳞片逐渐延长，再侧向分支，长成羽支和羽小支。今天，人们不再接受这个假设，因为羽毛是空心的，而鳞片不是。人们现在承认羽毛是经过多重特殊变化得来的。

在真正拥有羽毛（与现代鸟类相近）的各类恐龙中，有一些不会飞翔，还有一些属于兽族亚目，这一类有时与鸟类相隔很远。除了提供动力功能，恐龙进化中还可根据目的选择羽毛：隔热性，这一点在羽毛被吹散时得以加强（储存的空气增强隔热性）；颜色与运动，这些都是实现交流的视觉信号（例如对配偶的炫耀行为）；保护卵。

相关阅读：大陆分离（2.5 亿年前）；恐龙的时代（2.3 亿年前）；索侯芬石灰岩（1.5 亿年前）。

到今天为止，已知有羽毛的恐龙有 20 多种。羽毛的出现似乎比鸟的出现和飞行的技能要早。

索侯芬石灰岩（1.5 亿年前）

索侯芬石灰岩保存了大量的生物化石，其中包括不易形成化石的海蜇。此外，这里的始祖鸟化石保留了许多的细节，因此这里的化石称得上是世上最美也最出名的。

在侏罗纪末期（1.5 亿年前），今天的巴伐利亚还是一片浅海区域，北临特提斯洋。这里的潟湖静谧，入海口并不大，易蒸发，盐度很高。

深处的水体几乎不流动，因而缺少氧气，高盐度与缺氧两个因素限制了生命的出现。这样，所有落入水中，或是被水流裹挟的生物，最终都静静地被松散沉积掩埋。蜻蜓的翅膀，羽毛的痕迹和陆生植物都完好地保存了下来。

这里的化石罕见又壮观，其多样性清晰地展现了这个地方在侏罗纪的生态系统。有时，几近干涸的潟湖里露出来的黏性碳酸盐团偶尔会困住昆虫或几只小恐龙。这里已经确认的有超过 600 个物种的化石，它们中有的生活在陆地，有的生活在空中，还有的生活在浅水中。

这当中还包括 29 种翼龙，从麻雀大小到 1.2 米大小不等。在这里还发现了一个包含硅质浮游生物（放射虫类）的地层，它们保存完好，丰富多样，证明这些生物只生活在深海里。

索侯芬的石灰岩颗粒细腻，是制造石版画印刷版的理想材料。正是在 19 世纪开采石料的过程中，发现了富含化石的岩层，其中最有名的是印石板始祖鸟。印石板始祖鸟起源于一根羽毛，一根属于别的物种的羽毛。

相关阅读：水下撒哈拉（3.7 亿年前）；季风猛烈的时代（1.8 亿年前）；来自地球深处的热水（1.65 亿年前）；独一无二的资料库（5200 万年前）；有毒的湖（4700 万年前）。

侏罗纪的索侯芬石灰岩始祖鸟化石，早早地就恐龙与鸟类的关系提出问题。自 1861 年发现第一块化石以来，它们的飞行能力一直备受争议。

多种多样的藻类（1.46 亿年前）

在白垩纪藻类风头正劲，人类开采它们的硅石骨骼用于各种用途。

通常，关注生物多样性的人会认为有代表性或可见的生物比起普通的生物更有影响力。

植物一般通过光合作用将光能转化成化学能，将能量储存在有机分子的化学键中，例如碳水化合物，再释放出氧气，浮游植物群落也是如此。今天，仅浮游植物群落产生的氧气就占整个地球氧气总量的三分之二。

硅藻是浮游植物群落的重要部分，是白垩纪（距今 1.46 亿－6600 万年）的重要标志：这是一种单细胞藻类，生活在海洋、湖泊、沼泽，甚至是井里。硅藻主要形成于海洋中（例如，南半球海洋中形成的硅藻占 75%）。

这些单细胞微水草（0.01 － 0.15 毫米）有一个硅质外壳，被称为硅酸壳。硅酸壳分为两部分，有的看起来像卡蒙贝尔奶酪的盒子：上壳略大于下壳。瓣壁的结构也多种多样，有的硅藻非常细腻匀称，可用于测试光学显微镜的分辨率。

以湖中的藻类为例，死后慢慢沉积形成细腻、多孔、轻巧的白色石头。它的孔非常细小，可视作食品工业中的优良过滤器，尤其是在制造酒的过程中，可用硅藻土代替鸡蛋清来起到澄清作用。硅藻土还可以用来改善储存条件：硝化甘油炸药其实就是浸透了 TNT 炸药的硅藻土。由于硅藻土非常疏松，它还是一种非常轻便的建筑材料，成就了许多了不起的建筑。硅石质地坚硬，可用于打磨珠宝，也可用作牙膏成分。

相关阅读：地球的天文周期（2.25 亿年前）；季风猛烈的时代（1.8 亿年前）。

这是土耳其索菲亚大教堂（伊斯坦布尔），始于 6 世纪，因采用硅藻土这种很轻的材料，因此它的圆顶可以达到这样的高度。更奇妙的是，当我们从教堂内部仰望时，圆顶的形状会让我们联想到硅藻。

南大西洋的扩张（1.3 亿年前）

大规模的火山熔岩喷发见证了地层的断裂，这也标志着南美大陆和非洲的分离。

2 亿年前，火山熔岩的喷发标志着中大西洋的扩张。约 2000 万年后，在低洼处形成了海洋，那时南美洲和非洲还连在一起。1.3 亿年前，大规模的火山熔岩喷发在今巴西南端形成了大的高原，这也标志着大陆的分离。

横跨巴西、巴拉圭、乌拉圭三国的巴拉那高原就是一个典型的例子。高原被多条河流切割，壮观的瀑布从宽广的高处一泻而下，石阶由 100 万年间喷发出的玄武岩而形成。在大西洋的彼岸，位于纳米比亚西北和安哥拉西南的埃腾迪卡（Etendeka），人们能发现和这座南美火山类似的情形。

火山熔岩占地约 150 万平方千米（是法国面积的三倍），最初的体积约为 230 万立方千米。将跨越大西洋，将这两个火山省连起来的有：巴西附近的里奥格兰德隆起，大洋中的特里斯坦–达库尼亚的火山形成物，靠近非洲的沃尔斯洋脊。

在 1.3 亿年前的密集喷发后，在近一千万年的时间里它们又归于平静，类似羽毛的尾巴。这也意味着非洲与南美的分离，后来的 100 万年里，洪水又加剧了分裂，开始还很慢，后来便更加无拘无束，渐渐形成了南大西洋。

现在的地图给人一种错觉，即认为隔开南端的蓬塔阿雷纳斯和北极的是同一个大洋，但地质学告诉我们这二者之间相隔三个大洋（南大西洋，中大西洋，北大西洋），它们并不是同时形成的。事实上，直到 8000 万年以后，当大西洋北部张开时，才有了这片浩瀚的海洋。

相关阅读：保暖的盖子（8.5 亿年前）；大陆分离（2.5 亿年前）；巨人之路（5000 万年前）。

巴拉那州风景，伊瓜苏瀑布。玄武岩岩层堆积形成台阶，于是才有了这个瀑布。

终于到了开花的时候（1.3 亿年前）

我们很难想象没有花的自然界。从地质学的层面来看，花朵的绽放始于最近的这个时期。

开花的植物被称作被子植物，这种陆生植物的胚珠和种子都包裹在一个密闭的空腔里，而裸子植物则不同，胚珠和种子都裸露在外。

这种开花结果的植物出现在白垩纪（距今 1.3 亿 – 8400 万年），气候变得湿润，空气中也有了更多的氧。这类植物迅速地取代产树脂的植物占据了陆地，而后者并没有做到。

这类植物的发育在 4000 万年的时间里经历了三波浪潮。1.3 亿至 1.25 亿年前（巴列姆阶），种子植物占领淡水的湿地。随后，在 1.25 亿至 1 亿年前（阿普第阶 – 阿尔必阶），占据洪泛平原的林下灌木丛。在 1 亿年至 8400 万年前（森诺曼阶 – 坎佩尼阶），它们出现在沿海沼泽中，那时种子植物也已丰富多样。它们迅速占据可能的生态位，改变了植物面貌，在白垩纪末期，它们组成了占据主导地位的植物群。

今时今日，种子植物举足轻重，共计 24 万种，占植物总量的 80%，而裸子植物却只有 650 种，主要是球果植物。

一方面，开花植物中产生了大量的可食用植物，为人类和动物提供食物（粮食、蔬菜、水果），另一方面为建筑、纺织业（棉花、亚麻）、供暖、造纸、制药、自然颜料提供了多种多样的原材料。

不要说依靠开花植物生存并从中传粉的昆虫，人类更不能忽视花。

相关阅读：大地上的植物（4.8 亿年前）；植物的新种类（4.2 亿年前）；种子发育（3.9 亿年前）；恐龙飞起来（1.55 亿年前）。

对于今天的人类而言，花就代表着自然，然而它们到 1.3 亿年前才出现（占地球生命时长的 3%）。睡莲花朵。

被困住的恐龙群（1.25亿年前）

在比利时矿底发现的十多只受困的生物，让人叹为观止，也是古生物学历史中的一个重要标志。

1878年，比利时伯尼萨特的蒙斯盆地，矿工们在煤矿300米深的地方发现了一个黏土坑。他们的注意力被中间的物体吸引了，“说是石头吧，太黑；说是木头吧，又太硬”，它们看起来像树枝，不能燃烧。事实上，这是恐龙的骨架。

发掘活动就这样开始了，发掘开始持续了5个月，为了赶在矿井被水淹没之前完工，还采用了抽水设备，发掘也因此中断。后来又继续发掘，持续了两年时间。真实的情况是：为了这次古生物学发掘活动，煤炭开采主动终止！在这里人们发现了三十多头同一种类的完整的恐龙骨骼——人们头一次见到这么多的恐龙骨骼——还有一些不完整的恐龙骨骼，甚至还有鳄鱼、乌龟与植物的化石。

这种恐龙被称作伯尼萨特禽龙（1825年禽龙就曾被提及，但都不够全面，那是人们所知道的第二只恐龙）。大部分复原的骨骼都陈列在布鲁塞尔。

在一个地方聚集了数量如此庞大的完整标本，很可能是这群动物在逃跑中惊慌失措，从陡峭的地方坠入喀斯特深坑，也可能是动物们慢慢地掉入泥泞的陷阱。包裹禽龙的黏土的年代从中巴列姆阶到初阿普第阶（1.3亿至1.2亿年前）。

古生物学的历史并未停留在此，它对现代社会关于进化论的争论也有一定的影响。事实上，在含煤炭的灰坑里发现禽龙，使得一些学者认为禽龙始于3亿年前的石炭纪、侵蚀岩的时代，而不是始于1.25亿年前的白垩纪，填充沉积的时代。他们不认为禽龙可以作为一个古生物学的证据来支持达尔文的观点，但声称既然禽龙至少自石炭纪就已存在，那么它应该是一直都存在的。

相关阅读：恐龙的时代（2.3亿年前）；恐龙飞起来（1.55亿年前）；独一无二的资料库（5200万年前）。

两只禽龙，一只已成年，另一只还未成年。成年的恐龙借助四肢移动，未成年的那只仅用后爪。由艺术家约翰·锡比克复原。

大西洋的盐与石油（1.25 亿年前）

南大西洋的扩张伴随着厚盐岩和能产生石油的有机物质的沉积。

1.33 亿年前，南非与南美洲被一条裂缝分开，这条裂缝像拉链一样一直延伸至北方。1.25 亿年前，大洋扩张波及格兰德和沃尔维斯地区、非洲中部、今安哥拉南部。大洋的扩张也伴随着熔岩的浇铸，有时是大量的熔岩浇铸，因为它是破裂之后的岩浆上升而形成的。。

与大洋扩张平行的是延伸的板块，它们把扩张的部分围起来，板块本身则下陷，这些下陷的区域后来都被水淹没从而形成了湖泊。从东非的湖泊来看，湖中石灰岩沉积，沉积物中含有丰富的有机物质，尤其是包含了能产生藻类和微生物的有机物质。这些沉积物在当今有非常重要的意义，因为它们意味着重大的石油储量，勘察与开采在大西洋的各处岸边都很活跃。

伴随着扩张与下陷，这些区域也间或被淹没又露出水面。这样一来，沿着扩张的轴线，盐（岩盐－食盐－钾盐）渐渐地沉积。现在，这些盐类矿床在东端的安哥拉到尼日利亚，西端的乌拉圭到巴西都异常丰富。这些矿床也证明了这些已经分开的地区在以前是连在一起的。矿床的厚度差异较大，但在安哥拉与美洲相应地段巴西圣多斯地区，矿床厚度通常在 1000 至 2000 米。

后来，当海洋稳定下来，当石灰岩和泥灰石矿床渐渐覆盖原有的矿床，使得大西洋中的盐和石油等宝贵资源免于遭受侵蚀。

相关阅读：饱含水分的岩石（2.35 亿年前）；欧洲的一道盐层（2.3 亿年前）；南大西洋的扩张（1.3 亿年前）；地中海干涸（600 万年前）。

安哥拉在开采的白垩纪盐层。

阿萨巴斯卡的油页岩（1.2 亿年前）

在加拿大，富含有机物的碎屑物逐渐堆积，形成了大量的沥青矿层。

下白垩纪（1.28 亿－ 1.15 亿年前）末期，海平面接近最高值。大地被海水淹没。那时的河流依然具备排水功能，下游变为三角洲，沉积物以细砂和黏土为主。

艾伯塔（加拿大西部）西临落基山脉，东临加拿大地盾，这里的碎屑物沉积（砂和黏土）形成高山，砂层层堆积。随着海平面的上升，沉积物由简单的河流沉积，变为河流－潟湖沉积，有的甚至成为浅海沉积。它们逐渐堆积到 6 千米厚。有机物质剩余物迅速被这些沉积掩埋，并因为隔绝氧气而得以保存。

在这样的条件下，尤其是这样的气温与压力下保存的有机物变成了煤炭、沥青、石油或天然气。加拿大的矿床是当今世界最大的能源储藏之一，供应着北美大部分的能源需求。矿藏约几十米厚，其面积约为法国面积的三分之一。

阿萨巴斯卡的油页岩可通过露天矿直接大量开采，油页岩也是“非常规”资源。加拿大的油页岩储量巨大，已探明储量仅次于沙特阿拉伯，位居世界第二。

按目前的速度，这里的开采可持续四个世纪。从能源资源的角度出发，这也是一种运气。然而，地表开采却会影响到广阔的森林和泥炭矿。

相关阅读：从光合作用到化石燃料（4.4 亿年前）；大西洋的盐与石油（1.25 亿年前）；有限的资源（1992 年）。

阿萨巴斯卡（加拿大）油页岩矿鸟瞰图。

赭石（1.1亿年前）

赭石是黏土蚀变的产物，只留下了氧化铁或氢氧化铁。

地球深处与地球表面都一直在变化。沉积物与岩石的形状、成分与结构都在不断改变，还有岩石褶皱、高山被侵蚀、花岗岩化成砂和黏土等等诸如此类的变化。大多数的矿物质都在演变。有的随着温度和压力的升高陷入地底，有的则露出地面经历蚀变。

许多晶格中含水的矿物质在经历蚀变后，其结构也相应改变。有的黏土变成氧化铁或氢氧化铁。岩石表面或深或浅的铁锈色都与其成分有关。

有时候，这种变化还赋予这些合成物新的品质。例如某些黏土会化为彩色颜料，如赭石。

赭石在每个大陆都为人所知。在非洲，纳米比亚的女性用赭石和动物脂肪的混合物涂抹皮肤，呈现出美丽的古铜色，这也是当地人的一大特点。人类在史前时期就已开始使用赭石，拉斯科（法国）和阿尔塔米拉（西班牙）的洞穴岩画都是很好的例子。人们还用赭来为佛罗伦萨地区的一个城市来命名。

在普罗旺斯的艾普特地区，有一处有名的赭石矿床。1.1亿年前，这个地区是一片浅海，水中沉积着砂子和绿色的黏土（海绿石）。

当海洋缩小后，沉积物暴露于潮湿炎热的气候中。石英砂粒并没有受到影响，绿色的黏土被氧化，羟基化，发生变化。它们与水和氧结合后，呈现出从亮黄色到暗红色的单色画，“普罗旺斯的科罗拉多”这个名号实至名归。

相关阅读：老红砂岩大陆（4亿年前）；新红砂岩（2.6亿年前）。

吕贝隆赭石露天采矿厂。这种颜料的开采历史悠久，罗马人开采用于本地。18世纪末，开始产业化开采直到19世纪30年代的经济危机。

钻石（1亿年前）

钻石形成于很久很久以前，距今有22亿至30亿年。已知的最古老最著名的矿床位于南非金伯利。那里的矿床和最初的地壳一样古老，蕴藏了几十亿年……直到有一天，一场大爆炸将它们迅速推挤到地面。

致密的晶体结构成就了钻石的坚硬。就这一点来说，钻石不同于石墨（也就是我们使用的铅笔笔芯），虽然二者的化学成分完全一样（碳），但晶体结构却不相同。钻石具备这样的结构，是因为它形成于地幔深处，深度将近200千米，压力约为60千帕（60000个大气压），温度约为1000℃。钻石是来自地狱的宝石！

虽然说深度对于钻石的形成不可或缺，我们却都是在地表发现它们：它们快速从地幔上升，因而还能保持本身的结构，时间还不足以让它们变成地表的另一种同类产物——石墨。广告里说“钻石恒久远”……从人类的角度看，的确如此，但从整个地质史上看绝非如此。

极度猛烈的火山活动是钻石由地球深处往上抬升的起因：它就像高速电梯一样（岩浆上升的速度约为40 – 100千米/时）。这种特殊的火山活动因南非金伯利这个地点而得名，这里的岩石被称为金伯利岩。1亿年前，南非的金伯利岩形成了岩管（火山道），深度约为2千米，最大为几千米。也正是因为如此，大型的钻石矿看起来都像入口狭窄的深井。世界上最大的钻石坑就叫“大洞”（big hole），现已关闭。

相关阅读：钙铀云母（2.95亿年前）；玉（1.58亿年前）；祖母绿（6500万年前）；钻石坑（3570万年前）。

金伯利岩（南非）中的钻石原石。

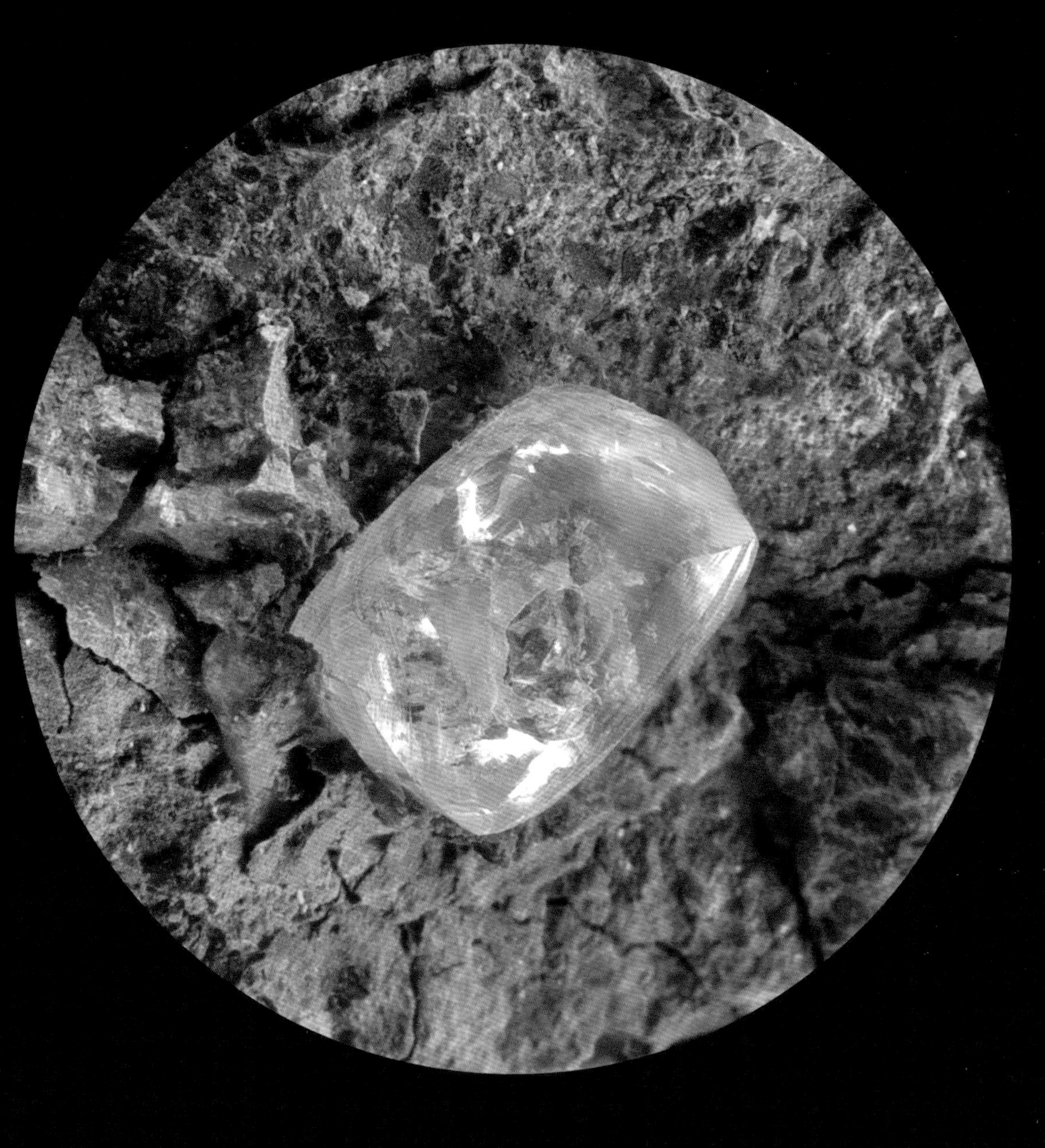

动物粪便组成的悬崖（8500万年前）

埃特雷塔美丽的白色崖壁实际上是由无数动物粪团堆积而成。

受西方文化影响，我们认为白色象征着纯洁和贞洁，所以传统的婚纱也是白色。相反，黑色则代表着地狱、魔鬼、废物。也可能是因为这个原因，白色让我们联想到用功学习的童年时光，天真岁月里写在黑白上的粉笔字，就连粉笔也传递着积极向上的信号。然而，被用作粉笔的材料其实是一种叫白垩的岩石，粉笔也是由此而得名（在法语中粉笔与白垩使用同一个单词）。白垩是由微小的贝类化石缓慢沉积而成，大部分由微小藻类的骨骼部分变化而成。

在海浪激荡的水域下面，潜水艇的探照灯发出光束，水里看起来像是下雪一样。这些下落的絮团是水面浮游生物的遗骸，它们将落到海底并在那里沉积。在时间的作用下，淤泥结成岩石。白垩就是这样形成的。

岩石中会发现生活在海洋表面的微小藻类。它们为桡足亚纲（海洋里数目最多的生物）等微生物提供了食物。据估计，在表面200米深的水域中，那里的生物消耗了超过90%的藻类。藻类的有机部分被消化掉，矿物质部分随着粪便排泄出来，呈球状或椭圆状。一个粪团可包括40000种物质，每立方毫米的个体数量达到数百万……

位于埃特雷塔的白垩悬崖，我们看到的白色山崖，事实上是一团巨大的动物粪便。

相关阅读：细菌毯（35亿年前）；地球的天文周期（2.25亿年前）；季风猛烈的时代（1.8亿年前）；多种多样的藻类（1.46亿年前）。

难忘的埃特雷塔崖壁，白色的山崖其本质是动物粪肥，但这不妨碍它的美。

生物磷酸盐（7000 万年前）

对于人工种植的植物和家养动物来说，它们的生长都离不开动物生成的矿物资源。

在鸟类大量聚居的岛上，鸟粪层层堆积（鸟粪石），鸟粪中含有丰富的硝基物，可用作肥料。

秘鲁是全球第一大鸟粪肥生产国，紧随其后的是智利和纳米比亚。鸟粪也能形成特别的矿物，例如磷铝石，圭亚那附近的大元帅岛上就有这类矿物，它的开采利用始于 19 世纪末（该岛现已被列为国家自然保护区）。

除此之外，还有许多国家蕴藏着丰富的有机磷酸盐矿床，例如摩洛哥和突尼斯。在摩洛哥，某些矿床的长度可达 100 千米，宽度可达 80 千米。它们并不是现在才拥有如此宽阔的面积，而是在形成的过程中一直如此：7 千万年前它们在海洋中开始成形，其间停止了约 2 千万年。在那个时候，硬骨鱼纲、软骨鱼纲、海洋爬行动物、鳄鱼、蜥蜴正值兴盛时期，它们的残骸经细菌作用，经历矿化作用，形成有机磷酸盐。富含营养物的深海水流上升，吸引了上述动物。这些动物的骨架由磷酸钙组成，它们死后，又为富含磷酸盐的水环境贡献了更多的磷酸盐。磷酸盐可用作除垢剂（还有含磷酸盐的洗衣粉，但现在已经被禁止），因为磷酸盐可以有效分解泥垢，深入到染料中。磷酸盐在农产品加工的肥料中也被广泛使用。

海里营养丰富，动物因而得以繁衍。动物的残骸化为矿石，最终成为现在的肥料，它们滋养着植物，而这些植物又养活了其他的动物……磷酸盐化石沉积物表现了大自然中一种主要现象：循环利用。这在地质层面上的确如此，然而就人类活动而言，肥料中被用过的磷酸盐被冲到大海里，在那里它们已无法被再度利用。

相关阅读：细菌毯（35 亿年前）；地球的天文周期（2.25 亿年前）；多种多样的藻类（1.46 亿年前）；季风猛烈的时代（1.8 亿年前）；动物粪便组成的悬崖（8500 万年前）。

摩洛哥的磷酸盐加工企业。

新生代（第三纪与第四纪）

6600 万年前－今天

顾名思义，新生代意味着新生命的时期。新生代的初期对生命来说并不容易，6600 万年前发生了白垩纪－第三纪生物大灭绝。这场生物危机最为大众所熟悉，因为在这场大灭绝中，恐龙和大部分的大型爬行动物都消失了，哺乳动物发展迅速，由此进化出灵长目动物，后来又进化到人类。这场大灭绝的起因可能是陨石坠落，在希克苏鲁伯（墨西哥）形成陨石坑，造成密集的火山爆发，海平面下降。专家学者们一直在就以上事件的具体作用展开讨论。

这一时期一直被称作“第三纪”，第四纪时人类便出现了。可是，在专家学者们看来，归根结底，第四纪只是第三纪的简单延长，如果没有这两个阶段之间的大灭绝事件，第四纪将不会独立成纪，而只是第三纪的一个组成部分。

新生代初期的大陆格局与今天相对接近，但印度还未与欧亚大陆结合，南北美洲也还彼此分离，许多今天能看得见的地方在那时还在水底，当时的海平面也比现在高。气候逐渐变冷，直到进入冰期，寒冷的冰期中又还穿插间冰期（与我们现在所处的时期一样）。

相关阅读：古生代（5.41 亿－2.52 亿年前）；中生代（2.52 亿－6600 万年前）；第四纪（260 万年前）。

这幅图上是 5000 万年前的地球。我们今天的地理图形还清晰可辨，但那些标示浅蓝色的地区，表示它们当时还位于水底，尤其是地中海周围的部分。当时的海平面要高于今天（比今天约高出 150 米）。

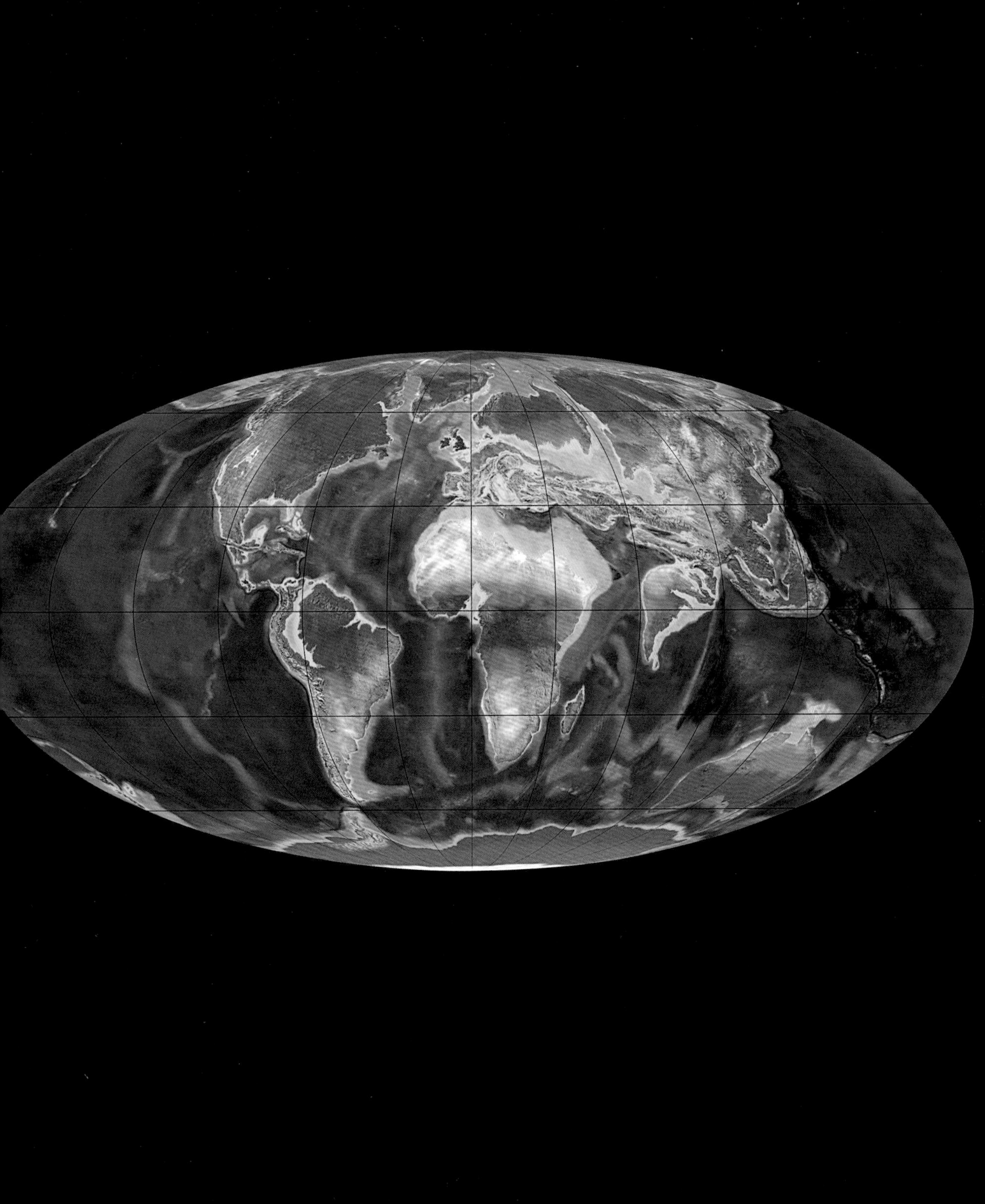

大规模火山爆发对世界的影响（6600万年前）

德干暗色岩显示，在大规模的火山爆发中生命可能遭遇了重创。

在印度西部，大片的火山熔岩积聚成德干暗色岩时，印度大陆已与南非分开了1.8亿年，此时正朝着西北方向移动。印度大陆途经一大片岩浆抬升形成的区域，也被称为热点。液态的熔岩从这里流出，铺展开形成一薄层的岩层。接二连三的熔岩喷发不断地加高岩层的厚度，最厚处可达2400米。

受侵蚀作用的影响，后来熔岩流上形成了一道道深深的峡谷。侧面看起来像阶梯，每一道台阶就是一股熔岩流。

火山活动又持续了将近一百万年，向大气层（含平流层）中喷出大量的水蒸气、含硫气体和二氧化碳……它们对环境和气候都产生了重大的影响。以水蒸气为例，它能变成小团的白云(积云）或变成高空的云雾（卷云），起到有效的遮阳作用，或是变成一股强劲的温室气体，又或者这二者交替出现。含硫气体也是一种非同一般的温室气体，而且能迅速化成酸雨。二氧化碳则是出了名的温室气体。在那个时候，印度大陆还位于赤道地区，其纬度位置最能体现火山爆发对气候产生的影响。间歇性的强烈气候变化对生物的影响可能更大，虽然变化通常是有顺序的，产生的影响有时却是逆向的。气候变化得如此突然，以至于生物未能及时地去适应，因而付出了惨重的代价。

在这重要的一幕中，由于德干火山的影响，再加上陨星坠落与海退，这也许可以解释白垩纪－第三纪的大量生物为何会如此快速地灭绝。

相关阅读：大陆分离（2.5亿年前）；第四次生物大灭绝（2亿年前）；陨星坠落对世界的影响（6600万年前）；巨人之路（5000万年前）。

夏威夷的火山爆发。火山活动看起来非常“温和”，因为它的爆炸性很弱；火山爆发产生大量的火山岩和气体。在某些时期，更多的火山活动却改变了地球的气候。

陨星坠落对世界的影响（6600万年前）

曾有一颗陨星坠落在今墨西哥的地域，撞击是如此之猛，以致整个地球环境都受到影响。

在地球上，很多地方都分布着铱含量极高的黏土层，它们形成于白垩纪和第三纪之间，而铱是一种与铂接近的金属，这样的发现使得科学家们认为超高含量的铱来自陨星，因为只有陨星或地球内部的铱含量能达到如此高的比例。

陨石与地球相撞后被完全气化，它的组成成分散逸到大气中，后来又落到地上，形成了奇特的产物。

人们在尤卡坦半岛（墨西哥）上发现了这颗陨石的痕迹，在尤卡坦半岛上形成了一个直径约为180千米的撞击坑，但今天基本都已被侵蚀。据估算，陨石坠落时的能量相当于广岛原子弹爆炸能量的30倍。巨大的能量使大量灰尘进入大气，遮盖住阳光，地球陷入无尽的黑夜，进入了非自然的冬季，“撞击冬季”类似于“核冬季”。

支撑这一假设的论据有许多。首先，受陨石撞击的影响，撞击坑周围的大量石英石都有自己的特点（冲击石英）。另外，在这里还发现了熔化或凝固的岩石粒，即玻陨石。撞击点附近还有一些微细矿物，而这些矿物只能形成于压力极高的条件下（钻石、锆石），有的矿物则是富含铁与镍的陨星材料氧化而成（镍磁铁矿）。

这次陨石坠落已有资料可考。该事件和白垩纪的结束与生物大灭绝同步发生。可是，这是生物大灭绝的唯一原因吗？彼此之间的共性并不代表这中间就一定存在因果关系。

相关阅读：晚期重大撞击事件（40亿年前）；危险从天而降（2亿年前）；大规模火山爆发对世界的影响（6600万年前）；钻石坑（3570万年前）。

天然井中的睡莲（石灰岩溶蚀形成的井，墨西哥尤卡坦半岛）。

希克苏鲁伯陨石坑周围集中分布着一连串的天然井。人们认为，6600万年前的陨石坠落造成了这些天然井。形成于陨星撞击时的水下溶洞体系把大部分天然井串联起来。

第五次生物大灭绝（6600 万年前）

在白垩纪末期，环境发生了巨大变化，因而，生物世界在地史上也出现了间断。大型的爬行动物遭遇灭绝，其中包括某些恐龙。

毋庸置疑，白垩纪－第三纪生物大灭绝是大众最为熟知的事件，它通常和陨石坠落地球、可怕的恐龙灭绝联系在一起。光这两点就足以满足人们的想象。这也许并不是偶然，光是解释恐龙的灭绝，目前就已提出 120 多种假设。其中很大一部分纯粹是虚构想象出来的。比如，有人认为恐龙体型变得太大，产卵时把恐龙蛋给碎了。有的则持完全相反的看法，随着恐龙体型变大，恐龙蛋的蛋壳也随之变厚，以至于小恐龙无法破壳而出。还有人说，带花植物强势扩张，有的花中含有生物碱，这对精神会产生影响。

然而，说到这次大灭绝，也称作 KT 灭绝事件，虽然它是最有名的，但并不是生物灭绝量最大的一次。单从海洋或陆地生物的科的灭绝比例来看，这一次是五次大灭绝中灭绝比例最低的一次。在海洋中，76% 的物种（15% 的科）遭遇灭绝，在恐龙生活的陆地上，仅有 6% 的科消失：并没有出现物种总体大规模的减少，最多只能算是某种程度上的发展停滞。无论如何，6600 万年前的一场重大事件还是重创了生物的多样性。

生命的这场浩劫导致了地质史上的断篇：中生代到第三纪的过渡期。菊石、海洋或陆地大型爬行动物，还有其他的动物群都灭绝了。学术界普遍认同上述动物的灭绝为其他的小型哺乳动物腾出了空间，使它们得以繁殖、更加多样、体型增大。这中间有许多动物开始直立起来，再后来（在地质史上来说是最近了），一小部分动物开始使用工具、绘画、著书……

这是爬行动物与菊石的世界，从这个世界过渡到现代的世界，也就是哺乳动物、鱼类的世界，或者以一种人类中心论的观点来说，是人类的世界，在地史上看来，这个过渡既突然又迅速，甚至可以称作灾难性的变化。

相关阅读：第一次生物大灭绝（4.45 亿年前）；第二次生物大灭绝（3.72 亿年前）；第三次暨最大的生命大灭绝（2.52 亿年前）；第四次生物大灭绝（2 亿年前）。

恐爪龙骨骼。阿斯图里亚斯侏罗纪博物馆（西班牙）。

印度的漂移（6500 万年前）

在 1 亿多年的时间里，印度大陆渐渐与非洲海岸分离。随后，它改变方向，突然加速，直到与亚洲相撞。

三叠纪（2.52 亿 – 2.01 亿年前）时，泛古陆分裂成两部分。北边的这一块是劳亚古大陆，从圣劳伦斯河到亚洲；南边的这一块是冈瓦纳大陆（得名于印度北部的冈瓦纳）。冈瓦纳大陆包括今南美、非洲、印度、南极洲、澳大利亚。1.8 亿年前，南非、南极洲与印度之间有一处规模巨大的火山爆发。这标志着大陆的再一次分离，印度和南非中间隔了一个裂谷。1.6 亿年前，在侏罗纪中期，印度与南非被海峡隔离。印度继续平静地朝东南方移动。1 亿年前，在白垩纪中期，变为朝北移动。约 6500 万年前，在穿越特提斯洋的过程中，印度大陆途经这一火山上方的热点。从此，移动的速度变得更快，以每年 7 – 20 厘米的速度朝着北方，朝着亚洲移动，这时的速度是平均移动值的 3 – 10 倍！就像一辆失控的车，在约 1000 万年后和亚洲大陆相撞。随后，速度骤降至 5 毫米 / 年。

在这次巨大的撞击中，喜马拉雅山诞生了。印度北部几乎化为乌有：近 1000 千米长度的地域“消失”。在地球深处，如此巨大的压力产生了一些特殊的矿物，例如缅甸的翡翠。

遭遇碰撞之后，亚洲大陆往东弹出一些零碎的部分，形成了后来的东南亚、印尼群岛、北部的日本群岛。这些地形与地理上的变化也深深地影响了气候与侵蚀过程，形成了印度东部的恒河三角洲和西部的印度河三角洲。即使到了今天，这样的过程仍在持续进行。

相关阅读：大陆分离（2.5 亿年前）；南大西洋的扩张（1.3 亿年前）；祖母绿（6500 万年前）；喜马拉雅山拔地而起（2500 万年前）。

印度在海洋中的旅程。5000 万年的时间将次大陆的极端位置分开。

祖母绿（6500 万年前）

祖母绿是与钻石、红宝石、蓝宝石齐名的世界四大宝石。它是绿柱石的变种，绿柱石是一种非常普通的矿物，绿柱石的主要成分是铍铝硅酸盐。祖母绿因含有铬和钒而呈现出绿色。

祖母绿的发现由来已久：早在公元前 2000 年的巴比伦时期就有记载。祖母绿被发现于埃及红海附近，发现的矿床被称为“克里奥佩特拉”矿。凯尔特人也曾在奥地利开采祖母绿。西班牙人则是在哥伦比亚发现了祖母绿，哥伦比亚现已成为世界最重要的祖母绿产地（占全球总产量的 60%）。

祖母绿之所以罕见，是因为形成的地质条件非同一般：绿玉的主要成分是铍，它主要存在于地壳中，而铬、钒和铁都存在于地幔层中，有了它们，绿玉才能变成祖母绿。

哥伦比亚的祖母绿矿床中，最纯的形成于 6500 万年前，和阿富汗、巴基斯坦与缅甸的矿床同时形成，但哥伦比亚的祖母绿所在的沉积岩岩层包括贝壳、特别是腹足纲动物。祖母绿中的腹足纲是令人惊叹且极为罕见的化石，具有非常高的价值！还有一些形成于 3800 万 – 3200 万年前，同巴西的矿床相比，它们都还显得太新。巴西的矿床形成于 20 亿年前，还有的形成于 6 亿年前，形成的地质条件也完全不同。

在珠宝行业，祖母绿通常被切割成长方形，四个角都切掉，呈半圆弧面形，梨形或椭圆形。人们还可以通过祖母绿的包体来判断它的产地，有的呈雾状，有的呈针状。这是身价最高的宝石之一：有的顶级品质的祖母绿价格可达每克拉 77600 欧元。

相关阅读：金（5.15 亿年前）；钙铀云母（2.95 亿年前）；玉（1.58 亿年前）；钻石（1 亿年前）；琥珀（5600 万年前）。

中国产的祖母绿。绿柱石的绿色变种——$Be_3Al_2Si_6O_{18}$——铍铝硅酸盐。

最热的时候（5600 万年前）

从古新世到始新世，地球经历了一个全球变暖的时期，这给生物造成了重大影响。

海洋沉积物的取样表明，在始新世初期（距今 5500 万－4500 万年），地球的温度达到最高。当时的深海温度在 10°C 以上。在赤道附近，海洋表面的温度约为 23°C，而南极洲附近的海表温度约为 17°C。

这次全球变暖毫无疑问带来了一些极热事件。其中最主要的就是“古新世－始新世极热事件”（简称 PETM），这次灾难发生在 5600 万年前，介于古新世与始新世之间。深海的温度升高了 4－6°C，而在北极附近地区，温度已高于 20°C，那里还生活着热带浮游植物。

由于海底沉积物中甲烷水合物的热稳定性被打破，大量的甲烷被释放到了空气中，引发了此次灾难。

古新世－始新世极热事件导致了生物圈中碳循环的紊乱（仅在 1000 年的时间里，就有 1.5 万亿至 2 万亿吨的碳被释放到了海洋／大气的循环系统中），同时还导致了生态危机，30% 至 50% 的底栖有孔虫（一种生活在海底的微生物）遭遇灭绝，现代哺乳动物群开始出现。

这一极热事件同时也对爬行类冷血动物有利，我们发现这一时期出现了一种重达一吨的巨蟒，名为“泰坦巨蟒”。和其他蛇一样，泰坦巨蟒也需要在较高温度下才能保持活跃。巨蟒的庞大体型也透露了它的生存环境的信息：这种蟒蛇生活的雨林应该比今天的雨林还要炎热许多，其平均温度在 30 至 34°C 之间——气象模型以及 2002 年发现的一处热带雨林遗迹都证实了这一点。

相关阅读：第三次暨最大的生命大灭绝（2.52 亿年前）；“小”危机（1.82 亿年前）；巨人之路（5000 万年前）；天然气存储（1975 年）。

长达 15 米，平均体重为 1135 千克，泰坦巨蟒的体型就是如此令人震撼。2009 年，在哥伦比亚的一个煤矿中发现的泰坦巨蟒化石是最大的蛇类化石。它存活于地球史上最热的时期之一，那时全球都属于亚热带气候。

琥珀（5600 万年前）

琥珀是松柏科植物的树脂化石。同珍珠母、煤玉、象牙或珊瑚一样，琥珀也是一种有机“宝石”。

始新世时期（距今 5600 万 – 3400 万年），欧洲北部被一片浅海所覆盖，尤其是今天的波兰北部和波罗的海地区。在这片区域，树脂被海水冲刷下来并最终沉积在海岸。渐渐地，树脂中的碳化分子与异戊二烯聚合起来，先是形成了硬树脂（年轻的琥珀），然后变成琥珀。波罗的海沿岸也因其琥珀矿而闻名遐迩。

从距今 4 万年的奥瑞纳文化时期开始，琥珀就一直被人类用作装饰：在法国南部的伊斯图瑞兹岩洞就发现了一些首饰，包括百余枚穿孔的螺壳和不同材质的坠子，其中就有琥珀。另有在西班牙阿尔达米拉岩洞发现的珠宝文物，这证明人类在梭鲁特文化时期（距今 2.2 万 – 1.7 万年）也使用琥珀。

在之后的不同文明时期，人类都会使用琥珀，也许是因为琥珀能够将植物和动物永远地定格在年轻的状态，因而被人们赋予了美好的品质。哈尔施塔特文明时期（公元前 1200 年至公元前 475 年）的凯尔特人曾用琥珀珠串成项链，在象牙雕成的剑柄中镶嵌琥珀。在罗马，圣皮埃尔及马赛兰的地下墓穴（2 世纪后半叶）中，死者身体上覆盖的天然琥珀片（可能源自波罗的海）也令人叹为观止。古希腊人和中国人则发现，摩擦后的琥珀可以吸引细小的物体，有时候还会产生火花。希腊人称琥珀为“elektron”，这个词正是“电”这个词的词源。

树上流淌下来的树脂，有时候会粘着树叶、种子、昆虫或细菌，这对研究古生物的科学家来说是绝佳的素材。不过，和我们在斯皮尔伯格的《侏罗纪公园》中所看到的不同，通过提取琥珀中的蚊子基因来克隆恐龙其实是不现实的，哪怕用最先进的测序技术也做不到，因为琥珀的形成过程本身就已经破坏了 DNA。

相关阅读：金（5.15 亿年前）；钙铀云母（2.95 亿年前）；玉（1.58 亿年前）；钻石（1 亿年前）；祖母绿（6500 万年前）。

波罗的海琥珀中的昆虫（距今 4500 万年）。

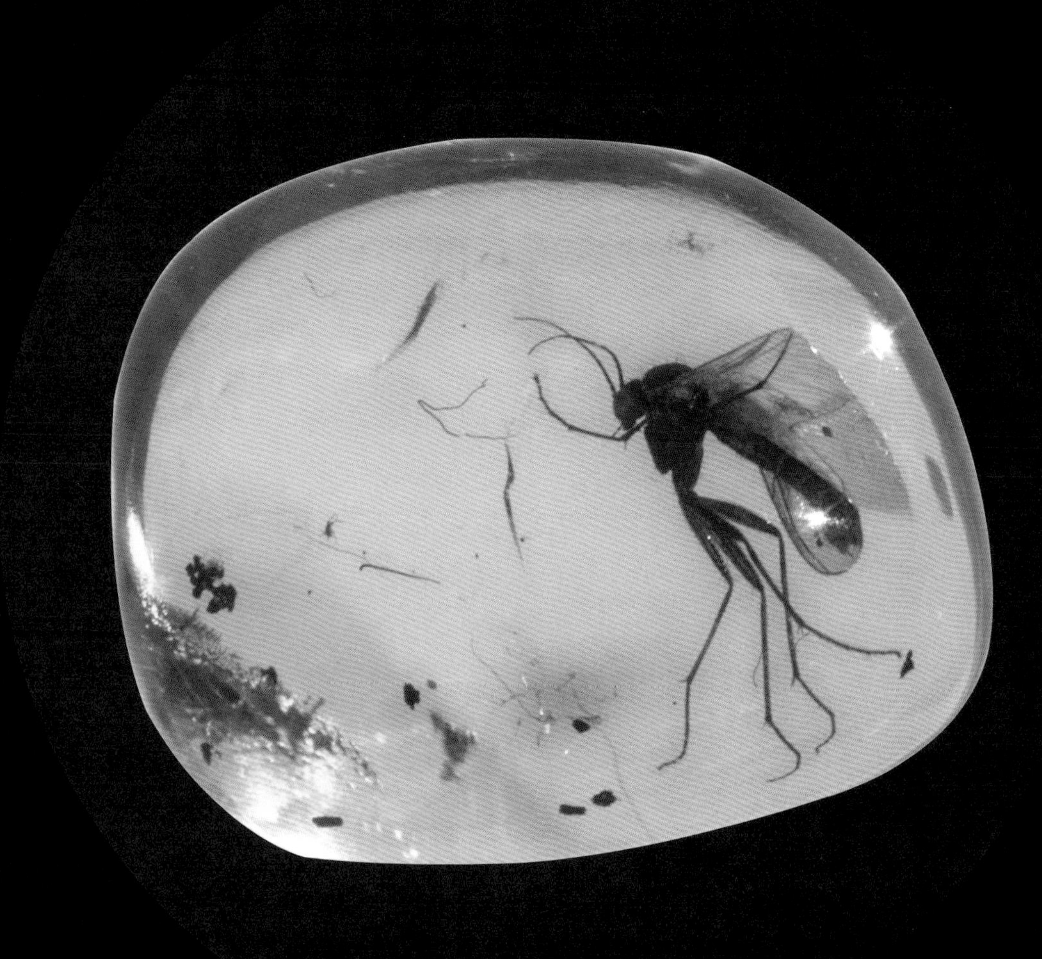

独一无二的资料库（5200 万年前）

凯尔西[44]的石灰岩是天然形成的捕集器，那里存有世界上独有的动物资料库，时间跨度之广超过 3 千万年。

凯尔西的磷矿场是进化史上一座名副其实的天然实验室。在这片曾经的磷矿里，古生物学家能够研究陆地上的脊椎动物在长达 3 千万年时间里的进化情况，从始新世（5200 万年前）一直到中新世（1800 万年前）。在这片还不到 900 平方千米的土地上，人们发现了超过 500 种哺乳动物、几十种爬行动物和鸟类、两栖动物，以及一种鱼和六科植物[45]。不论是从时长还是从延续性来看，这里都是世界上独一无二的生命纪录宝库。

要想知道这个独特的资料库是如何形成的，那就要追溯到 1.45 亿年前的侏罗纪末期。当时这片区域仍然处于一片热带浅海之下。海滨堆积的一些碳酸盐淤泥随后形成石灰岩，也就是我们所知的凯尔西科斯地区的石灰岩就是这样形成的。

海水第一次后退大约是在距今 1.35 亿年，之后在新生代初期彻底退去。海水退去后，沉积的石灰岩就逐渐被侵蚀。这样便出现了一种凹凸不平的地形，也就是喀斯特地貌，石灰岩溶解的过程中形成了许多小岩洞。

在当时的热带气候下，土地成为了红土（富含铁和铝的氢氧化物），磷等不溶于水的金属开始聚集。白垩纪时期的沉积物渐渐填补在石灰岩的缝隙中，它们含有丰富的磷元素。正是这些磷完好地保存了生物的尸体。

自 1865 年至 1920 年，这里的磷矿被大量开采。1960 年之后，古生物统计和研究工作取代了磷矿开挖。像这样的天然生物“捕集器”还有不少（如美国怀俄明州、澳大利亚、西班牙），但它们收集与保存生物的时间跨度都无法与凯尔西相媲美。

相关阅读：马达加斯加鲸基（1.7 亿年前）；来自地球深处的热水（1.65 亿年前）；索侯芬石灰岩（1.5 亿年前）；有毒的湖（4700 万年前）。

保存得如此完好，有些生物还形成了木乃伊，就好像这只青蛙，连颜色都还依稀可见。

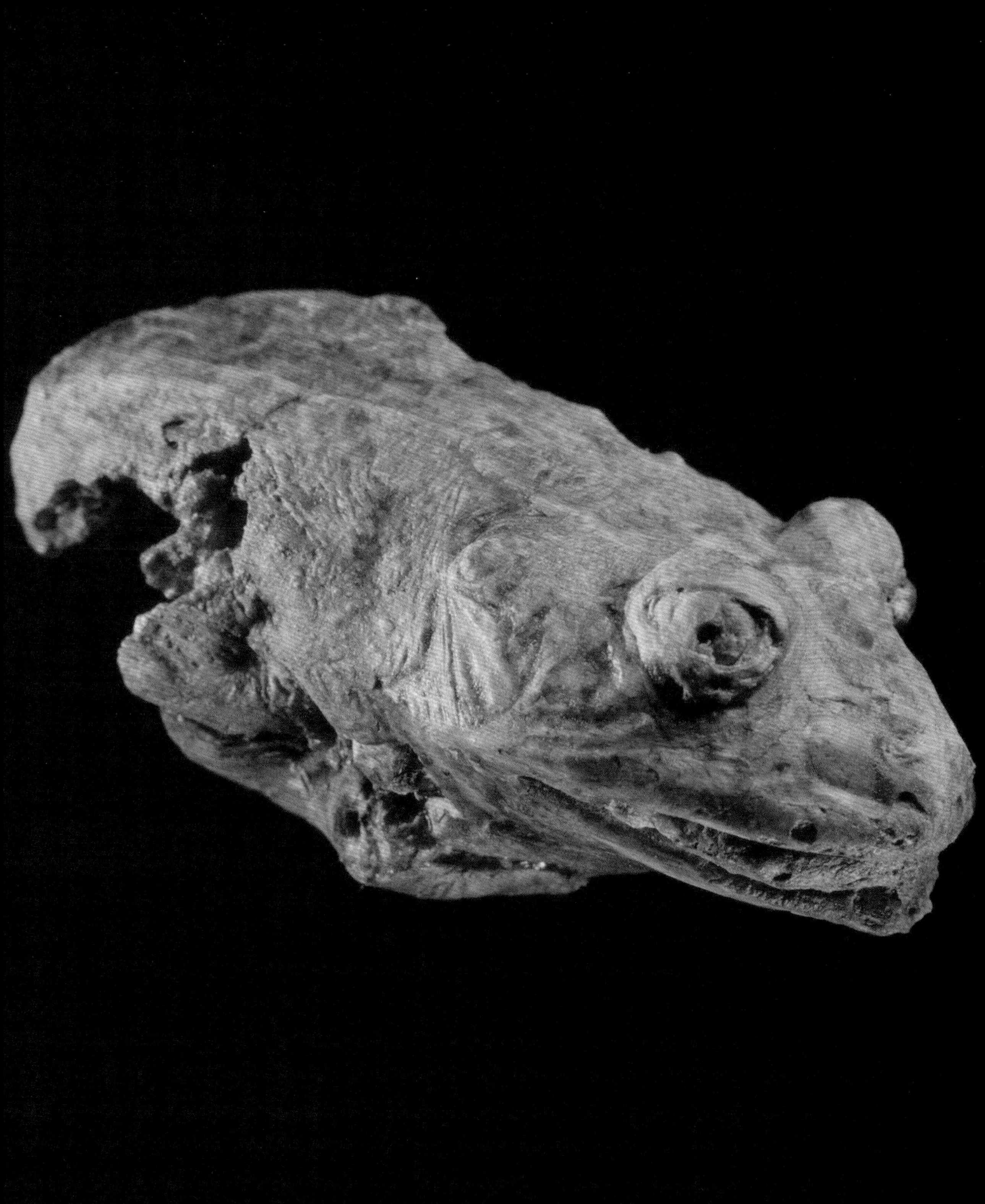

巨人之路（5000 万年前）

在爱尔兰，一条岩石铺成的路从山崖一直延伸至大海，蔚为壮观，它由火山地形受到侵蚀作用而形成。

当火山熔岩流入大海，与水接触后立刻变成直径 0.2 米至 2 米的岩块，很像一个个枕头，因此被称作枕状熔岩。熔岩在地表则能流得更远，根据其流动性的高低，有些能到达离喷发点很远的地方。

当熔岩开始缓慢冷却、凝固，微微收缩，出现裂缝，就像被太阳晒过的泥沼。但太阳下的泥沼只是表面变干，而岩浆却是完全冷却下来。裂缝将岩石划成一个一个棱柱。

侵蚀作用使得这些棱柱形的火山岩呈现出不同的高度。我们通常形象地将它们比喻成教堂管风琴的琴管。在大多数发生过火山活动的国家都能看到这类火山岩：法国的中央高原和科西嘉岛、德国的巴伐利亚和萨克森州、冰岛……当然还有爱尔兰，著名的“巨人之路”，位于北爱尔兰海岸的安特里姆郡。

1986 年，巨人之路被列入联合国教科文组织世界遗产名录。巨人之路出现于 4 千多万年前，大西洋最北部的开裂引发了火山活动，将格陵兰岛与爱尔兰和苏格兰分开。火山熔岩在冷却的时候，形成了大约 4 万根玄武岩柱，从 28 米高的山崖延伸而下，这个山崖即为安特里姆高原与海滨的界限。这些多边形的岩柱让人联想到形状不规则的石板路，在想象力丰富的人看来，这是巨人从爱尔兰跨越到苏格兰时走的堤道。

相关阅读：大陆分离（2.5 亿年前）；从海底到高山（1.6 亿年前）；南大西洋的扩张（1.3 亿年前）。

爱尔兰巨人之路：站在山顶看玄武岩岩柱。

有毒的湖（4700 万年前）

在德国的法兰克福，一个火山口湖将死去的生物极好地保存了下来。

2012 年，古生物学家意外发现了一对化石龟，自 4700 万年来定格在了交配的那一刻。这是脊椎动物中发现的最早的交配情景的见证。

人们在麦塞尔化石遗址发现了这一奇特的化石，化石区坐落在今天法兰克福附近的一个油页岩矿床中。1995 年，联合国教科文组织将此化石区列入世界遗产名录。这个内容丰富的化石矿保存了 1000 多种不同的动植物，且保存得十分完好：动物标本的骨骼仍然完整相连，有些仍然还留有皮毛，有的胃里还有东西；植物的叶片、果实、花粉粒甚至是木质都依然清晰可辨。

对于古生物学家来说，麦塞尔是一艘名副其实的诺亚方舟，再加上始新世（5600 万前至 3400 万年前）是哺乳动物在陆地生态系统中长期安定下来的时期，它承载的始新世信息因此不可估量。在这些化石中，尤其以艾达（Ida）最为重要，它是进化出人类、猿类以及猴类的共同祖先；此外，还有保存得极好的蝙蝠化石。

要想知道为何麦塞尔的化石量如此丰富，那就要追溯到新生代早期。当时一座火山猛烈喷发过后，形成了一个非常深的火山口，火山口很快形成一个湖，湖的表面开始出现了生命，然而在深处却因缺氧而不宜生物生存。湖底可能会时不时地释放出一大股二氧化碳，杀死了气体周围的所有生物。而湖底的缺氧环境，正有利于生物尸体的保存。

相关阅读：来自地球深处的热水（1.65 亿年前）；索侯芬石灰岩（1.5 亿年前）；独一无二的资料库（5200 万年前）。

达尔文麦塞尔猴，此命名是为了向达尔文致敬，然而它还有一个更加广为人知的名字：艾达。其形态与今天的狐猴相似，尤其是其拇指与其他几指相对，以便于抓取。成年艾达的体重在 650 克至 900 克之间，为食草动物。

热带气候下的巴黎（4500万年前）

巴黎某些建筑使用的岩石材料见证了往日的热带气候。

地质年代的时间轴总是允许我们展开一番想象，正如那些极高的山峰曾经是汪洋大海，我们建造起大都市的地方也曾被淹没在水下。巴黎就是如此。巴黎的建成，很大一部分要归功于无数生活在温热浅海中生物的骨骼颗粒。

让我们将时光回溯到4500万年前。清澈的海水浸泡着辽阔的大地：欧洲的大多数地区、北非、埃及、阿拉伯半岛……总之，大部分地中海沿岸的国家都在海平面以下。当时的气候是热带气候，巴黎平原位于北纬40°（比今天的位置偏南1000千米左右）。许多小个头的单细胞生物在海水中迅速繁殖，某些生物像薄薄的硬币，因此被命名为货币虫。

这些生物死去之后在海底堆积，完整或残缺的尸体形成了小沙丘。随着时间的推移，在上层堆积的压力下，沙丘硬化，形成了米色的岩石，其中还依稀可见有孔虫骨骼的细小碎粒。

这样的岩石非常牢固，也很容易打磨。因此它当然是用作建筑的好材料，并且其独一无二的颜色也使得建筑有了一种均匀一致的美感。巴黎就是用这种质量上乘的岩石建造的。我们在北非也能找到这种材料：埃及金字塔的大块花岗岩表面，就覆盖着一层富含货币虫骨骼的石灰石。

相关阅读：最热的时候（5600万年前）。

巴黎圣母院，始建于1163年，这座建筑由含贝壳的石灰石建造而成。

魔鬼峰（4050 万年前）

有些地质构造的形状尤为独特，以至于披上了神秘的面纱。

它叫“魔鬼峰”（Devil’s Tower），也有人称为“熊的避难所”，或是“树桩”。位于怀俄明州东北部的这一奇观，20 世纪初被美国列为国家名胜。魔鬼峰的出现源于火山运动，其海拔 1558 米，俯视四周海拔较之低 380 米的平原。它由熔岩柱（带斑点的响岩）组成，底部柱长约 2 米，顶部柱长约 1 米。

魔鬼峰是侵入岩，也就是说，它源自地表下的液态岩浆。如周围的其他侵入岩一样，魔鬼峰是由造山运动（拉腊米造山运动）的一股反冲力量冲破三叠纪（距今 2.25 亿－ 1.95 亿年）的红色沉积岩而形成的。魔鬼峰的岩柱呈棱柱形，是熔岩冷凝的结果——在法国中央高原的火山体系中，也能找到相似的情况。由于这种侵入岩不是完全暴露在空气中形成的，我们无法确定它是否诞生于一次有火山灰和岩浆喷出的火山爆发。我们今天看到的魔鬼峰是侵蚀作用的结果。它周围原有的沉积物，如砂岩和红色黏土，质地比火山岩更加疏松，因而被剥离掉，留下了这座凸起的火山“烟囱”。

通常情况下，壮观或罕见的地形总是会引发充满神话色彩的阐释。有一则怀俄明州印第安人的神话，说的是七个小女孩被可怕的熊抓去，正在这时，人们的祈祷使得这块巨岩拔地而起，救下了七个小女孩，熊试图爬上巨岩，因此侧壁留下了熊爪的痕迹。七个小女孩一直被送上了天空，成为了七颗星星（昴星团）[46]。

相关阅读：巨人之路（5000 万年前）。

带有“熊爪”痕迹的火山烟囱，事实上是冷却时挛缩形成的纹路（美国怀俄明州）。

山的沉浮（4000 万年前）

大地看上去是固定不变的。而事实上，大地受到多种因素的影响而不断上升或下陷。

陆地在地球表面移动。但移动并不仅限于水平方向，也有上升和下沉。地质学家在地球表面测算到了很大的高度差：最低处位于马里亚纳海沟（– 11000 米），最高处在珠穆朗玛峰（+ 8848 米），两者之间相差近 2 万米。

地表不断有新的高度差出现。原因主要有两个：一是地质构造的力量，二是由于不同物质间的密度差使它们上浮或下沉。

意大利阿尔卑斯山脉中的多拉梅拉地块（Dora – Maira）就是以上第一个原因的见证。4 千万年前，非洲大陆与欧洲大陆相撞时，欧洲板块俯冲到非洲板块之下。岩石被埋入了 10 万米之下。温度和压强的变化使组成这些岩石的矿物发生改变，比如，石英仍然保留了同样的化学成分，但它的晶体结构更紧凑了（即成为柯石英）。如今我们可以在地表找到这种结构紧凑的石英，这就说明了这块土地在很快地上升，速度大约为每年 2 ～ 5 厘米。

第二个原因则在斯堪的纳维亚有所体现：1.5 万年前，挪威、瑞典和芬兰所在的整块陆地都被冰覆盖，厚达几千米。当冰融化后，斯堪的纳维亚由于卸下了重压，开始慢慢上升。1.2 万年以来，它升高了 200 米，年均 1.6 厘米。这使芬兰每年的国土面积增长 10 平方米！

相关阅读：当英吉利海峡还是条河（公元前 2.5 万年）。

勃朗峰的 Drus 峰尖展示出地质构造过程中岩石的迅速上升。

东非大裂谷的形成（4000 万年前）

东非大裂谷将非洲之角[47]分割为两部分。大裂谷形成于板块分离运动，在这里有许多古生物学的新发现。

行星内部的活动会向外体现为板块运动。有时板块相互靠近，形成山脉；有时板块又相互远离，暴露出炙热的岩浆，岩浆比周围的岩石密度低，形成一个拱面，这个拱面的中部最终断裂而产生凹陷。

在东非就发生了这样的过程，阿拉伯、努比亚、索马里三块大陆板块相互分离，形成了大裂谷。这个裂谷是一条又长又深的裂缝，从红海南部延伸到赞比西河，长达 6000 千米，宽约 40 至 60 千米。据肯尼亚洛基查尔盆地的沉积物证实，约 4500 万年前（始新世）这里就已存在一个盆地。3000 万年前，熔岩注入了位于埃塞俄比亚的西南部和肯尼亚西北部的这个盆地，裂谷的开口于 2000 万年前完全形成。

这道长长的裂痕，总体上看像坍塌的沟渠，里面聚集着沉积物，有些地方还流淌着河流，或散布着湖泊。沉积物逐渐累积，很快掩埋了生前住在水边的人的枯骨和他们使用过的工具。多亏侵蚀作用使裂谷的山崖断裂，古人类学家和史前史学家得以在裂谷中探索出重大发现，因此大裂谷被誉为“人类文明的摇篮”。法国古人类学家科庞提出了“东边的故事”理论，认为大裂谷扮演了生物隔离栏的角色，这道不可跨越的屏障导致了物种进化的分歧：裂谷东边的进化成了我们人类，而裂谷西边的物种进化成了丛林巨猿。然而，这些巨猿既不同于在非洲其余地带——尤其是大裂谷西部——发现的物种，也不像我们目前所知的半丛林习性的南方古猿在不同环境下的变种。

相关阅读：巨人之路（5000 万年前）；一座岛的诞生：冰岛（2400 万年前）；露西（320 万年前）；大陆漂移说（1912 年）。

东非大裂谷断崖，从肯尼亚马萨伊部落的圣山伦盖伊火山所望到的景象。远处的低洼地为纳特龙湖。

沙漠中的鲸鱼（3800 万年前）

一片荒芜的沙漠，在 3800 万年前曾是汪洋大海，如今露出数百副巨大的鲸骨架。

恐龙一直被认为是地球上出现过的最大的动物。这个说法在一定程度上是真的，因为恐龙是曾经地球上最大的动物，而如今最大的动物生活在海里，它就是蓝鲸，长达 35 米，重达 130 吨。鲸鱼是哺乳动物，约 5 千万年前回到水中生活。

19 世纪下半叶，一具长达 18 米的动物遗骨在美国被发现，美国古生物学家理察德·哈伦认定其为一种海蛇，并命名为“Basilosaurus”（意为帝王蜥蜴）。这一错误随后得到了理察德·欧文的修正，他将这具遗骨认定为哺乳动物。[48]

20 世纪初，德国一位名叫彼德内尔的自然探险家发现了龙王鲸的其他残骸，以及其余几种鲸鱼的骨架，发现地位于埃及开罗西南方向 150 千米远处的鲸鱼谷法尤姆沙漠。

20 世纪 80 至 90 年代，人们再次对这片区域进行了考察。在 100 平方千米的范围内发现了 390 具完整骨架，其中有 250 具是龙王鲸的，长度在 15 至 20 米之间。研究人员因此可以对其进行细致的研究。他们发现龙王鲸的鼻孔位于头骨的顶部，龙王鲸因此可以在呼吸时不将整个头部伸出水面。他们还注意到了龙王鲸已退化的后腿，遗骨证明了鲸鱼的祖先曾经是陆地上的四足动物。还有一些研究探明了这些早期鲸类的进化史，尤其是巴基斯坦古鲸，一种陆生肉食哺乳动物，1983 年发现于巴基斯坦，对其踝骨的解剖证实鲸类的祖先是偶蹄目动物（今天的河马、猪、鹿和牛都属于偶蹄目）。

鲸鱼谷化石场的重要价值由此可见，它首先得到了埃及政府的重点保护，并于 2005 年被联合国教科文组织列入世界遗产名录。

相关阅读：来自地球深处的热水（1.65 亿年前）；有毒的湖（4700 万年前）。

位于埃及开罗西南方向 150 千米处的鲸鱼谷。

钻石坑（3570 万年前）

一个直径为 5 到 8 千米的陨石坠落在西伯利亚，强烈的碰撞将有机物变成了钻石矿。

钻石由碳元素构成，和石墨一样，而石墨却仅仅是铅笔的原料，只是因为碳原子的排列不同就导致了这两种物质的巨大差异。钻石比石墨的结构要紧密得多，因此也更加坚硬。钻石的结构是在压力极大的条件下形成的。这也是为什么我们在很深层的岩石中才能发现钻石矿，比如南非的金伯利。钻石也可以在强烈碰撞的条件下形成，比如陨击事件。

自地球形成以来，陨石坠落就十分常见。但大部分都在穿过大气层的过程中烧成了灰，只是偶尔有陨石能落到地面并留下痕迹。最近一次的大碰撞于 2013 年 2 月 15 日发生在俄罗斯的车里雅宾斯克，在乌拉尔的上空被观测到。陨石穿入大气层时，速度为 20 千米 / 秒，直径约 17 米，重 10000 吨。估测其释放出的总能量为 500 千吨级，相当于广岛原子弹的 30 多倍。这是自 1908 年 6 月 30 日发生的通古斯大爆炸[49]以来，地球受到的最大天体的撞击。

3570 万年前，一个直径在 5 – 8 千米的陨石在西伯利亚坠落，着陆点在诺里尔斯克城的东边，勒拿河和叶尼塞河中间的位置。撞击形成了珀匹盖陨石坑，其直径约十万米，是地球上第四大陨石坑。这场撞击在这个天然的巨坑中心产生了大量钻石矿，可能多达 1 万亿克拉。如果这个数据是准确的，那么坑中的钻石是全世界现有钻石储量的十多倍！

这些钻石是由于陨石碰撞地球时土层中的碳被压缩而形成的，分布在陨石的着陆点方圆 10 千米的范围内。俄罗斯人早已知道这个钻石坑，里面的钻石有蓝、黄、灰不同的颜色，然而并不能给珠宝市场带来冲击，因为它们的直径仅为 0.5 至 2 毫米。但这些钻石的工业用途十分完美，因为它们比合成钻石的硬度强两倍。

相关阅读：钻石（1 亿年前）；山的沉浮（4000 万年前）。

珀匹盖陨石坑的钻石个头较小，只能用作工业用途，比如生产切割工具（制作镜子、机械加工）或钻头（开采石油和矿藏）。

亚欧大陆板块的台球游戏（3500万年前）

印度陆地板块与亚欧大陆的碰撞直接而剧烈，亚欧大陆分裂成几块，并向东移动。

1亿多年前，印度脱离马达加斯加和南非的海岸线，开始向东漂移进而北上。6500万年前，通过了当时非常炎热的特提斯洋后，印度陆地板块的漂移速度翻了三倍，以每年15厘米的速度前进。这样的速度在地质学维度上来看是非常快的，印度板块驶向亚欧大陆，就像一叶失控的小舟猛地撞上了停泊的海岸。印度板块与亚欧大陆在5000万年前左右相接了。一切首先是风平浪静的，因为对接发生在海水之下。但到了3500万年前左右，碰撞就显现出来，两块陆地互相挤压对抗。

如果说印度摆出了推土机的架势，那么它面前所有岩石都会被推动并很快形成巨大的山脉。然而事实并非如此。实际上，印度板块更像是一个楔子，嵌入到了亚欧板块中：就像斜角推雪机一样，它插入、切断并推到两侧。亚欧大陆的西部——中亚——没有移动，因为它被欧洲支撑住了，中亚与欧洲形成了同一个板块。然而亚欧大陆的东部却不一样，太平洋板块潜在海底无法支撑，因此陆地板块被挤向了东边。断层出现，亚欧大陆的中心被切断，有两块大陆被挤向太平洋板块，并逐渐形成了两个半岛。继马来西亚之后，印度支那半岛在距今3500万至1700万年间向东南方漂移了700千米，长达1000千米的断层带与西藏和越南北部地区相连，正沿着今天云南的红河河谷。印度支那板块被挤开。在偏北的地区，另一条断层带使得中国南部较其北部发生侧移。

所有这些运动今天仍然还在进行，只是更加缓慢。然而如今也日渐活跃起来，2008年，位于中国中西部的汶川发生大地震，就是一个警示讯号。

相关阅读：印度的漂移（6500万年前）；喜马拉雅山拔地而起（2500万年前）。

越南的下龙湾呈现出喀斯特地貌：钙质被水腐蚀和溶解。

南极被冰封（3400 万年前）

气候变化和板块构造导致了南极环流的出现，这样的绕极海流将南极进行热隔离，使其完全被冰冻起来。

南极冰盖出现于始新世和渐新世交界时期，约 3400 万年前。始新世的高温期过后，洋流运动和板块构造导致了渐新世开始降温。到 4000 万年前的时候，海洋深层水域降了大约 10°C。我们首先可以观察到，墨西哥湾暖流从 3800 万年前开始变弱，使得南极周围出现海上浮冰，随后在南极洲上开始出现冰。冰逐渐蔓延生长。到 2500 万年前，南极开始出现冰川。

大地构造一直以来被认为是这次冰冻期的最主要的成因。3500 万年前，在火热的南美洲与南极洲之间出现了德雷克海峡；而且在澳大利亚与南极之间形成了塔斯马尼亚岛。因此，一股将南极与外界的热相隔绝的洋流形成了——南极环流。

大气中的二氧化碳含量是另一个重要因素。4000 万至 2500 万年前，二氧化碳的含量降低，温室效应减弱。据法国和挪威学者 2012 年发表的研究成果，二氧化碳可能是南极被冰封的最主要成因，德雷克海峡可能只是加速了这一现象。

无论何种解释是最真实的，南极环流都是地球上最强的洋流。它连接了南半球的不同大洋，是不同盐度和温度的海水相互流通的重要环节。因此，南极环流在全球气候变化中扮演着重要角色，并由此成为二氧化碳循环的一个重要影响因素，因为南极环流的深层海水会交换至表层，与大气接触。南极环流的海水温度较低，能溶解更多的二氧化碳，它是温室气体的重要海洋仓库。

相关阅读：最热的时候（5600 万年前）；墨西哥湾暖流（300 万年前）。

南极，威德尔海的东北部，正值南半球的夏天，阿特卡湾的大浮冰上，一座来自埃克斯托姆冰架的冰山被拦截住。

喜马拉雅山拔地而起（2500 万年前）

印度板块潜入了亚欧大陆之下，喜马拉雅山拔地而起。

自从印度次大陆冲撞上亚欧大陆，亚欧大陆分裂成几个陆块并向东移动，由此形成了中南半岛（包括泰国、柬埔寨、婆罗洲……）以及西藏－中国南部陆块。这次碰撞在最初并没有明显的体现，但最终印度板块也发生了形变，印度北部发生了碎裂和褶皱。地形的高低不平开始出现，喜马拉雅山拔地而起。

想要了解这个拥有全世界最高峰的山脉是如何形成的，就要首先关注印度板块的结构。印度板块以每年 2 厘米的速度向亚欧大陆挺进。与此同时，它的地壳层被掀起，像鱼鳞般层层堆砌起来。每一片鳞状地壳在前进的同时又撬开下一片，随后又被下一片挤向南边。因此，印度板块的地壳被亚洲大陆刨下来，印度变薄了，喜马拉雅山随之而起。

印度板块插入西藏之下，今天仍然还像弹簧一样在挤压喜马拉雅山脉。这条弹簧时不时放松一点，引发一次大地震：两块陆地突然相对滑动好几米。因此，山脉的地形就是由接连而来的震动形成的。总体的板块运动是持久的，可最终以突然的方式爆发出来。有点像我们用一根弹簧在地面上拖动一块水泥砖，尽管弹力持久存在，但水泥砖只会猛地向前间歇移动。

珠穆朗玛峰海拔 8848 米，是喜马拉雅山的地标。它的高度令人神往，然而它其实原本可以更高。事实上，珠峰的平均海拔增长小于岩石的实际上升高度，它每年只增高几毫米，因为侵蚀作用比地形的升高更加厉害。

相关阅读：印度的漂移（6500 万年前）；亚欧大陆板块的台球游戏（3500 万年前）；大陆漂移说（1912 年）。

喜马拉雅山脉的长度超过 2400 千米。其最高峰珠穆朗玛峰高 8848 米，并仍然在升高。多亏了山峰的年轻，喜马拉雅山才得以有如此的高海拔。

一座岛的诞生：冰岛（2400万年前）

冰岛是北大西洋洋脊上的一座岛屿，2400万年来一直有玄武岩熔岩喷出。

一条洋脊在大西洋上从南向北“奔跑”。这条海底的山川地势起伏达3000至4000米，然而因为在水下而不为常人所见。只有几个山峰露出了水面，成为岛屿。其中最著名的就是冰岛，它的出现源于从5500万年前就开始的火山运动，正当格陵兰岛与北欧大陆分离之时。

恰恰这个部位露出水面，是因为此处正好有两个喷发现象：一是地幔突起导致的灼热点，二是由于洋脊运动而导致的地幔喷出熔岩。大约在2400万年前，火山岩积累形成了岛屿。地质学家今天仍然能实地观察到海水之下的岛屿增长过程。

板块分离运动促进了沟壑与裂谷的逐渐形成，其面积几乎占到了全冰岛的三分之一。板块之间以平均每年1到2厘米的速度缓慢分离，但表现出的累积效果却是突然的地震或火山喷发。有时，相邻的多处岩浆会发生可视度更强、更持久的现象：比如温泉、蒸汽孔，尤其是间歇泉，冰岛的盖歇尔地热区“Geysir”就得名于冰岛语中的间歇泉“geyser”。冰岛是一个蕴藏着太多能源的国家！问题是这些能源无法出口。

作为欧洲最早出现的议会，阿尔庭议会第一次集会就在冰岛的辛格韦德利召开，正值冰岛自由邦（930年－1262年）的成立。之后冰岛经历了被挪威和丹麦统治的历史，1944年冰岛宣布独立。辛格韦德利于2004年被联合国教科文组织列入世界遗产名录。

相关阅读：南大西洋的扩张（1.3亿年前）；巨人之路（5000万年前）。

“Geysir”是由冰岛的间歇泉而得名的，冰岛语中的含义为喷射。它代表了一种在火山作用下的地热，而正是这样的火山运动在北大西洋上造就了冰岛。

黄石公园，最大的活火山（1700万年前）

这座巨大的火山是如今地球上最大的活火山，同时也是生物多样性的标志，它营造的极端生存条件给某些可以适应的生物提供了生存空间。

黄石国家公园位于怀俄明州西北部，它是世界上最古老的自然保护区，是一个火山口，一片下陷的洼地，由于喷发出岩浆而形成的窟窿。这片洼地呈现出一个湖的形态，它源于1700万年前，美洲板块来到了一个地热上，地热就像是地幔上的喷口，将移动的大陆板块加热，这样的地热也分布在夏威夷、留尼旺、冰岛……

黄石公园仍然还是一座活火山。它的喷发远远超过普通火山的力度。我们所知的大型喷发，一次发生在210万年前，另一次发生在120万年前。64.2万年前的那一次喷发，将整个美国西部都蒙上了火山灰：它相当于3000个维苏威火山的威力，而维苏威火山就足以吞没了庞贝古城！物质被喷发掉，于是在地里留下了空洞，这片区域随之倒塌，形成了一个像锅一样的凹陷，长85千米，宽45千米。另一次大喷发发生在16万年前。最近一次喷发在7万年前，塑造了如今的黄石公园。

这片地区位于地热点（即喷口）之上，热量尤其会以间歇泉的形式释放出来。目前世界上著名的间歇泉，将近三分之二集中分布在黄石公园。在这样的特殊环境下，生长着许多适应高温的微生物（极嗜热微生物）。1969年，水生栖热菌被发现，它是一种嗜热细菌，产生的酶可以用于PCR技术（聚合酶链式反应），这是分子生物学和基因工程的革命性创举[50]。

相关阅读：来自地球深处的热水（1.65亿年前）；巨人之路（5000万年前）。

美国黄石公园的大棱镜彩泉。黄石公园所得名的黄色与橙色，在这里就是由与嗜热细菌的存在而形成的。

化石钟（1000 万年前）

在地质学家推定年代所使用的工具中，有真正意义上的生物钟，那就是化石。

生物史的时间轴上，标着物种的进化的时间节点，形态、组织结构、功能随着时间而演进。生物给我们留下了其历史的直接见证——比如骨架，以及间接的证据——比如它们所建造的宏伟工程（像珊瑚礁、叠层石等），或者还有它们行动的痕迹。所有的这些证据使我们能够建立一个总的时间表，一个年代架构，由此根据地层中发现的化石来鉴定地层的年代。古生物学家使用的方法，就和一个孩子将人物穿戴与某个历史时期对应起来是一样的：穿长袍的是罗马时期，戴三角帽的是 18 世纪，戴高高的礼帽的是 19 世纪，而穿破洞牛仔的是 21 世纪。

有些物种的生命相对于地学时间轴来说非常短暂，并且广泛适应于各个地区的生存环境。这些物种就是很好的时间指示器。其中较为著名的有菊石，还有自泥盆纪（距今 4.19 亿 – 3.59 亿年）开始出现，中生代（距今 2.52 亿 – 6600 万年）一直存在的一些头足纲软体动物。此外，还有许多微生物（有孔虫、放射虫），它们的优势在于生命周期较短，因此在地学时间轴上呈现出相对较快的演进接替过程。

微生物化石的另一个优势是，其体型大小正好适宜。由于它们非常小，我们甚至可以在几毫米的岩石碎片中找到，而这样的碎片在钻头给岩石打孔时很容易得到。这也是微生物化石在工业上备受欢迎的原因。比如英吉利海峡隧道的线路制定，这是极其尖端的技术活，发挥主心骨作用的恰恰是一种单细胞生物——名为“Rotalipora reicheli”的有孔虫的骨架化石。最精良的仪器都要信赖这种化石的指引。只有它才能给出地层的年代，以便人们根据地层的牢固性、防水性等物理属性来确保海底隧道建在正确的地层。

相关阅读：生命最初的痕迹（38 亿年前）；来自地球深处的热水（1.65 亿年前）；消耗能量的骨骼（1.6 亿年前）；有毒的湖（4700 万年前）；解读陆相地层（1669 年）。

德国生物学家艾伦斯特·赫克尔发表了这幅版画，以描述 19 世纪中叶海洋探险的成果。这是一些海洋浮游硅质微生物：放射虫。

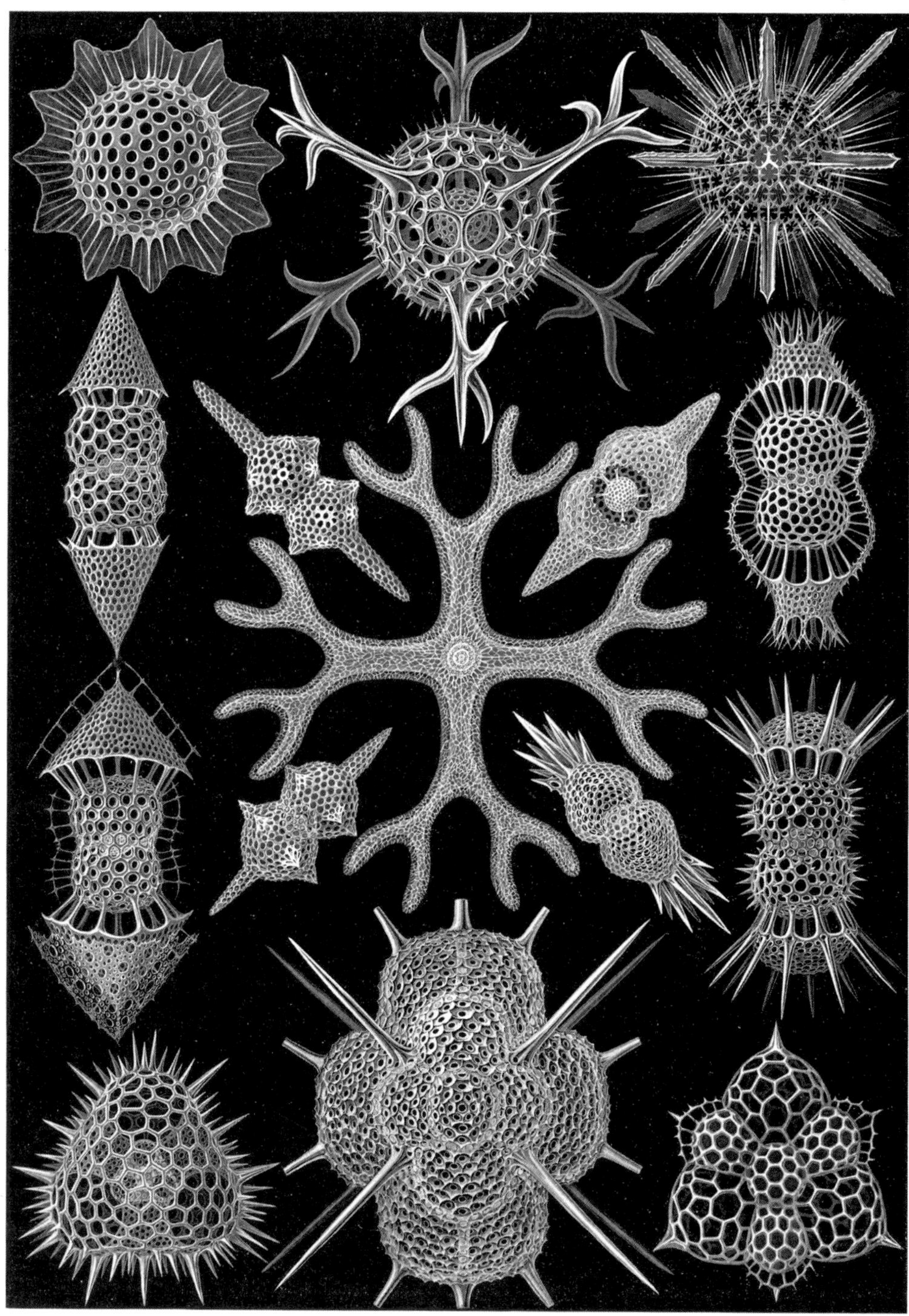

Spumellaria. — Schaumstrahlinge.

图迈（700 万年前）

2001 年，一些 700 万年前的遗骸再一次引发我们对源头的思考，其中就有一颗颅骨，名为“图迈”。

2001 年 7 月 19 日，由米歇尔 · 布吕内带领的法国－乍得古人类学考察团在乍得北部的朱拉卜沙漠发现了图迈遗骸，是当时所发现的最古老的人类化石。根据对附近含化石的沉积物进行分析，这颗化石已有 690 万至 720 万年的历史。

这些遗骸来自一个新的物种——乍得沙赫人，沙赫人这一学名也特意将它纳入了人类谱系。“图迈”这个名字由乍得总统提出，在戈伦语中的意思是“生命的希望”。

此次出土的遗骸相对稀有，尤其是一个特别珍贵的完整头骨，虽然已经在石化阶段遭受一定破坏，但是其原型还是通过 3D 技术修复出来，包括几块下颌骨和一些分散的牙齿。

图迈曾是一个高约 1.2 米、重约 30 千克的人，看上去像是男性，智力与今天的大猩猩相似，颅骨容量为 360 立方厘米，生活在混合型环境中：沼泽、热带草原、有树木和草地的区域。

米歇尔 · 布吕内认为，沙赫人的牙齿形态、牙釉质厚度、头骨形状和枕骨大孔的位置明确表示他是二足动物，属于人类谱系。另一些古人类学家对此持有保留态度，认为图迈更可能是猩猩属。

这些遗骸的发现地位于东非大裂谷的西侧 2500 千米处，如果它们真的是人类祖先，那么就会推翻科庞提出的“东边的故事”理论，因为这一理论认为东非大裂谷将东边的人类和西边的猩猩划分开来。

相关阅读：东非大裂谷的形成（4000 万年前）；图根原人（600 万年前）；露西（320 万年前）；人属（240 万年前）。

乍得沙赫人的头颅模型，其更为人知的名字为图迈。该样品来自图卢兹分子人类学和图像合成实验室。

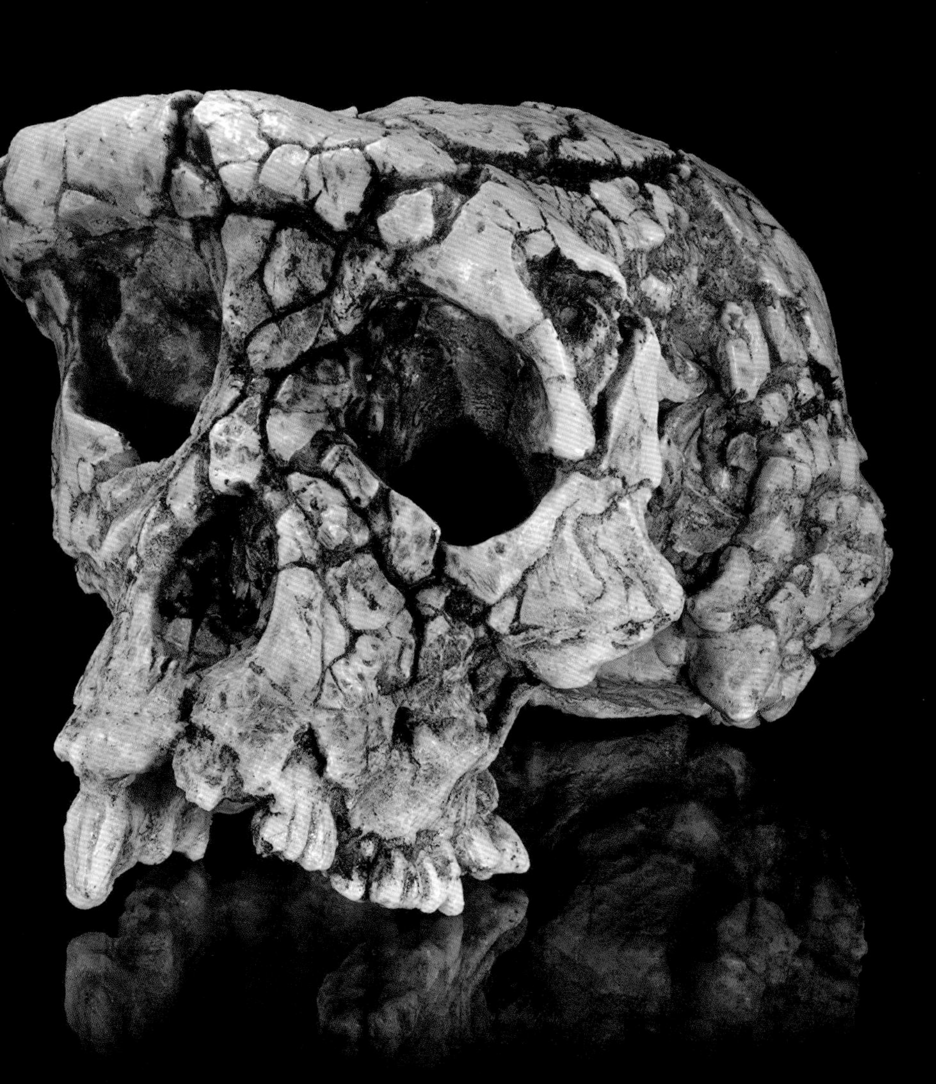

图根原人（600万年前）

图根原人，又名“千年人”，一时成为了最早的用二足行走的人科物种。

2000年以及之后的几年时间里，法国国家自然历史博物馆的瑞吉特·森努特和马丁·匹克福特共同发现了一种新的人种的骨骼碎片——图根原人（Orrorin tugenensis），是图根山丘的原始人之意，“Orrorin”在当地是神话中原始人的名字。

在收集的遗骸中，有颌骨碎片、牙齿及其余一些骨头，其中有一块几乎完整的股骨，展示出图根原人曾经是某食肉动物的猎物，因为骨上的牙齿印与猎豹的相似。通过这根股骨可以确定图根原人用二足行走，并且从肱骨的形态和弯曲修长的指骨可以判断其生活在丛林中。他生活在长期干燥的丛林中，只有部分区域较为潮湿。

图根原人兼有猴和人的特征，但他比埃塞俄比亚发现的女人“露西（Lucy）”更近似于人，而他比露西还要早300万年，骨骼大小约为露西的1.5倍，由此可推测其身高将近1.4米。从图根原人臼齿的形态来看，他可能是植食动物或杂食动物。

图根原人的发现表明，二足行走的人科动物与猿的划分早于当时古生物学家和分子生物学家认为的600万年前。由此还可以猜想南方古猿（比如露西）与人科动物相分离发生在700万至800万年前，这段时间正是非洲哺乳动物群发生重要变化的时候。

1974年，图根原人的发现者就已经在肯尼亚600万年前的岩层中找到了一颗臼齿，这颗臼齿表明人科动物当时已经存在，但这是一颗孤立的牙齿，当时并没有发现其余部位的化石。直到1998年，在肯尼亚政府的要求下，开始对该区域进行更大范围的勘探和挖掘，最终这份执着收获了珍贵的成果。

相关阅读：图迈（700万年前）；露西（320万年前）；人属（240万年前）。

多个个体留下的化石遗骸聚集在一起，让我们认识了图根原人。

地中海干涸（600万年前）

继地中海与大西洋之间的流通被打断之后，地中海开始聚集起上百万立方千米的盐。

地球历史上出现过的最大盆地之一于墨西拿期（距今730万－530万年）在地中海形成，它的存在时期在地质年代时间轴上其实是非常短暂的：从600万至533万年前，不到一百万年。这块盆地的面积超过200万平方千米，并且堆积着100万立方千米的盐。

第三纪中期，地中海的地形与我们今天所知的十分接近，深度可达到1000至1500米。自距今1300万年，它成为了半封闭海域。大西洋海水不再流经直布罗陀海峡，而从另两个海峡穿过：一个位于里夫山南部、摩洛哥北部，另一个位于西班牙安达卢西亚地区的贝蒂科山脉以北。当时的海水比今天热许多，珊瑚暗礁很快生长起来。

随着大西洋与地中海的海水流通渐渐关闭，地中海中的海水注入减少。而气候十分干燥，水分大量蒸发后导致海水下降了1000米，地中海成为了盐度过高的海。距今约600万年前，盐开始析出。然而水仍然还会注入地中海，要么一次性大量涌入，要么长久地缓缓流入，因为仅一次干涸就能析出30来米厚度的盐。有时候，地中海可能局部干涸，并且与玻利维亚阿尔蒂普拉诺高原的乌尤尼盐沼十分类似：表面完全平坦，干燥造成的裂纹织成多边形纹路的大网。在强蒸发期之间，水域时而盐度超高，时而盐度较低，甚至有可能达到淡水的程度。在64万年间，盐（岩盐与石膏共生）不断累积，形成了1500米厚的盐层（其中800米－1000米为岩盐）。今天在有些地方仍然可以找到高达3000米的沉积物，但这属于因地质构造而产生的填充现象。这一状态一直持续到了下一个转折点：533万年前，直布罗陀海峡又重新向地中海注入海水。

相关阅读：欧洲的一道盐层（2.3亿年前）；大西洋的盐与石油（1.25亿年前）；巨人之路（5000万年前）。

古巴的盐性潟湖，白色物质是由于海水蒸发而析出的盐结晶。

露西（320 万年前）

1974 年在埃塞俄比亚发现的一具距今 320 万年的南方古猿骨架，是当时最完整的骨骼遗骸，它彻底改变了我们对人类谱系的看法。

1974 年 11 月 30 日，由伊夫·科庞、唐纳德·约翰森和莫里斯·塔伊布带领的国际阿法尔科学考察队在埃塞俄比亚东北部的阿法尔谷底，发现了 320 万年前南方古猿的 52 块骨骼化石。这具了不起的化石骨架，1978 年将其学名定为“阿法南方古猿”，但它有一个世人皆知的小名“露西”，是考察队挖掘时起的，灵感来自披头士乐队演唱的一首歌曲《缀满钻石天空下的露西》。

起初，人们猜测生活在距今 410 万至 300 万年间的阿法南方古猿就是现代人的直系祖先，但今天，我们认为它只是人类谱系的旁系。露西的骨架中包含颌骨、前颅和后颅碎片——占整个骨架遗骸的 40%——是 300 多万年来的人骨化石中最为完整的，可对其解剖学结构进行细致的研究。从它的盆骨来看，是一位于 20 来岁去世的女性。这位年轻的女士身高大约为 1.05 米至 1.1 米，体重约 25 千克。其后颅骨呈现出若干特点：用两足进行移动（盆骨短而宽、股骨倾斜、股骨颈伸长），可在树林中生活（这一点从肩关节和肘关节可以看出，并且其臂长腿短也可以证实）。

在 Hadar 化石区也有一些相对完整的阿法南方古猿的骨架，再次印证了对这种生物行动方式的猜想。

露西彻底改变了我们对人类谱系祖先的概念。自从露西之后，更古老的灵长目动物化石也被发现，但很少有露西的化石那么完整的。到目前为止，我们讨论的一直是人类谱系，还不是现代人类。

相关阅读：图迈（700 万年前）；图根原人（600 万年前）；人属（240 万年前）。

一只雌性阿法南方古猿的效果图，即“露西”。

墨西哥湾暖流（300 万年前）

由于有流体的交换，地球成为一个活跃的体系，任何一个环节的变化都会引起其他环节联动变化。

地球是一个复杂的热力机器：她释放自身内部的热量，接收太阳的热并且又释放出其中的一部分。根据地球上不同的位置、不同的时间，热交换也多种多样，可以是热辐射（如红外线），也可以是固体（如岩石）、液体（如海洋）和气体（如空气）之间的交换。

固体的交换，不论是横向还是纵向，都是由板块地质构造引起的。液体的交换通常表现为海水的流动。而气体的交换则会带来风。液体和气体因此是气候的关键因素，且其中一方的改变会引起另一方的变化。此外，由于流体在三维空间内活动，任何空间的、纵向或横向的变化都会引发整个热交换循环的变化。地形的隆起或扁平也会造成影响，比如，喜马拉雅山的出现加强了印度季风的强度。

同样的道理，横向地理环境的变化也会有影响。例如，300 万年前，正值上新世时期，由于板块运动，南美洲与北美洲由一条地峡[51]连接起来。两大陆地板块的连接，导致了海流循环的变化，使得原本受信风[52]推动的暖流反向流动循环，因此一股新的洋流出现：墨西哥湾暖流，源自加勒比海，穿过大西洋，沿着欧洲板块直至格陵兰岛附近消失。这股洋流的出现带来了很大程度的影响，因为它本身携带着较大湿度的空气，在格陵兰岛很快结冰，格陵兰岛由此覆上了巨大的陆上冰盖。格陵兰岛上积聚的冰实质上来源于大海，因此海平面下降，造成动植物群落的分布变化，并且在多米诺骨牌效应下，使得气候也发生改变。

相关阅读：南极被冰封（3400 万年前）；了解过去的天气（1965 年）。

美国和加拿大东海岸（从纽约至纽芬兰岛）卫星图。我们可以清晰地分辨大西洋表面的温度梯度（Aqua 卫星，2010 年 8 月 29 日至 9 月 5 日）。

第四纪（260 万年前）

人类的历史与漫长的地球史比起来，简直算不上什么。但既然是人类对地球历史进行划分，那么就必然要在历史的时间轴上占一席之地。

为了研究漫长的地球历史，地质学家将时间用不同级别的地质年代单位表示，分别叫做代、纪、世、期等等。地质年代通常以生物多样性大危机为结点来划分。

正如生物学或历史学一样，在地质学上，如何划分界限是一门充满争议的艺术。比如，不同的历史学家会对文艺复兴时期有不同的界定。根据不同的观点，文艺复兴的持续时间可以是 66 年或者是 227 年。

地质学中，第四纪这一时期就是由人主观划分的。它的名称（Quaternaire）是由法国地质学家儒勒·迪斯努瓦耶于 1829 年创立的，长期以来，这一时期被划分为一个代，被用来标记人类的出现。但随着科学的进步和数据的积累，人们觉得它更显著的特征是冰期，应该以此作为其划分的标志。不过，这个观点仍然是很主观的，因为冰期之前也出现过。2004 年，“第四代”曾一度从地质年代划分中被取消。

然而，由于人类中心论的观点难以抗拒，这个时期又在地质年代表中被划分了出来，然而这次回归却使它降了一个级别，如今它不再是一个代，而是新生代的一个纪，并且其开始的时间，在历经 4 年的讨论之后，终于定在了距今 260 万年。第四纪因此尤为短暂，只持续了 260 万年，而其余的“纪”都至少比它长 8 倍……

相关阅读：新生代（6600 万年前－今天）；人类世（1784 年）。

长毛猛犸象婴儿卢芭，发现于西伯利亚。长毛猛犸象非常适应更新世[53]冰期的寒冷。在灭绝之前，它们曾占领了亚欧大陆和美洲大陆。

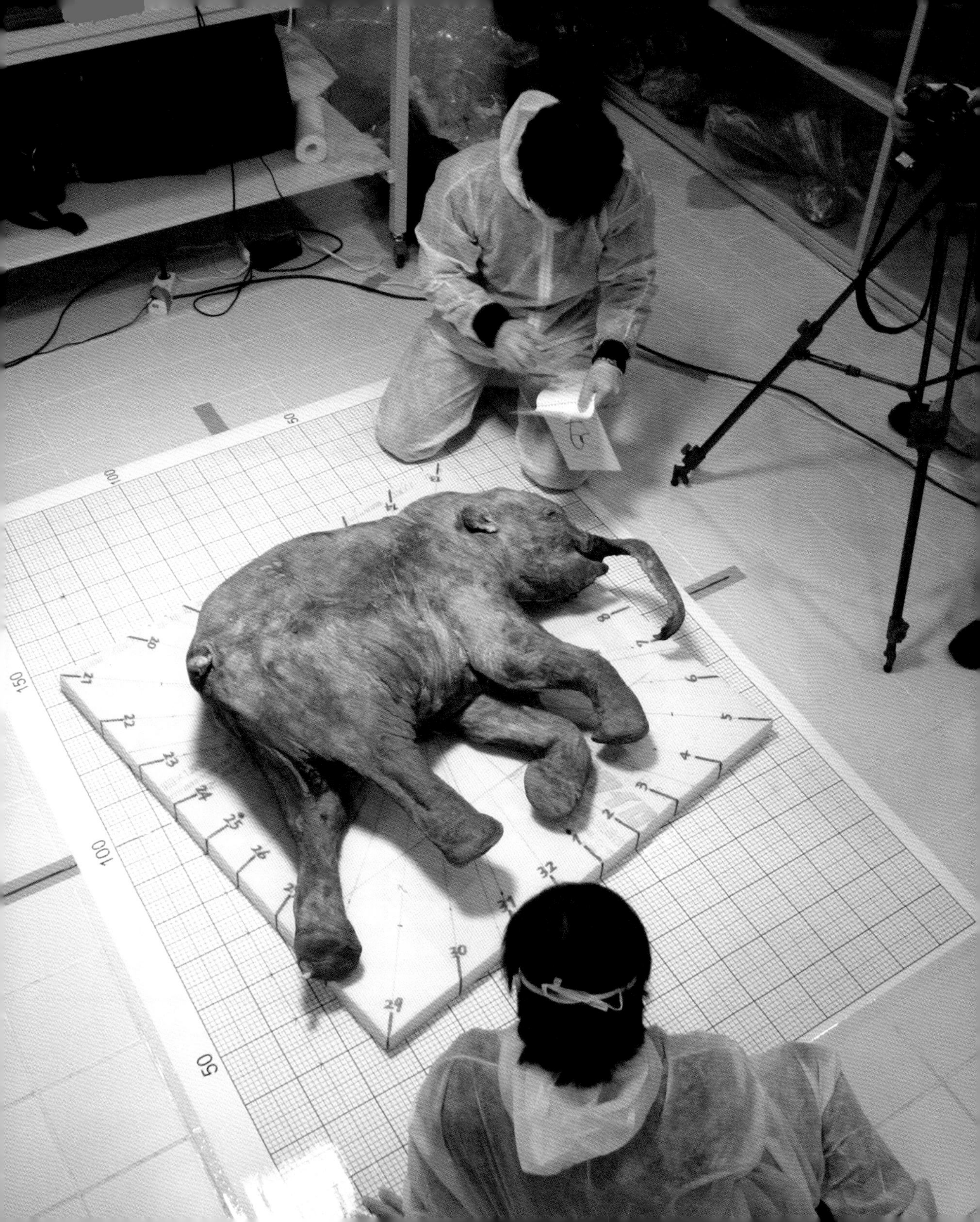

南北美洲的连接处（250 万年前）

南美洲和北美洲现有的动物群分布，是在巴拿马地峡的帮助下促成的无与伦比的大交换的结果。

在 250 多万年前，南美洲与北美洲的动物群有着显著的差异。由于巴拿马地峡的缝合，古生物学家们确信南美的生物踏上了北美的土地：豪猪、负鼠、食蚁兽、犰狳和雕齿兽（一种重达两吨的大犰狳）、水豚（啮齿动物），还有穿山甲和树獭。相反地，一些马、骆驼、鹿、貘、大象、浣熊、多种小型哺乳动物（如水獭、水貂）和西貒也穿过巴拿马地峡这块狭长的土地来到了南美安家。尽管许多不同的动物群都被拿来学习和研究，但最具代表性的则非哺乳动物莫属。两块大陆相连之后，哺乳动物群落发生了大范围的相互交换。

这次哺乳动物的大迁徙被称为“南北美洲动物大迁徙”。起初，迁徙是比较平衡的互换，但似乎在一百万年后，交换变得不平等。北美洲的哺乳动物继续来到南美洲，而南美洲去到北美洲的动物则没了踪影或是只占北美动物群的一小部分。今天，只有 10% 的北美哺乳动物来自南美洲，而南美洲的动物有一半是来自北美的，如原驼和小羊驼（经过本地杂交而诞生了美洲驼和羊驼），它们今天的习性特征更像南美洲的动物，但实际上是从北方迁移过来的。

人们提出了很多猜想。比如，有些人认为，在对资源的激烈竞争中，北方的迁徙动物可能战胜了南方的哺乳动物。然而真实情况更加复杂。古生物学家如今提出，出现这种不平衡可能是因为一些从北方来的物种可以占领南方还未被占用的生态位，而在北方，南方来的物种发现位置都已经被占满了，却无法将北方物种从窝里赶走。

相关阅读：物种全球化（1869 年）。

厄瓜多尔钦博拉索山脚下的小羊驼。这些比美洲驼小很多的动物，是南美洲典型的代表动物。

人属（240 万年前）

两百多万年前，在非洲出现了一种新的二足人科动物，这种动物将获得巨大的成功，并占领生物各界。

据化石资料显示，自 240 万年前的更新世以来，非洲出现了一些人科动物，其形态与同时代的南方古猿具有显著差异，可以自成为一个新的种类——人属，而我们智人就属于人属。

能人，意思为灵巧能干之人，出现于距今 240 万年，是所知的人属中的最古老生物，即便仍然还有一些古生物学者争论说其不属于人属。另外还有十多种人属动物被发现和认识，其中有：鲁道夫人（非洲，鲁道夫湖）、匠人（也只在非洲）、直立人（非洲、亚洲和欧洲）、海德堡人（非洲、中国和欧洲）、尼安德特人（分布在整个亚欧大陆，智人与其在欧洲和近东相遇，他们最后的遗骸被发现在伊比利亚半岛南部）、弗洛里斯人（2003 年被发现于印尼的弗洛里斯岛上，是一种小矮人，1.8 万年前仍然存活着）以及丹尼索瓦人（2010 年 3 月通过基因检测而被确认，尼安德特人和智人与其一同生活过，直到 4 万年前部分进行了混血交配）。

在已知的这些人中，只有一种存活了下来——智人。智人出现于距今 20 万年左右，其中有克罗马农人，名字来源于其发现地多尔多涅的克罗马农山洞，是欧洲最早的现代智人（距今 3.5 万年）。

如果说描述人属尚有一定难度，那么至少可以借助三个基本标准进行认定：长期仅用双足行走（表征为枕骨大孔在头颅底部而非后部，盆骨宽大以利于维持平衡，股骨倾斜使双足在重心的垂直方位）、脑容量大增（脸部同时也变得扁平了）以及出现了文化行为（如火的使用、葬礼仪式、艺术创作）。

相关阅读：图迈（700 万年前）；图根原人（600 万年前）；露西（320 万年前）；尼安德特人（25 万年前）；智人（20 万年前）。

该效果图展示了格鲁吉亚人（Homo georgicus）的头骨和容貌，格鲁吉亚人是生活在更新世的人科动物。

火的使用（100 万年前）

自直立人开始，人属动物就懂得使用甚至控制火。火的发现带来了决定性的改变。

自然界中，火灾时有发生，比如，闪电能引发火。生物本能地就会利用这样的契机，比方说，种子受热而胀裂进而生根发芽，以取代被烧毁的植物。

然而在大约一百万年前的一天，人属动物也开始利用火了。2012 年在南非旺德沃克洞穴发现了不可否认的最古老火堆遗迹，约有一百万年的历史。这个燃烧痕迹应该是直立人的杰作，但我们无法确认是他引燃了火种还是他借用了原本已自燃的火源。不过，在 40 万年前，许多物件都被火灼烧而硬化，如骨头、鹿角，它们在中国的周口店被发现，也证明了人属动物懂得如何支配火并保存火种。

不管火究竟有没有完全被人属征服，毫无疑问的是，人属动物已经知道如何利用火能给予的一切好处。这时候的人属还主要是直立人和匠人，智人尚未出现。首先，他们用火来烹制食物，不仅使食物更加美味，而且还去除植物中有毒的成分以及肉类中的病原体。其次，火还可以作为自我防卫的武器，简单的一束火把足以吓跑野兽。掌握这种防御方式的人们立即拥有了巨大的生存优势。火把同时还帮助人们进入到昏暗的洞穴中探险。另外，火堆带来的温暖也是深得人心的。独立的个体也因此可以聚集起来生活，因此社区生活极有可能就是围绕着火而产生和发展的。正如周口店的发现向世人展示的那样，火的使用还增强了工具的硬度，用起来更加得力。

在此之后，距今约 4000 年时，人使用火来锻造金属，又给历史带来了一个转折点，同时，由于融化金属需要烧掉大量木材，这对地球环境也造成了影响。

相关阅读：图迈（700 万年前）；图根原人（600 万年前）；人属（240 万年前）；尼安德特人（25 万年前）；智人（20 万年前）。

由让－雅克·阿诺 1981 年导演的电影《火之战》中的一幅画面，改编自 J－H. 罗斯尼的作品。这一幕情形的时间设定为 8 万年前。

死海（100 万年前）

今天的死海地区仍被人们过度开发水资源，历史上的死海已经历过数次干涸。

死海是地质特征十分特殊的海，正如 1947 年至 1956 年间在昆兰地区发现的著名手稿上记录的那样，死海是地缘政治的关键竞技场，是有着千年历史的重大考古发现之地。

这片海占据着一大片低洼地，狭长而笔直，成因是将阿拉伯与非洲分开的大裂谷。死海里的水比其余大海咸十多倍：每升海水中含有 340 克盐，而在一般海洋中含盐量为每升 20 至 40 克。死海海水如此大的密度给度假的人们带来了独一无二的体验：人可以浮在水面上，悠然地摊开一份报纸，按下快门记录这一特殊的时刻。

死海是一个盐湖，其水面在海平面以下 427 米（2014 年数据），是全球大陆的最低处。死海的水面还在以大约年均一米的速度下降，主要是因为其水源约旦河被过度采水。

在不同的地质时期，受板块运动和气候的影响，死海的水面高度相应发生变化：在冰期湖面上升，在间冰期下降，如今正处于下降阶段。

还有另一个时期，死海经历的变化更加显著。2300 万至 500 万年前，死海没有一滴水，河流及湖泊中的沉积物可以证明。大约距今 500 万年时，由于海平面的上升，海水从北部“入侵”了死海这片低洼地，在与今天的提比里亚湖同纬度的地方，形成了一个潟湖。到了 100 万年前，海平面下降，死海于是变成了一个湖，覆盖了整个约旦河的低洼处，北起今天的提比里亚湖，南到今天的死海南岸。自距今 1.5 万年起，这片水域才分为了提比里亚湖和死海两块，一北一南。人类活动也加速了这一自然过程。

相关阅读：东非大裂谷的形成（4000 万年前）；地中海干涸（600 万年前）。

死海岸边。正常海水盐度在 2% 至 4% 之间波动，而死海的盐度约为 27%。没有任何生物可以在这样的水中存活。

尼安德特人（25 万年前）

尼安德特人的化石是人属的不同人种中最早被发现的，自 1858 年被发现以来，尼安德特人为有时难以被辨识的智人提供了一面镜子。

1856 年，在德国杜塞尔多夫附近的尼安德特山谷石灰石采石场中的一个洞穴里，一个人的遗骸重见天日，这标志着尼安德特人从此进入了人的历史。

这具人骨化石是第一具被发现的人的遗骸，克罗马农人在法国多尔多涅的莱塞济德泰亚克岩石下的荫蔽处被发现，比其晚了 12 年。不过，尼安德特人的形态与现代人类大不相同，这一点当然也吸引了专家学者的注意。1896 年，这具化石的学名被定为尼安德特人，之后到了 1908 年，在法国圣沙拜尔村发现了完整的尼安德特人骨化石遗骸之后，玛瑟兰·蒲勒才对其进行了详细的描述。

今天，尼安德特人应该是化石资料最为翔实的人属动物，因为最早的尼安德特人，自从他们于距今 25 万年左右出现在欧洲后（他们接替了前尼安德特人），就占领了整个亚欧大陆，从大不列颠群岛到俄罗斯，其间包括中东地区，他们这一路上留下了数不尽的遗迹和见证，直到距今 3 万年左右，尼安德特人灭绝。

尼安德特人刚被发现时，由于外形与人不同，一直被认为是粗笨的野人，而他们对不同环境和气候的适应力，彻底改变了这一刻板印象。尼安德特人的外形与智人相比较为健壮，个头更加矮小而显得笨重，尤为明显的特征是在后脑枕骨处盘一个发髻，眼眶上有赘肉，遗传了之前原始人的后倾的额头。并且，他们的脑容量比我们现代人的大。在智力、语言和抽象符号的层面上，没有任何因素显示出他们与我们不同。可以确认的是，尼安德特人埋葬过一些他们的死者，几乎是以智人最初举行葬礼的方式进行的。尼安德特人的基因序列也表明，我们遗传了一部分他们的基因，应该是智人遇见尼安德特人并认为足够亲近，因此与其进行了交配。智人与尼安德特人共同存在了将近 1 万年。

相关阅读：图迈（700 万年前）；图根原人（600 万年前）；露西（320 万年前）；人属（240 万年前）；智人（20 万年前）。

根据直布罗陀的魔鬼塔遗址发现的化石，艺术家伊丽莎白·戴恩思（Elysabeth Daynes）重构的尼安德特儿童形象。

智人（20万年前）

现代人在地球史上出现得较晚，但获得了巨大的成功，并留下了不可磨灭的痕迹。

约240万年前，非洲的人属动物分支区别于其余的二足人科动物，比如能人。许多人种都相继退出了历史舞台，只有一种延续了下来：智人，他们从解剖学上可定义为现代人，大概于距今20万至15万年前脱颖而出。

我们很难区分清楚目前的智人与其他消失的人种之间的差异，因为这一物种的多样性非常大，并且自最早的古老样本以来就在不断进化。不过，我们仍然可以罗列出一些共同的特征，比如球状的大容量颅骨、眼圈上方赘肉消失、下巴突起、持续用两足进行移动、毛发不旺盛。假使我们尝试通过另一些标准来定义人的属性——复杂的社会关系、使用清晰的语言、对艺术的渴望、使用工具、对死亡的认知和理解等等，那么所有这些尝试都会失败，因为我们对已成为化石的人种无法有足够的了解，并且也无法在今天全世界的动物中找到等同的物种。

几万年前，至少有四种人属动物共同存活在地球上：尼安德特人、佛罗勒斯人、丹尼索瓦人和智人。智人，即智慧智人，是我们给我们自己起的学名。如果假设地球的历史浓缩成一年的时间，那么智人出现在12月31日的夜晚11点之后，而正是这独一无二留存下来的人类，在那么短暂的时间里，彻底改变了地球。智人利用技术来征服自然，比如使用火、制造工具、发展农业、进行狩猎。自10万年前开始，应该是经历几次迁徙后，智人走出了非洲，在除南极之外的各大洲上“殖民”。智人改造了环境，为了享受舒适和生活所需，他们大量利用树木和其余材料。这也给环境带来了破坏和改变(如排放二氧化碳和化学污染物)。智人的成功在于其人口数量大幅增多，尤其是近一个半世纪以来；而其对环境造成不良影响的行为，也对人类自身的生存造成了威胁。

相关阅读：图迈（700万年前）；图根原人（600万年前）；露西（320万年前）；人属（240万年前）；尼安德特人（25万年前）；人类世（1784年）。

平图拉斯河手洞内的岩画，位于阿根廷的圣克鲁斯省。

埋葬死者的人（10 万年前）

第一次人类有意进行的埋葬行为出现在距今 10 万年的中东，展示出人与死亡之间关系的演进。

在考古学上，坟墓意味着一位或多位死者的埋葬之地，考古学家能从中识别出完成葬礼的举动。然而一次有意进行的墓葬却通常鲜有标记，难以识别。

不过，史前史学家一致认为，最早的坟墓出现在距今 10 万年左右。以色列的斯虎尔洞和卡夫泽两处遗址，分别距今 10 万年和 9.2 万年，从中可以看出当时仍处于游荡生活状态的人已经会将死去的亲人小心埋葬，而不是简单地处理了事。

最早有埋葬行为的人正是智人，并且从解剖学来看是现代智人。尼安德特人也会埋葬死者，至少是部分会。由于经过对很多遗迹的考古挖掘，只发现了少量的坟墓——智人的坟墓约 20 处，尼安德特人约 40 处，我们确实可以合理地猜想出，人会对埋葬的死者进行选择。尤其是尼安德特人，已发现的 38 处坟墓中，有 15 处埋葬的都是三岁以下的小孩，这也展示出对小孩的特别照顾。在极其少数的情况下，我们也在坟墓中发现了行使祭品功能的物件。比如在斯虎尔洞 5 号和卡夫泽 11 号的坟墓中发现的猪颌骨和黄鹿角。

一些史前史学家认为，这些坟墓的象征意义体现出人对形而上的事务的重视，甚至可以被理解为是一种宗教。另一些认为，引导这种行为的信念仍然是不可知的。值得肯定的是，这些坟墓标志着一种行为上的明显变化：10 万年以前，没有任何的墓葬，但有保存得很好的头颅盒，存放在死者亲人的居所，而这种行为在墓葬出现之后就消失了。

相关阅读：火的使用（100 万年前）；智人（20 万年前）；艺术大爆炸（3.5 万年前）；农业发展（1 万年前）；书写的开始（公元前 3500 年）。

图为新石器时代末期一处墓葬内容，其中包括一个女人和一个孩子的尸骨，以及周围用作装饰的海胆壳。英国邓斯特布尔绘。出自《人类，未开化的远古》一书，作者：沃辛顿·乔治·史密斯（Worthington G. Smith），1894。

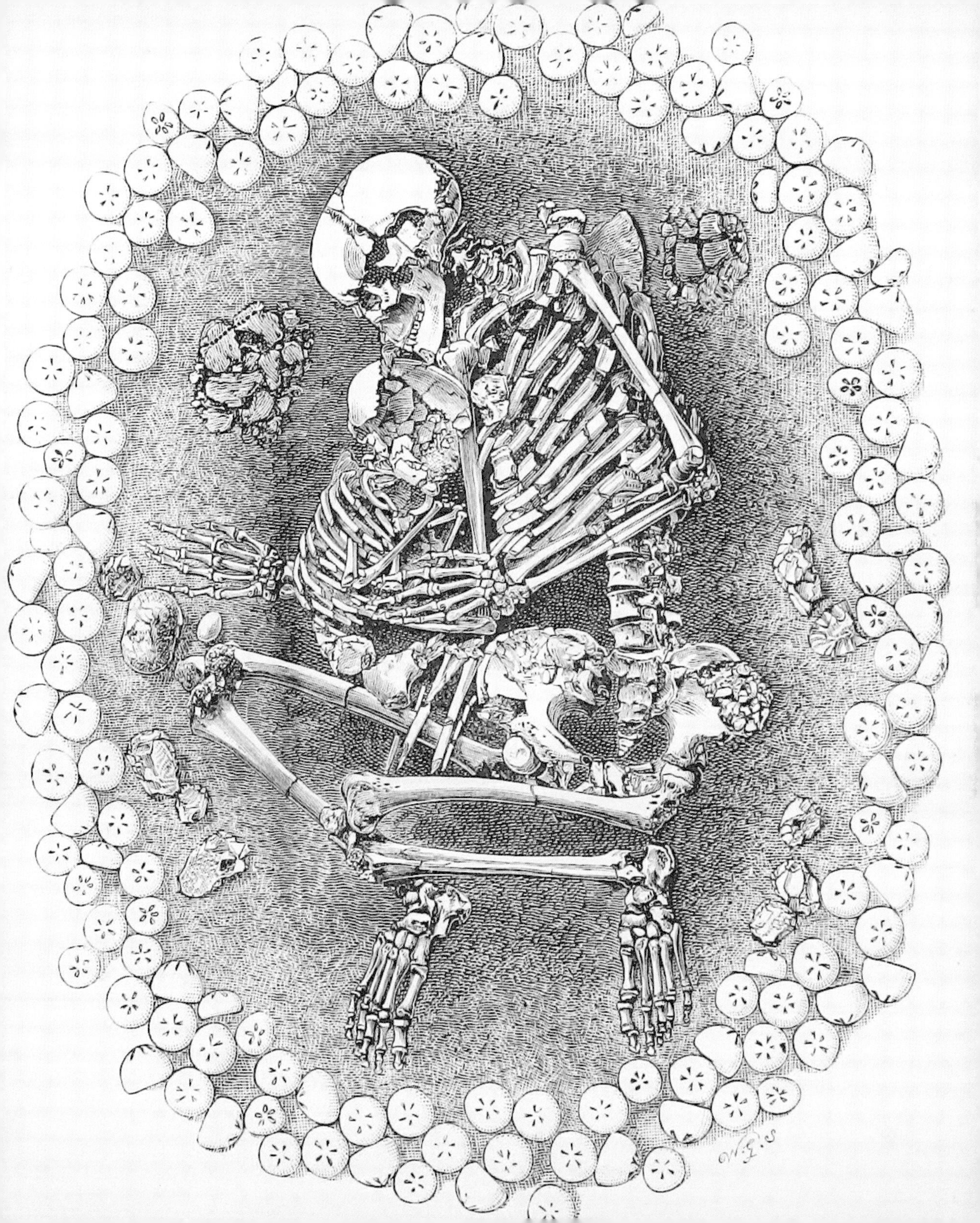

流星陨石坑（5 万年前）

美国亚利桑那洲的流星陨石坑是世界上最著名的撞击坑，从中可以观察到特色鲜明的撞击痕迹。

亚利桑那流星陨石坑应该是世界上最为著名的陨石撞击痕迹。其直径达 1000 多米，深度近 200 米。由于其位置处于荒野地带，该陨石坑保存良好且完全可视，曾一度被美国国家航天宇航局（NASA）用于训练阿波罗号的宇航员，之后，它又被用来测试探月机器人，再度增加了这个陨石坑的知名度。确实，这也是全世界被游览次数最多的一个陨石坑。

这个坑的缔造者是一个周长约 20 米的陨石，来自一颗 5 万年前炸裂的含铁陨星，它以近 14 千米 / 秒的速度冲向地球。陨星本身体积更大（两倍到五倍），但在进入大气之后碎成若干块，并在撞击时几乎完全汽化。还有一些残片在陨石坑附近落下，小到一粒灰尘，大到直径好几分米。陨星的主要成分是铁和镍，汽化后又冷凝成金属小颗粒落下。此次碰撞产生的能量，相当于 150 颗广岛的原子弹，或者说 25 亿吨 TNT 炸药。1.5 亿吨岩石随冲击波喷射出去，然后又散落在方圆 260 平方千米内。在陨石坑周围 15 至 20 千米的范围内，冲击波把一切扫平，而当时这片地区还不像今天这样荒芜，仅在一年之后生物的痕迹又在附近再次出现。

正如其他的陨石坑——距今 2 亿年的法国罗什舒阿尔、距今 6600 万年的墨西哥希克苏鲁伯、距今 1450 万年的德国诺特林根里斯，在亚利桑那流星陨石坑中，也找到了特殊的矿物：碰撞石英、柯石英和超石英，它们都是致密而稀有的二氧化硅结构，只在极高压环境下才能产生。

相关阅读：危险从天而降（2 亿年前）；陨星坠落对世界的影响（6600 万年前）；钻石坑（3570 万年前）。

美国亚利桑那州流星陨石坑照片。陨石坑边缘略高出的部分就是撞击时分离的土块重新掉落的结果。陨石坑底是一些实验室。

艺术大爆炸（3.5 万年前）

旧石器时代后期，欧洲开始大量出现这样的行为，它们的最终目的不是物质，而是真正意义上的抽象符号。

在我们眼中具有神秘或美学意义的痕迹，最早出现在了旧石器时代中期（距今 30 万－3 万年），根据某些独立的器物来看，也有可能是在旧石器时代早期（距今 250 万－30 万年）。但归根结底，到了旧石器时代晚期，也就是约距今 3.5 万年之后，我们祖先的抽象艺术行为开始真正意义上的全面出现，尤其以奥瑞纳文化留下的图像痕迹最为典型。

史前史学家和艺术史学家长期以来认为原始欧洲人的艺术经历了一个规律的演化过程，走向了越来越成熟的形象，其顶峰即为位于法国多尔多涅省拉斯科市的马格德林时期岩壁雕刻画，距今已有约 1.7 万年，被誉为“史前西斯廷教堂”。然而，1994 年，法国阿尔代什省瓦隆蓬达尔克市的肖维岩洞被发现，颠覆了这一看法。这个神奇岩洞中数以千计的雕刻画，见证了那个时代对技艺的高度掌握，并于 2014 年被列入联合国教科文组织世界遗产名录。

这些著名的岩壁画中画着许多动物，很少出现人。不同地点所画的图像多种多样，但都包含了许多植食动物：比如佩什梅尔勒岩洞的斑点马、如喀杜尔岩洞的野牛、拉斯科岩洞中的原牛。我们还发现了狮子和犀牛（比如在肖维岩洞）、雌鹿和猛犸象（在多尔多涅省的鲁菲尼亚克岩洞）。所有这些动物都存在于旧石器时代的艺术家们所生存的环境中，但它们并不是当时的人所食用的动物（尤其是驯鹿，经常成为人的猎物，却很少出现在画中），而是最具有代表性的一些符号。这些岩壁画的画法都各不相同（线条、点、箭头、阴刻或阳刻等等），因此很难对它们进行较为完整的阐释。但我们仍然可以从中窥探出一些代表雌性或雄性的符号。

相关阅读：火的使用（100 万年前）；智人（20 万年前）；埋葬死者的人（10 万年前）；农业发展（1 万年前）；书写的开始（公元前 3500 年）。

肖维岩洞。如图展示的是关于狮子岩壁画的细节。这幅壁画展现出一次捕猎场景的勃勃生机，我们可以从中观察到前足跳起的动作以及若干齐头并进的狮子。

当英吉利海峡还是条河（2.5 万年前）

在距今最近的一次大冰期，海平面还非常低，英吉利海峡不过是条大河。

2.5 万年前，地球比今天冷很多。这时候正处于冰期（维尔姆冰期），是欧洲经历的最后一次冰封。

一层冰盖覆盖着北欧，包括整个斯堪的纳维亚半岛、大不列颠岛的一大部分、爱尔兰、丹麦、德国和波兰的北部，且这层冰盖厚达 3000 米！

这层陆地上的冰盖减少了海洋中的海水存量，以至于平均海平面的高度比今天低将近 130 米。史前欧洲大陆和英国之间只横着一条河，甚至有些时候只是一个湖。此外，在欧洲南部也是同样的景象，当时的西班牙和今天的摩洛哥直接相连，而意大利与今天的西西里岛和突尼斯之间也没有海水相隔。直到大约 7000 年前，这些沿海地区的人们才被海隔开。

又冷又干的气候下形成了猛烈的大风，将当时寸草未生之地的灰尘大量吹走，灰尘落在了欧洲，尤其被吹到了中国。黄土高原的那些灰尘和泥土，就源自欧亚大陆中部。

到了冰期接近尾声的时候，也就是大约 1.7 万年前，英吉利海峡的河流开始冲刷淤积的冰块：每年约 1.3 亿吨，这一数字相当于如今加拿大马更些河的流量。这条河的水源同时来自泰晤士河、卢瓦尔河、塞纳河、莱茵河以及易北河。它汇集了斯堪的纳维亚半岛南部冰盖的冰块，至少抵达了波兰。

当冰盖融化，斯堪的纳维亚半岛终于不再受冰块的重压，开始像软木塞一样上升。1.2 万年以来，这块陆地一共上升了 200 米，即年均 1.6 厘米。

只有在人眼的观察下，地球才是不动的。

相关阅读：雪球地球（24 亿年前）；回归寒冷（7.5 亿年前）；第一次生物大灭绝（4.45 亿年前）；第四纪（260 万年前）。

从空中俯瞰加拿大马更些河三角洲。马更些河流向波弗特海，相当于曾经在英吉利海峡流淌的河流。

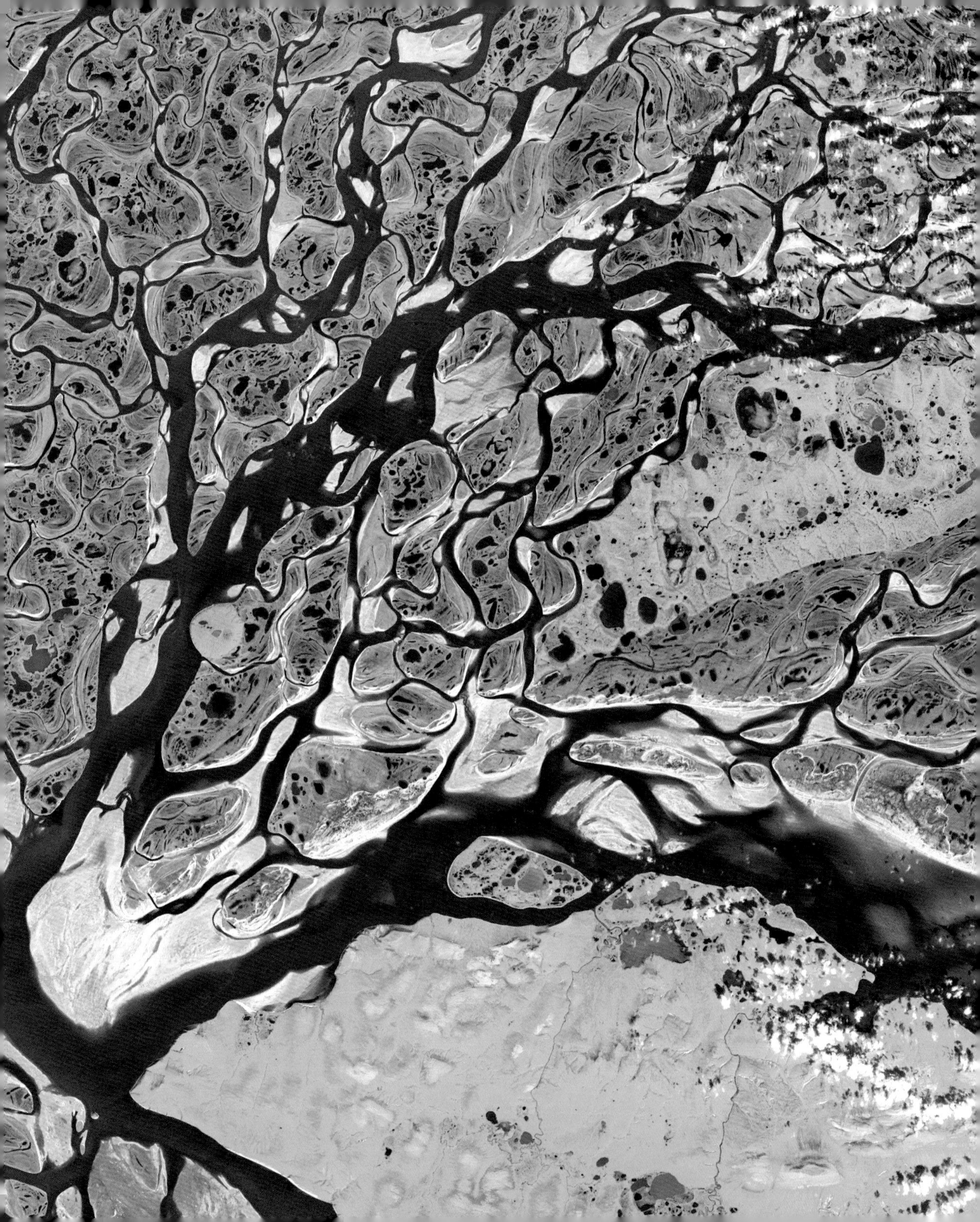

黄土，风神之子（2.5 万年前）

风在地球表面带来的效果是可见的，不论是在地表形态的突起中还是在某些沉积物的结构中。

古希腊神话中的埃俄罗斯、仄费罗斯、波瑞阿斯，凯尔特人和高卢人眼中的 Kirk 和 Uentos，印度教中的风之神瓦尤……我们的祖先都给风赋予了神的角色，因为风就像水一样，是持续影响环境的重要因素。风之神的角色如此众多，以至于还会根据风的种类、风向和风力来加以区分。

风是大气的运动。风的主要成因有两个：地球表面受热不均以及地球的转动。吸收热量更多的空气变得更轻，因此有上升的趋势，这些空气上升造成了气压降低，就需要另一些空气来填充原先的位置。比如说信风是这样有规律的风，从东吹向西，从副热带高压带吹向赤道低气压带。

另外，风是由分子组成的，即便它很轻，但仍然拥有一定的质量，因此受到地球自转运动的影响。地球自转对从高压带吹向低压带的空气有一个垂直方向的牵引力，这个牵引力使风在北半球向右偏，在南半球向左偏——这就是科里奥利力。

风是传送气体和微粒的能手。因此风可以通过移动一些物质来改变地形。沙丘就是一个明显的例子。风还给当今世界的许多国家带来了肥沃的沉积物：黄土。黄土的粉尘被第四纪大冰期时北方刮来的风携带，落在了中纬度冰缘地区：美国中西部、欧洲（从法国博斯到乌克兰）、中国，以及阿根廷和新西兰。最近一次黄土大范围、大规模的堆积发生在距今 1.3 万至 2.5 万年。黄土厚度各地不一，最厚的在中国，可达 200 米。黄土地非常利于发展农业，因为其含沙和泥土种类丰富、蓄水能力强，通常都是种植小麦的好地方。

相关阅读：雪球地球（24 亿年前）；回归寒冷（7.5 亿年前）；第一次生物大灭绝（4.45 亿年前）；墨西哥湾暖流（300 万年前）。

种植着兵豆的黄土丘，位于美国帕卢斯地区。这里曾经是大草原，内兹佩尔塞人的领土。

农业发展（1 万年前）

新石器时代，一个缓慢的变化正在发生：从集体狩猎的社会转向农耕和畜牧的社会。

第四纪的气候特点是冰期和间冰期相互更替，这自然就给地理风貌和生物带来了影响。在最后一次寒冷时期（维尔姆冰期）的尾声，也就是距今约 1 万年，动植物重新复苏。温带森林里的鹿、原牛和野猪代替了苔原上的驯鹿、长毛犀牛和野牛。

一些人群开始定居下来。他们发展了新的生产工具：磨制石器（新石器时代也由此得名）、制作陶器。特别重要的是，他们拥有并管理一些植物和动物，这创造了物质财富、社会财富，甚至具有超越物质之上的象征意义：即驯化、农业和畜牧业的诞生。

这一过程非常难以被辨别。因为有部分人仍然过着游牧的生活，并不是所有人，也不是所有地区都开始了定居生活，而是有先后地随着时间推移而慢慢安顿下来。严格意义上来说，这不是一次变革，因为人在此之前就以不同形式利用过自然界的植物或动物。最早的农业家庭在 1 万年前出现在“新月沃土”，即约旦河谷和美索不达米亚平原（受到底格里斯河和幼发拉底河的灌溉），他们种植小麦、大麦和水分少的蔬菜。但他们不是唯一的，农业也在其他地区独立出现，如中美洲、中国、撒哈拉地带[54]、南美洲……

农业发展是全球社会发展变化的复杂过程，直到现在都很难被完全理解。有了农业生产，人可以开始储存粮食。这一举动也是社会变化的必然产物，尤其是等级制度的加深和社会分工的专业化：专门行使防卫功能的战士保护着储存的粮食，生产者阶层产出粮食，而还有一些批发商需要组织买卖和进行议价。

相关阅读：火的使用（100 万年前）；智人（20 万年前）；艺术大爆炸（3.5 万年前）。

尽管地形起伏大，梯田还是很好地利用了土地。人不仅在土地上种植，也对其进行整理和规划。摄于中国云南省元阳县。

博斯普鲁斯海峡的形成（公元前 7000 年）

9 千年前，马尔马拉海里的海水涌入黑海，这次地质现象不禁令人联想到某些神话中的灾难场景。

很多古书以及很多宗教中都讲过大洪水的故事。长时间以来，人们都在寻找这些神话故事的历史事实基础，有些人认为答案就在博斯普鲁斯海峡，也就是黑海和马尔马拉海之间的这条水路。这条宽约 500 米、长 40000 多米的海峡，也正是欧洲与亚洲的分界线。

博斯普鲁斯海峡在距今 9000 年（即公元前 7000 年）时形成。当时黑海是一个生存着大量淡水贻贝的湖。其水面比今天要低，根据猜测和气候条件的影响，水深应该介于 30 至 100 米之间：根据西伯利亚冰川的融化程度，寒冷时期水浅一些，炎热时期水深一些。

该地区处于一个巨大断裂带上，土耳其和希腊南部相对黑海和中欧，向西发生了移动，也许是当时引发了一场地震，导致了 9000 年前博斯普鲁斯海峡的形成。

马尔马拉海的高盐度海水因此涌进了黑海。淡水贻贝也被咸水贻贝所取代，我们可以在罗马尼亚的沿海地带约 120 米深处找到痕迹。

目前的数据还不足以分辨这是一个急剧的事件还是一个缓慢的过程。有可能它是缓慢发生的，持续了几个世纪，那么就只有放在地质时间轴上才能相对而言是一个急剧的事件。将它看作是人类经历的一次灾难，并且迫使当时的居民大量迁移，如同吉尔伽美什的史诗中写的那样，也许只是我们固执地想要将神话故事在现实自然中对号入座的癖好。

相关阅读：地中海干涸（600 万年前）。

博斯普鲁斯海峡的卫星图，其周边就是伊斯坦布尔。

绿色撒哈拉（公元前6000年）

随着目前气候变暖，沙漠化的问题越来越严峻。可是曾经比现在还热的时候，撒哈拉沙漠却绿意盎然。

撒哈拉沙漠是世界上最大的沙漠，面积9百万平方千米，相当于16个法国那么大。由于在沙漠中找到了许多鱼化石，我们可以推断出撒哈拉在白垩纪的时候还是一片汪洋。很多年之后，撒哈拉又呈现出一片全新的面貌，完全成为了绿地，即便当时比今天还要炎热许多。

的确，在距今12万年、5万年、8000年等不同时期，撒哈拉都曾是一片广阔的热带草原，其间零星地点缀着一些湖泊，常有瞪羚和大象来湖边饮水，附近还生活着河马，长途跋涉的人也从这里经过。据古气候学家的研究，有三条大河流向地中海，它们极有可能就是智人在距今10万多年前第一次离开非洲时的行走路线。

公元前1.45万年至公元前5500年，撒哈拉地区经历了最后一段绿色时光，被称为“非洲湿润期”。这时候正是间冰期开始之初（我们现在仍然在这个间冰期中），该地区的气候因为受信风和大西洋季风的影响而多雨，雨水浇灌了阿哈加尔高原和提贝斯提高原。撒哈拉南部的气候取决于热带气流交汇区的地理位置，即靠近赤道的低压区（赤道无风带），空气湿度大，这股空气向北移动到一定距离后即很容易带来降雨。

6000年前出现了一次气候变化，于是雨水减少了，黄沙开始覆盖一切。到了4250年前，这里的热带生物都已消失。2500年前，撒哈拉变成了沙漠。

而如今，气候正在变暖，撒哈拉沙漠的一些地区似乎想要重新变回绿色：卫星图显示这片沙漠的景致中出现了一些“绿芽”，包括撒哈拉地区、乍得和苏丹。

相关阅读：生物磷酸盐（7000万年前）；沙漠中的鲸鱼（3800万年前）。

如今，只有几片绿洲还存活在撒哈拉大沙漠中，我们难以想象曾经绿色的撒哈拉是什么模样。

书写的开始（公元前 3500 年）

随着社会的发展，超越时间的记忆越来越成为迫切的需求。文字因此应运而生。

5000 多年前，文字在两个邻近的地区出现了：首先是美索不达米亚，其次是埃及。随着灌溉的发明，农业进一步得到发展，商业也开始兴起。从这时候开始，测量和计算商业交换变得十分有必要。为此，美索不达米亚人使用“calculis”——一种陶土烧制的小物件——来代表商品的价值。这些小物件大约在公元前 3500 年时被小泥板代替，上面标明了商品主人的姓名，以及所有商品的清单。

我们在伊拉克（即当时的苏美尔国）发现了最古老的泥板，上面可以辨认出削尖的芦苇秆雕刻的符号。这 1500 多个不同的符号中，最多的首先是象形文字，代表着一些具体事物；其次是一些表意文字，代表一个词语或者一个想法。之后出现了楔形文字，它是用削尖的芦苇秆写的，形状像楔子或钉子，因此这种文字也就被称为楔形文字。将近 600 个符号有相应的发音、音节，另一些则是表意文字。楔形文字的使用一直持续到了公历纪元之初。

而埃及人从公元前 3000 年左右开始使用他们的象形文字。他们的书写体系比美索不达米亚人复杂许多。

文字的发展给人与人之间的交流带来巨大的变化，这不仅是短时间内商业交换领域的变化，而且从长远来看，文字给社会规则的建立、教育和文化的传承都带来便利。对历史学家来说，书写的出现标志着史前时代的结束，人类迈向了新的历史阶段。

相关阅读：火的使用（100 万年前）；智人（20 万年前）；埋葬死者的人（10 万年前）；农业发展（1 万年前）；艺术大爆炸（3.5 万年前）。

写有楔形文字的一块苏美尔石板。这些石板的意义是捐赠的契约，所有者身份的副本。文字内容以严酷的诅咒结束：众神应该在各种罪恶之人中首先制服违背该契约条款的人。大英博物馆，伦敦。

圣托里尼的火山喷发（公元前 1600 年）

由于板块构造运动，非洲版块俯冲到希腊诸群岛下方，地中海于是上演了一幕幕灾难，有的真实，有的传奇……

只有五个岛屿从古圣托里尼火山喷发中幸存了下来，它们形成了今天的圣托里尼岛，位于爱琴海上的基克拉泽斯群岛。圣托里尼岛也被称为锡拉岛，形成环形的天然海港，露出中间的火山凹陷，即破火山口[55]。约 3600 年前，这座火山开始喷发，岛屿因此被摧毁，留下的只有今天的这些小岛，并且整个地中海中部沿海都受其影响。浮石和火山灰被喷到了方圆 900 千米的范围。飞扬起来的火山灰升到了将近 3 万米的高空。随后，火山自身崩塌了，形成了直径 8 千米的破火山口，一场巨大的海啸席卷了整个地中海沿岸。

古希腊神话中有一则关于亚特兰蒂斯王国的消失。这片土地本保留着米诺斯文化，其艺术水平等同于埃及。柏拉图在两篇对话中都提及过这次灾难，先是《蒂迈欧篇》，然后是《克里底亚篇》，并且认为亚特兰蒂斯的消失正是由圣托里尼火山喷发这一灾难带来的后果。

犹太基督教义中有许多对火山喷发的隐喻，尤其是《圣经》。比如《出埃及记》中写道："日间，耶和华在云柱中领他们的路；夜间，在火柱中光照他们"（《出埃及记》13，21）。这段描述中所说的云柱遮挡了白天的光亮，而火柱又照亮了夜晚。在《圣经》中，描写火山的文字是与上帝有关的，甚至有时就代表着上帝（《出埃及记》，19，16 – 18），但却从来都与恶魔无关。直到公元二世纪，地狱才被神学家"创造"出来，而火山这才成为了"地狱之门"。

相关阅读：博斯普鲁斯海峡的形成（公元前 7000 年）；维苏威火山的喷发（79 年）；尤利亚，一个变幻莫测的岛屿（1831 年）；培雷火山的喷发（1902 年）。

卡美尼岛火山的航拍图，其坐落在圣托里尼的破火山口中心。

地球是圆的（公元前500年）

自古希腊时起，博学的人就知道地球是圆的，即便最初提出这个观点的人并不为人所知。亚里士多德是第一个估算出赤道周长的人。

希腊人最早提出了地球是圆的，并且也最先计算出地球的大小。也有一些历史学家认为，是埃及的神父最早发现地球是圆的。

根据某些资料来源，泰勒斯和阿那克西曼德可能最早猜想到地球不是浮在海洋上的一块圆盘，而是一颗球状的星球。同时，毕达哥拉斯也被认为是第一个提出地球是圆形的学者。然而其真实性未必准确，因为他并没有留下任何书面的言论，并且与之相关的很多联系都是后人错误地加上的（比如著名的毕达哥拉斯定理[56]，其实在远早于毕达哥拉斯的其他文明中就已经被记载和证明）。可以确认的是，巴门尼德于公元前约470年时向人教授过地球是圆形的理念：地球位于宇宙的中心，在宇宙空间内处于孤立的状态，它可以自我保持平衡，“因为没有任何因素导致地球从某一侧掉落而不从另一侧掉落。”他还将地球分为五个气候带：两极的寒带、两个温带和一个热带。

亚里士多德为这个观点提供了具体的论据支撑。他首先注意到，月食发生时，地球在月球上的影子是圆形的。之后他又观察到，当人从北向南移动，星空的面貌会发生改变：某些星星出现在了地平线以上，而某些星星从相反的方向从地平线落下而消失。最终他给地圆说提出了物理学解释：物体在自然状态下趋向一个中心点并聚拢，而出于对称和平衡的需求，因此形成了地球这样的球体。但亚里士多德并不止步于这些想法。在他的《论天》中，亚里士多德进行了赤道周长的首次测算，并得出超过6万千米的一个数字，与实际数值相差很远，但数量级是正确的。

与我们所想的不一样的是，地圆说在蒙昧的中世纪时期并没有消失，之后在文艺复兴时被重新发现并得到重视。甚至可以说，哥伦布正是由于完全了解地球是圆的，才决定开始他的航海之旅的……

相关阅读：埃拉托色尼测量地球周长（公元前240年）；克里斯托弗·哥伦布在美洲（1492年）。

亚里士多德，古希腊哲学家，他的《论天》首次提出了对地球的测算。

埃拉托色尼测量地球周长（公元前 240 年）

埃拉托色尼是第一个测量地球周长的人，他测得的结果与实际周长相差无几。

在公元前 2 世纪末的埃及，法老托勒密二世统治时期，希腊人埃拉托色尼管理着亚历山大图书馆，他也是后来的法老托勒密四世的家庭教师。

他发现“在夏至这一天的中午，太阳能照到赛依尼的井底”，据此，他结合几何学估算出地球的周长。在他看来，6 月 21 日正午，在赛依尼（位于埃及南，今阿斯旺，位于北回归线附近），太阳光能照到井底，说明太阳正位于天顶。太阳的光线的轨迹必定穿过地心。就在同一天，在亚历山大（位于埃及北），他观察到灯塔（或是方尖碑或是一根普通的棍子）投下了影子。因此那里的太阳并没有位于天顶。埃拉托色尼测出夹角为圆周的 1/50，即 360°/50 = 7.2°。他也因此得出结论：赛依尼与亚历山大两地的距离等于地球周长的 1/50。

要计算出地球的周长，还要知道赛依尼与亚历山大之间的距离……在这里就要用到单峰驼了。骆驼从亚历山大到赛依尼要走上近 50 天时间，每天的路程为 100 希腊里（古希腊的距离计量单位）。因此两个城市之间的距离约为 5000 希腊里。因为这段距离等于地球周长的 1/50，那么地球周长约为 25 万希腊里。埃及的 1 希腊里约等同于现在的 157.5 米，因此估算出地球周长为 39375 千米，当我们知道赤道上的地球实际周长为 40070 千米时，会发现这真是不简单！

相关阅读：地球是圆的（公元前 500 年）；丈量地球（1740 年）。

在托马斯·米尔顿于 1802 年的画作中的“克丽奥佩特拉方尖碑”，这是亚历山大的两座方尖碑之一。

棉花堡的天然水池（公元前 100 年）

富含碳酸盐的温泉成就了棉花堡的梦幻美景，它位于土耳其东南部，吸引着希腊人来此进行水疗。

公元前 2 世纪，帕加马国王欧迈尼斯二世在山上修建了希拉波利斯城，古城位于今土耳其西南部，俯瞰库鲁克苏平原。在建成后的几个世纪里，古城迅速发展。最后于 14 世纪末被废弃，并最终在 16 世纪的一场地震中被夷为平地。这里的温泉促进了古城的繁荣，今天的人们出于地质方面的好奇心，纷纷前来观光。

这个景点叫帕姆卡莱：在土耳其语中意为“棉花堡”。这是一座凝灰岩矿，由钙质凝灰岩组成。17 眼泉水发源于 200 米高的山顶，泉水中富含钙质，形成了凝灰岩。经年累月，钙质不断沉积，形成了幻境般层层叠叠的瀑布，一个个自上而下的水塘，矿物质不断积聚，远望去就是一座名副其实的“棉花堡”。

温泉来自一个断层，断层为中生代古老的结晶岩和第三纪的泥灰岩之间的过渡地带。山上流出的泉水水温为 35 – 80°C。断层中冒出的热气或许有着不同一般的功效。同德尔斐一样，这里也修建了一座供奉着阿波罗的神庙。水中饱含矿物质与二氧化碳，不停地冒着泡泡。普遍认为，气体的释放降低了水质的酸性，促进了钙质的沉淀，因为通常热水中含的溶解气体多于冷水，所以这一点让人有些诧异；也可以认为这里的沉淀可能是细菌活动的结果。无论真正的原因是什么，石灰岩最初以啫喱的形式沉积下来，后又随着水的蒸发而变硬，于是才有了这果冻状的瀑布。每升水中含有 0.5 克碳酸钙。

在棉花堡，除了壮观的景色，还有浴场的遗迹，希拉波利斯古城的神庙与建筑。它于 1988 年被联合国教科文组织列入世界遗产名录。

相关阅读：来自地球深处的热水（1.65 亿年前）。

棉花堡（土耳其）水池中的泉水如绿松石一般美丽，一直令人心驰神往：这里的温泉不仅赏心悦目，也因其疗效闻名遐迩。

时间起源的难题（0=1）

科学按时间顺序排列事件，这当中的时间单位（日、月、年）并不重要。而这个比例的基础则有所不同……

在与历史相关的研究方式中（地质学、考古学等），时间的计量在西方被视为一种明确的且普遍认可的参考。然而，实际上一切都不简单。

自 6 世纪一名斯基泰僧人提议之后，日历便和耶稣基督的一生联系在了一起，和基督的诞辰也就有了关联（虽然基督诞生的具体日期和真实性一直备受争议）。但所有的学科都不用“0”年这个说法。对于历史学家而言，公元前 1 年之后紧接着就是公元 1 年，没有公元“0”年。与之相反，天文学家自 1740 年起就采用一种代数记谱法。他们称公元 0 年为公元前 1 年，用负号标记过去的年份，便于找出闰年，以及计算出两个年份之间的时间间隔。

放射性年代学的地质专家引入了更复杂的内容：以 1950 年为基准来确定现在。这就是“BP”标记法，意指 Before Present（距今），不同于公元前这种标记法。1950 年之所以被规定为基准年，那是因为在这一年进行了碳 14 定年法的初步试验。通过放射性年代学方法推算出的年份用 BP 来表示。

如果想要给出具体到哪个月哪一天的日期，问题就更加复杂了，因为今天几乎全球都在使用教皇格列高利推行的“格列高利历”。然而全球并没有同步采用这部历法，以至于人们认为莎士比亚和塞万提斯死于同一天（1616 年 4 月 23 日），但实际上塞万提斯比莎士比亚早 10 天离世，只因十分推崇天主教的西班牙自 1582 年开始采用格列高利历，信仰英国国教的英国到 1752 年才开始使用格列高利历。

今天，人们可以借助专门的软件在这些历法间进行转换。

相关阅读：岩石年龄的推断（1905 年）。

教皇格列高利十三世成立的改革儒略历的委员会与教会的医生和学者一同指出了星座的参照物（1582 年 – 1583 年），细节图。从此该日历被称为格列高利历（我们今天采用的日历）。

SCIPIO TVRAMINVS CRESCENTII FILIVS CV FVERIT MAGISTRA
CAMERARIVS TEMPORE QVO GREGORIVS XIII PONTIFEX MAXIMVS
IN PERPETVAM HVIVS REI MEMORIAM HANC TABOLA PINC

维苏威火山喷发（79 年）

维苏威火山的喷发将古罗马城市庞贝及周边的居民定格在死亡的瞬间。这对考古学家而言是独一无二的见证。

人类日常生活在考古地层中留下遗迹，而在地质记录中，自然力量的持续作用却不会留下同样的遗迹。大量的骨骼随着突如其来的大事件而化成化石，如果突然发生的是整体掩埋，那么这当中的意义就更加丰富，因为这样的事件展现的是那个时期的实时生活场景。公元 79 年发生的维苏威火山喷发就是如此。

那天早上，水与岩浆互相作用，山中形成了大爆炸：山忽然开始冒热气。几个小时过去了，熔岩的顶部粉碎成屑。碎屑后来被喷到 30 千米的高空。碎屑物在风力的作用下铺展开，小普尼林把它形容为“意大利石松”般的形状（这样的云被称为“普尼林式喷发柱”）。细细的火山灰和浮石落在爆炸点周围，以每小时 15 厘米的速度迅速堆积。第二天，发生了更致命的火山活动。火山喷发柱在自重的影响下塌落，形成炽热的碎屑流。在之后介绍培雷火山时我会对这一现象进行介绍。接二连三的爆炸相继毁灭了赫克雷尼亚城与庞贝城，埋葬了那里所有的建筑与生命。

古罗马的执政官与诗人小普林尼亲历了这场灾难，他在给塔西特的信中描述了这一现象。这个被灰烬掩埋的古罗马城市于 17 世纪重见天日，人们在那里开展了大量的考古发掘。它是千古奇观，也是 1 世纪古罗马文明与城市规划的珍贵见证。古城被联合国教科文组织列入了世界遗产名录，但古城的保护着实存在不少的问题。

相关阅读：伯吉斯，致命的泥流（5.05 亿年前）；圣托里尼的火山喷发（公元前 1600 年）；培雷火山的喷发（1902 年）。

卡尔·布留洛夫于 1830 年－1832 年间创作的画作《庞贝的末日》中的细节。这幅画中展现的宏大场面在 19 世纪是非常珍贵的（现收藏于圣彼得堡博物馆）。

克里斯托弗·哥伦布在美洲（1492 年）

热那亚人哥伦布因发现了美洲而举世闻名。和这个重大发现的重要意义相比，其实情究竟如何显然需要我们重新认识。

1492 年克里斯托弗·哥伦布率领三艘船扬帆起航，这三艘船分别是圣玛利亚号，平塔号和尼雅号，打算从塞维利亚向西抵达印度群岛。他到达了加勒比海，也就是今天的圣萨尔瓦多，到达了巴哈马群岛，随后又到了伊斯帕尼奥拉岛（今圣多明戈），在那里他找到了黄金。回到西班牙以后，他又开始了第二次远航，将伊斯帕尼奥拉岛占为殖民地，发现了小安德烈斯群岛和牙买加。西班牙人的目标是变得富裕。且不论与当地人民的早期接触是否友善，土著居民必须服务于西班牙的利益，否则就要被奴役。

哥伦布称当地人为印度人，他到临终前都还自以为到了西印度地区，然而当地人早已来到这里，远在西班牙人之前。几千年前，他们的祖先从亚洲渡过白令海峡到达美洲，并定居于此。根据对最古老轨迹的考古研究，他们至少在公元前 5000 至公元前 4000 年就已居住在大安德烈斯群岛（古巴和伊斯帕尼奥拉岛）。

此外，欧洲已有人在哥伦布之前发现美洲。在 20 世纪 60 年代，兰塞奥兹牧草地（纽芬兰岛）的考古发掘证明，维京人曾经从格陵兰岛航行到这里，并曾在这片叫做文兰的土地上居住。

哥伦布“发现”美洲在某些时候被视为中世纪与现代的分水岭。这个说法可能稍显武断了一点。直到 1507 年，第一幅提及美洲的平面地图（向佛罗伦萨的航海家亚美利哥·韦斯普奇致敬）才在法国的孚日圣迪耶出版。这就是地图学家马丁·瓦尔德泽米勒绘制的《世界地理概论》。在他后来的地图中瓦尔德泽米勒不再用亚美利加这个词来表示新世界，这说明人们对新世界的发现仍然持谨慎态度，这并不一定是怀疑，只是因为新世界的发现需要人们再度审视从前传承下来的知识。

相关阅读：麦哲伦的环球大航行（1519 年）；布干维尔的环球之行（1766 年）。

克里斯托弗·哥伦布于 1492 年 8 月 3 日从塞维利亚出发（版画出自 19 世纪末瑞典发行的一本书）。

列奥纳多·达·芬奇与化石的本质（1508 年）

长期以来，哲学、宗教与科学都围绕化石展开过深刻的论战，只有寥寥几个先驱者对化石进行了正确的诠释，这其中就包括列奥纳多·达·芬奇。

列奥纳多·达·芬奇醉心于地质学。他曾经说过：“对过去和地球位置的认识装点并滋养人的思想。”（《大西洋古抄本》373）。他对地球的认识收集在《莱斯特手稿》中。还有另一位艺术家也曾对地质学如此着迷，那就是歌德。

列奥纳多对高山上的海洋生物化石产生疑问：“为什么会在大山之巅发现大鱼、牡蛎、珊瑚，还有其他贝类与海螺的骨骼。”（《莱斯特手稿》，第 20 行）。他摒弃了某种矿物自然发生说的观点，因为这与当时发现了不同年代的贝类这一事实并不吻合，而在两个半世纪以后的伏尔泰依然接受自然发生说这一观点。列奥纳多还通过数贝壳的生长纹确定它们的年龄。他还指出，人们只发现了螃蟹的钳子，却没发现螃蟹的身子，这也是与自然发生说相悖的，他还提及，人们只能在咸水存在过的地方找到海洋生物的残骸，相反，“在海水从未覆盖过的山谷里，连个贝壳的影子都没有”（《莱斯特手稿》，第 9 行）。

说到《圣经》中的洪水，他指出：“如果水势比最高的山都还要高出十几肘（古计量单位），那么水后来又怎么能流到别处去？”还让他感到惊讶的是：“如果洪水淹没了一切，那为什么又只能在某些‘中间’高度发现化石？”这样的说法在我们今天看来是合情合理的。

他还明确了化石到底是什么：“化石是曾经活着的生物，它不是岩石的产物。”他不仅知道怎样估算贝壳的年龄，怎样计算时间，他还能预测大致范围内的时间长度，而不是具体时间。他明白，沉积物逐渐变成岩石，曾经鲜活的生命就这样保存了下来。

相关阅读：居维叶重构过去的动物世界（1812 年）。

列奥纳多·达·芬奇的自画像，1516 年左右。

麦哲伦的环球大航行（1519 年）

一位葡萄牙航海家向南航行，开辟一条通往亚洲的航线，完成了第一次环球航行。

葡萄牙航海家斐迪南·麦哲伦的名字和大航海时代紧密相连。长久以来，他的经历一直很隐秘，甚至不为人所知。直到近 19 世纪时，这些经历才得到关注，继而举世闻名。

在麦哲伦生活的时代，地球是圆的这一事实早已在许久以前就为人所知，包括地图学家也是这么认为的：1492 年，就在哥伦布发现新世界的几个星期前，地图学家马丁·倍海姆在纽伦堡制作了第一个地球仪。最早的大航海家们也会利用这一点认识，麦哲伦坚信向西航行可到达亚洲，特别是马鲁古群岛……

他之所以关注这个群岛，是因为欧洲在 15 世纪末对香料表现出特别的青睐，其中就包括马鲁古群岛的丁香或是班达岛的肉豆蔻，也正是这个原因驱使着商人与探险者前往。麦哲伦向葡萄牙国王介绍了向西到达香料群岛的计划，但计划没有被接受。气恼的他转而效力于后来的查理五世，并将自己的国籍也改为西班牙籍。这个计划不仅得到了西班牙的支持，西班牙还承诺，成功之后将会给发起人予以丰厚的经济回报。

1519 年 9 月，麦哲伦船队的五艘船从西班牙起航，中途停靠巴西（里约热内卢），在巴塔哥尼亚度过冬天，由于 5 名船长中有 3 人不相信有一条通往亚洲的通道，内部起了哗变，平息了这场风波后，船队才得以在来年的春天继续前行。在南半球的夏天，麦哲伦派出五艘船中的一艘前去寻找通往太平洋的通道，但没有成功。三个月之后，麦哲伦自己进入了一个危机四伏的峡湾，那里的土地似乎还喷发着烟气：火地岛。他最终在智利的南端找到了今天以他的名字命名的海峡——麦哲伦海峡。

从火地岛到马里亚纳群岛之间的这片海风平浪静，麦哲伦将它命名为“太平洋”。抵达菲律宾之后，麦哲伦因身中毒箭而于 1521 年 4 月 27 日离世。最后，只有“维多利亚号”这唯一一艘船完成了首次环球航行，回到了西班牙。但一条环球航行的路就此开启……

相关阅读：地球是圆的（公元前 500 年）；克里斯托弗·哥伦布在美洲（1492 年）。

靠近乌斯怀亚的麦哲伦海峡。

小冰期（1565 年）

人类的历史伴随着冷热交替，无论是在地球的档案中，还是在艺术家的作品中，都能读到这样的记载。

我们近期的历史经历着冷热变换，这一点从地质沉积物中也能得到证明。例如，罗马的兴起就得益于其炎热又潮湿的夏季，这有利于农业的发展；在欧洲的中世纪，从 950 年到 1350 年间，欧洲的气候异常温暖，人们把这一时期称作“中世纪温暖期”。与之相反，从 14 世纪到 19 世纪初，欧洲经历了一个寒冷的时期，这就是“小冰期”。

然而这中间也包括一些短期的、突然的气候动荡。1258 年就是一个很好的例子。根据中世纪编年史，这一年正值“中世纪温暖期”，却是一个无夏之年。在这不幸的一年里，有三分之一的伦敦人死于饥寒交迫。2013 年，一个火山学家组成的科考队找出了这次骤冷事件的原因。这应该归咎于印度尼西亚龙目岛上的巨型火山萨马拉斯火山。这座火山在 1257 年发生了剧烈的喷发。大量的火山屑被抛至空中，随后又在几小时后塌落，形成了一个破火山口。在过去的 7000 年中，这是地球上最猛烈的火山喷发之一。79 年的维苏威火山毁灭了庞贝古城，而萨马拉斯火山的喷发则吞噬了龙目王国的首都帕马坦。

更长的寒冷时期也对人类的生命造成了持久的影响。14 世纪，曾经居住在格陵兰岛的维京人因“小冰期”而销声匿迹。在欧洲，几次严冬都伴随着伤亡惨重的饥荒：1693 年－1694 年的冬天，200 万法国人失去了生命，这可是法国总人口的十分之一啊！

相关阅读：第一次生物大灭绝（4.45 亿年前）；最热的时候（5600 万年前）。

老勃鲁盖尔的雪中猎人（1565），现藏于维也纳博物馆。画家老勃鲁盖尔和小勃鲁盖尔专注于表现白雪与寒冷，自成一派，在画中展现冬日的景象，这种类型在荷兰画派的黄金时代（17 世纪）达到巅峰。

碧玉（1588 年）

有些岩石因其用途而显得尊贵。在佛罗伦萨，美第奇家族的硬石工厂在其作品中为玉石赋予荣耀。

碧玉是一种沉积岩，它外表美观，质地坚硬，不易雕琢。此外，碧玉通常只存在于较薄的矿床中，厚约几十厘米。一般作为烘托装饰性要素用于突出主体，但很少大面积使用。嫩红的碧玉叫鸡血石，又叫血石，还称殉教石，因为有的故事中认为这种石头的颜色就像耶稣基督的血。因此人们经常用这种石头呈现耶稣受难像。

碧玉也用于最稀有的作品中，尤其是佛罗伦萨的镶嵌工艺，即硬石镶嵌。“硬石”工艺于 16 世纪末出现于佛罗伦萨的美第奇宫廷。最优秀的宝石琢磨工（宝石工人）接受雇佣，美第奇宫廷为他们提供工作坊，硬石的雕琢成了佛罗伦萨最卓著的工艺之一。1588 年，大公斐迪南一世·德·美第奇创立了“硬石工厂”。

宝石工人们研究出各种各样的工艺。为了达到特别的效果，他们精心挑选宝石的色彩与纹理。再加上这些颜色投下的阴影，一个立体的作品就这样产生了。宝石与装饰性石材结合切割、挫削与拼接等工艺。意大利的工匠加工过亚诺河的卵石，这条河流经佛罗伦萨；后来又引进了多种宝石，例如青金石、孔雀石，各类型的碧玉或玛瑙。他们还使用到彩色大理石和包括珊瑚、珍珠母在内的有机物质。

美第奇家族硬石工厂的工作坊里出产了半宝石加工而成的镶嵌作品（其中就包括销往法国的镶嵌桌子），大理石镶嵌作品，譬如佛罗伦萨圣洛伦佐大教堂中君主礼拜堂的镶嵌壁画。

相关阅读：玉（1.58 亿年前）；琥珀（5600 万年前）。

在法国国家自然历史博物馆珍宝厅中，那里收藏了两张镶嵌宝石的大理石桌面，这都属于利戈齐[57]风格的作品。红衣主教马萨林、柯尔贝尔和路易十四先后拥有过这两张镶嵌桌。17 世纪的意大利镶嵌（硬石）桌子。

开普勒时代（1609 年）

约翰内斯·开普勒是天文学的创始人之一，他是一个执着的天才学者。他提出的行星运动的定律颠覆了他所在时代的思想，也为艾萨克·牛顿开辟了道路。

约翰内斯·开普勒是奥地利人，童年四处漂泊，如果不是从教会获得机会修读神学，他可能还只是一名农场工人。由于教师短缺，他在 23 岁开始教授数学。

尼古拉·哥白尼认为地球围绕太阳运转，开普勒也对此表示认同，自 1596 年起他就开始发表支持日心说的观点。1600 年，由于宗教迫害的缘故，他离开信奉天主教的格拉茨，去了信仰新教的布拉格。在那里，开普勒成为著名的丹麦天文学家第谷·布拉赫的弟子兼助手，一年以后，开普勒接替了第谷的职位，担任鲁道夫二世的御前天文学家。

开普勒所接受的宗教教育使他相信世界遵循几何法则，一切都完美有序。他继承了第谷·布拉赫高度精确的观测结果（开普勒本人并不进行观测），这些观测结果使他放弃了原来的假设，即行星沿椭圆轨道做圆周运动。他在 1609 年出版的《新天文学》中提出了两条定律，他也因此而名垂青史。第一条定律认为行星以椭圆形的轨道环绕太阳而运行。第二定律描述了行星沿轨道运行的速度（在相等时间内,太阳和运动着的行星的连线所扫过的面积都是相等的）。1619 年，开普勒在《宇宙的和谐》中提出行星运动的第三条基本定律，他认为行星旋转的周期与椭圆的大小相关（行星旋转周期的平方和椭圆轨道的半长轴的立方成正比），这样便可以通过测量旋转周期得出轨道的大小，人们也从此开始绘制太阳系地图！

新发表的定律并没有激起人们多大的热情，而牛顿则为这三条定律赋予了更大的影响力，他根据这三条定律提出了万有引力定律，他还指出这些定律适用于所有沿轨道围绕另一物体运行的物体，尤其是行星的卫星。

包括地球在内的行星的运行轨道是椭圆形而不是圆形，这部分解释了季节的由来，但更重要的是解释了为什么会有冬至和夏至。

相关阅读：地球，太阳系的一颗行星（45.7 亿年前）；伽利略的天文望远镜（1610 年）；牛顿与万有引力（1687 年）。

约翰内斯·开普勒展示的星系结构（选自 1621 年出版的《宇宙的神秘》）。

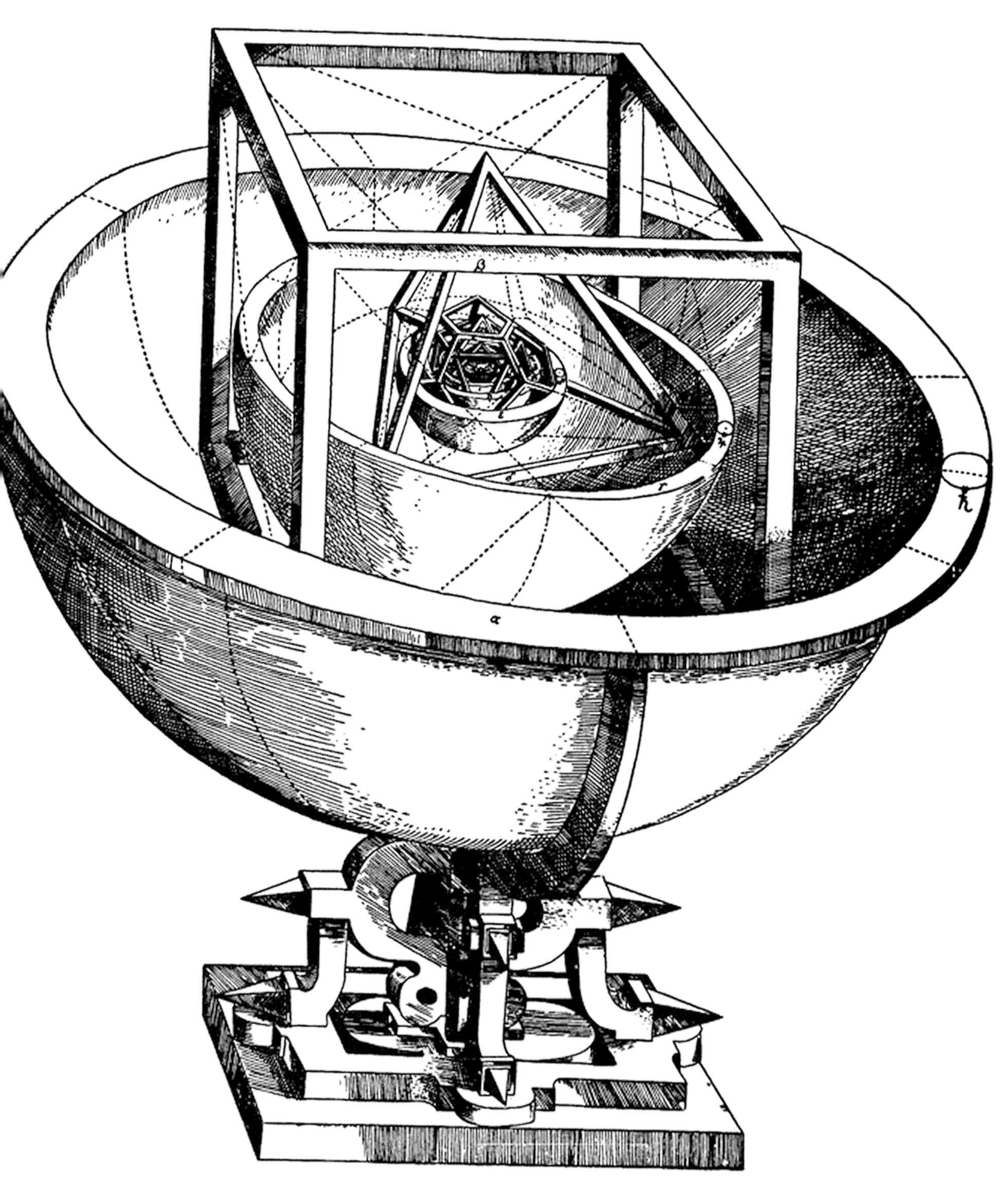

伽利略的天文望远镜（1610 年）

伽利略通过自己发明的望远镜观察到有的天体围绕其他天体转动，地球并不是世界的中心。

伽利略·伽利雷出生于比萨，在那里接受了医学、数学、物理学及天文学方面的教育。不到 20 岁的时候，他在比萨教堂里通过观察吊灯的摆动发现了单摆的振动规律，在这个过程中，他居然是……通过自己脉搏跳动次数来计时。

通过改进荷兰人发明的望远镜，他设计并制造出天文望远镜。该望远镜的构造非常简单，可对月亮、太阳黑子和其他星球进行观测。1610 年 1 月对于伽利略来说具有决定性意义，在观测过程中，他发现有三颗星球跟随木星转动。在接下来的观测中，尽管这些星球的位置发生了改变，但仍是围绕木星转动，同样的情况还发生在第四颗星球上。这些星球在围绕木星转动，那么它们就是木星的卫星！这说明，地球并不是宇宙的中心。这是多么重大的发现啊！

作为日心说的拥护者，他四处宣传和传授学说，甚至还去了罗马。自 1610 年起，伽利略开始受到教会的攻击。为了进行辩护，他指出宇宙是一部用“数学语言”写成的书，得出的结论以观测为根据，而不是通过臆断形成。尤其是在 1613 年，他指出物理学可以与基督教教义相协调。在一封信中，他写道：“圣经是教人如何进天国，而不是教人知道天体是如何运转的。”

1616 年，伽利略解释了潮汐与月球之间的关系，但仅限于每天发生的两次潮汐。教会对哥白尼的日心说下达了禁令，勒令伽利略只能将他的学说描述为一个假设，他必须对地球的运动守口如瓶。

至此，伽利略总是能在与教会的冲突中安然无恙。1632 年，他认为已经可以在他撰写的《关于托勒密和哥白尼两大世界体系的对话》一书中展现他认同的日心说，因为这是教皇乌尔班八世要求他写的，他不再保持缄默了。这一次，宗教裁判所却无法坐视不理了。一开始伽利略坚持己见，然而在 1633 年的审判过程中，为了免除火刑，他只得公开放弃对日心说的信仰。

相关阅读：开普勒时代（1609 年）；牛顿与万有引力（1687 年）。

亨利·朱利安·德托齐 1862 年的画作：伽利略在威尼斯的圣马可钟楼向当局介绍望远镜。

乌瑟与年轻的地球（1654 年）

在初步的科学估算出现之前，地球的年龄早已被假设过，其依据为圣经中记载的资料。

西方首先对地球的年龄进行了探索。东方世界认可周而复始、万古千秋之说，因为世界的生生不息，甚至认为世界并无年龄一说。西方世界则沉浸在对犹太教、基督教和伊斯兰教典籍的信仰当中。圣经中说道：“上帝创造了天地……于是有了夜晚，有了早晨……这是第一天。”也就是说，世界有一个开端，时间是有方向性的。那么，问题是要知道地球产生于什么时候。

在西欧，关于地球的年龄这一问题已争论了数个世纪。如果古希腊人认可那个伟大时代，那么在中世纪时地球就已经存在了数千年。虽然旧约中没有提到任何日期，但仍以旧约来确定创世之日。

爱尔兰大主教詹姆斯·乌瑟将《创世纪》中族长的年龄相加，推算出世界创始于公元前 4004 年 10 月 26 日上午九时（多么精确）。该推算具有说服力，这个时间被视作真理，如果对此提出异议就是质疑教会真理（用金属球做实验来推算地球年龄的布丰就为此付出了代价）。

乌瑟并不是唯一一个提出这些推算的人，自该撒利亚主教优西比乌起，人们就进行过多次推算。这些复杂的推算结果从 3760 年至 6310 年不等。例如，在希伯来圣经的希腊语版本《七十士译本》中，里面提到的日期比基督教公认的日期更早，每一位族长都比其他版本圣经中的族长年长 100 岁，依此得出的创世之日为公元前 6000 年。天文学家赫维留则认为世界始于公元前 3963 年 10 月 24 日 18 时。

相关阅读：时间起源之难题（0=1）；布丰与古老的地球（1749 年）；岩石年龄的推定（1905 年）。

（爱尔兰）阿马大主教詹姆斯·乌瑟的肖像画。

解读陆相地层（1669 年）

尼古拉斯·斯坦诺通过观察佛罗伦萨地区的地貌，推断出地质学的层序律与连续律。

丹麦人尼尔斯·斯坦森出生于 1638 年，于 1666 年初回到佛罗伦萨定居，费尔南多二世·德·美第奇是他的保护人。佛罗伦萨市和比萨市自然陈列馆中的藏品把他带上了地质研究的道路。

1669 年，其著作《绪论》出版，书中定义了地层学的三定律，并提出了晶体学与矿物学的基础理论。第一条定律为地层层序律："岩层形成有先后，年代较老的地层在下，年代较新的地层叠覆在上，除非后来的演变过程发生变化。"化石在形成时也同样是逐层覆盖。此概念在如今看来很简单，但是它颠覆了当时的科学研究，尼古拉斯·斯坦诺也因此而闻名于世。另外两条定律分别为原始水平律（在岩石层形成时，岩石沿水平方向沉积），原始连续律（沉积层）。这两条定律解释了为什么可在（受侵蚀的）山谷两侧和（未受侵蚀的）山丘上发现同样的地层。

斯坦诺采用了公认的年代学，该年代学认为世界创造于耶稣诞生的 4000 多年前。他逐渐放弃了科学研究，转而投身于宗教信仰当中。他于 1667 年皈依天主教，并于 1672 年返回丹麦，在哥本哈根大学教授解剖学，在任教期间因为宗教原因受到同胞排斥。于是他又回到了佛罗伦萨，于 1675 年在当地担任神甫。教皇于 1677 年任命斯坦诺为汉诺威副本堂神甫，随后又相继成为明斯特、汉堡和什未林主教。他过着清苦的生活，最后皈依路德教。他逝世于 1686 年 12 月 5 日，教皇让·保罗二世于 1988 年 10 月 23 日为其举行宣福礼。

相关阅读：地层划分（1842 年）。

科罗拉多大峡谷（美国）所呈现的地层勾勒出二十亿年的历史。

牛顿与万有引力（1687年）

艾萨克·牛顿提出了地面物体与天体的运动都遵循着相同的定律，可通过计算太阳系星球运动对其进行阐述。

艾萨克·牛顿是一位哲学家、数学家、物理学家、炼金术士、天文学家和神学家，与多数同时期的学者一样，他涉足了多个学科领域。他是一个虔诚的教徒，著有神学著作，所著的神学著作无一被视为异教学说。他痴迷于炼金术，使用化名花费了30年的时间秘密地试图将铅变成金。历史上将其誉为近代科学之父，他和莱布尼茨分享了发明微积分学的荣誉，他还提出了关于颜色的理论，以及物体的运动定律和万有引力理论，尤其是后两者，为经典力学奠定了基础。

在剑桥大学完成学业之后，26岁的牛顿接替他的老师担任了卢卡斯教座的数学教授。3年后，他加入英国皇家学会，人生中最后的24年里，他一直担任学会会长。在光学方面，他使用三棱镜发散可见光取得的研究成果使其闻名于世。

1687年，44岁的牛顿出版了《自然哲学的数学原理》。该著作中，他阐述了以开普勒定律（惯性原理、作用力与反作用力定律、加速度的大小跟作用力的正比例关系）为基础的三大运动定律和由此发展出的万有引力定律。根据万有引力定律，任意两个质点通过连心线方向上的力相互吸引，该引力大小与它们质量的乘积成正比，与它们距离的平方成反比。据说，牛顿因苹果从树上坠落而产生万有引力的灵感。他提出了大炮的设想：如果发射的威力不够大，炮弹会落在地球上；如果发射的威力足够大，炮弹就可以摆脱地心引力，围绕地球不停地转而不会掉下来。

牛顿的研究成果对天文学方面具有深远影响：对哈雷彗星回归周期的计算、对岁差和潮汐现象的理解、通过计算发现海王星等等。此外，他的研究成果对其他领域也具有重大影响。

相关阅读：开普勒时代（1609年）；伽利略的天文望远镜（1610年）。

人们说万有引力的发现起源于苹果。

丈量地球（1740 年）

自然学家的探险力求测量出地球的大小，在这个过程中他们也发现高山与平原的重力存在差异。

牛顿于 1687 年提出，根据万有引力定律，地球的两极呈扁平形状，自此学者们就地球的形状展开了激烈的争辩。巴黎科学院两次派出大地测量队去测量不同纬度的子午线弧长，一次是由莫佩尔蒂和克莱罗在北极附近的萨米探险，另一次则是在南美洲的赤道地区。1735 年，路易·戈丁、皮埃尔·布格、夏尔·玛丽·德·拉孔达明、约瑟夫·德·朱西厄离开拉罗谢尔前往厄瓜多尔探险。

抵达赤道地区的安第斯山脉后，发现气候条件并不利于测量。然而祸不单行，除此之外，还有西班牙与英国交战；成员间的争执与疾病；探险队差点就没躲过 1746 年那场发生在利马的大地震，他们花了九年时间才圆满完成任务。

科学家们满载而归，大地测量与其他学科均有收获。他们于 1744 年（比萨米探险晚了 7 年）向科学院进行成果汇报，确认地球的两极是扁平的。

厄瓜多尔的探险还有另一收获。皮埃尔·布格打算借助铅锤确定山地岩石的密度。1740 年，他在钦博拉索山（厄瓜多尔的一座火山，高 6310 米）周围从事测量工作，发现铅锤的偏移程度明显小于基于火山体积而做出的预测。他认为这种差异是岩石密度造成的，这也为后来的“布格重力异常”（重力异常）奠定了基础。

布格还结合高度与纬度测量了重力常数 g 的偏差，同时也表明在高地与海平面测量的重力差异明显。今天，在无法通过常数 g 得出岩石结构密度时，地质学家还要借助这类测量。

相关阅读：埃拉托色尼测量地球周长（公元前 240 年）；牛顿与万有引力（1687 年）。

18 世纪的百科全书插图，上面介绍了各种各样的大地测量仪器与技术。

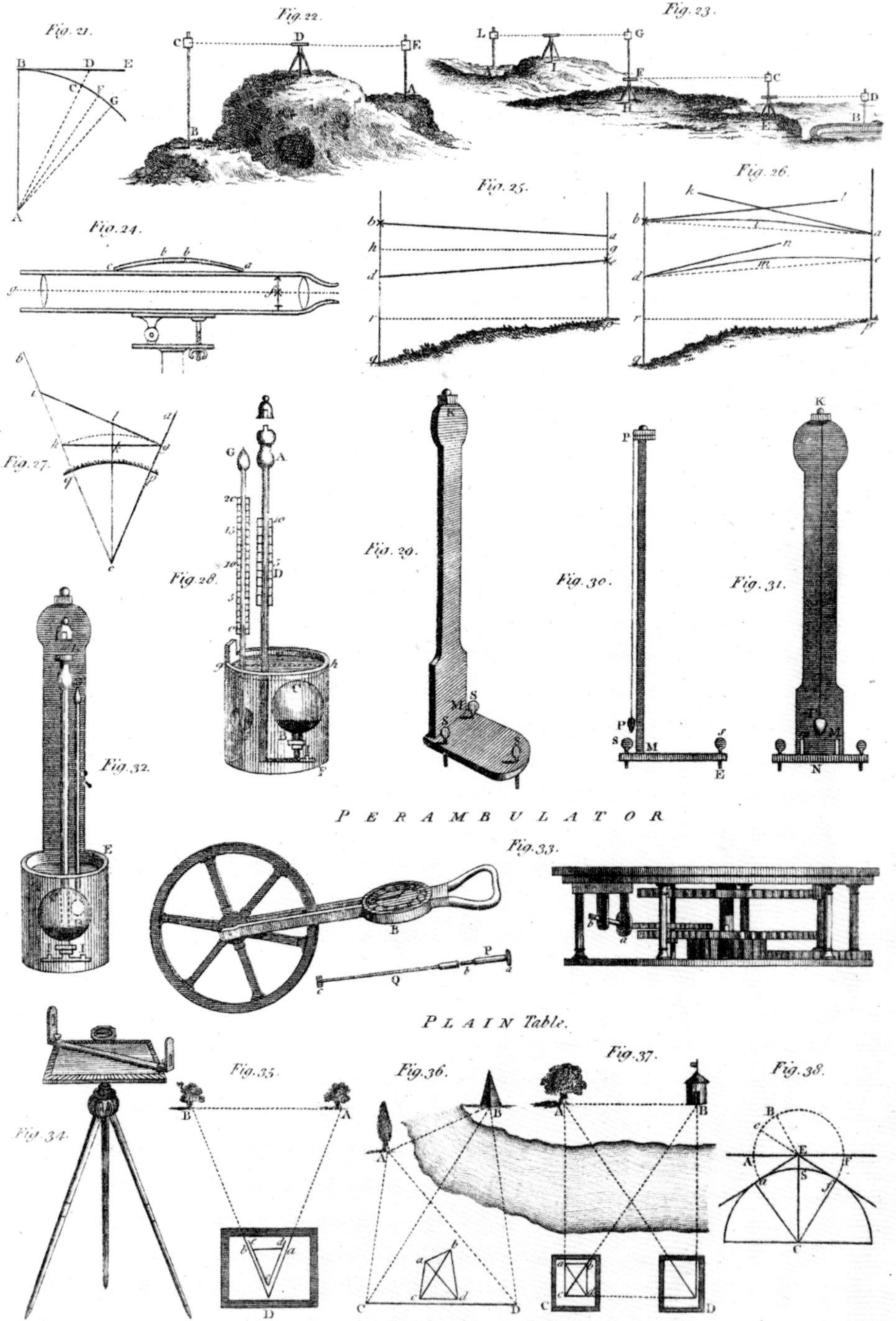

Fig. 21.
Fig. 22.
Fig. 23.
Fig. 24.
Fig. 25.
Fig. 26.
Fig. 27.
Fig. 28.
Fig. 29.
Fig. 30.
Fig. 31.
Fig. 32.
PERAMBULATOR
Fig. 33.
PLAIN Table.
Fig. 34.
Fig. 35.
Fig. 36.
Fig. 37.
Fig. 38.
I. Taylor sculp.

第一张地质图（1746 年）

地质学家们不可或缺的地形展示，早期的地质图中融入了年代信息。

地质图是地质学家的基本工具。17 世纪，更多的人投身到测绘领域，地图的重要性就凸显出来了。为奥尔良公爵效力的博物学家让 · 艾蒂安 · 盖塔决定逐步着手这项工作。

1746 年，他向科学院递交《欧洲部分土地矿物图》，这是真正意义上的地质图雏形。诚然，他的所见主要是横向的，并没有涉及年代学的内容，但这中间也有一些相关的信息，例如英法盆地之间砂层（第三纪）、泥灰层（中生代）、片岩层（古生代）的连续性（比人们了解英吉利海峡本质的时间要早许多）；地质图覆盖了整个英吉利海峡的水域，它已经不是一个简单的数据报告，而是一个确确实实的概念模型。

早期的欧洲地质图主要反映岩石信息：主要是为了呈现有用物质的分布，没有时间上的参考。由盖塔、拉瓦锡与莫内完成的《枫丹白露、埃唐普、杜尔当周边矿物图》于 1767 年出版，地图由三个切面图组成，其中一个切面由拉瓦锡完成。这是对后来的“斯坦普阶地层”的最早描述，斯坦普阶地层也是国际公认的时间划分标准。

1808 年，乔治 · 居维叶和亚历山大 · 布隆尼亚尔发表了巴黎盆地的“地质构造”地图，依据各个岩层中的化石显示了岩层的顺序。1815 年，威廉·史密斯[58]发布了第一幅英国地质图——The Great Map。

相关阅读：地层的划分（1842 年）。

让 · 艾蒂安 · 盖塔说：“通过矿物学地图可以观察到法国与英国整片区域的自然环境与地形情况。”地图于 1746 年由科学院发布。它的新颖之处在于表现了已知地层的连续性。在这幅地图中，作者“希望通过这幅地图展示，石头、金属以及其他大部分化石的分布都存在一定的规律。”

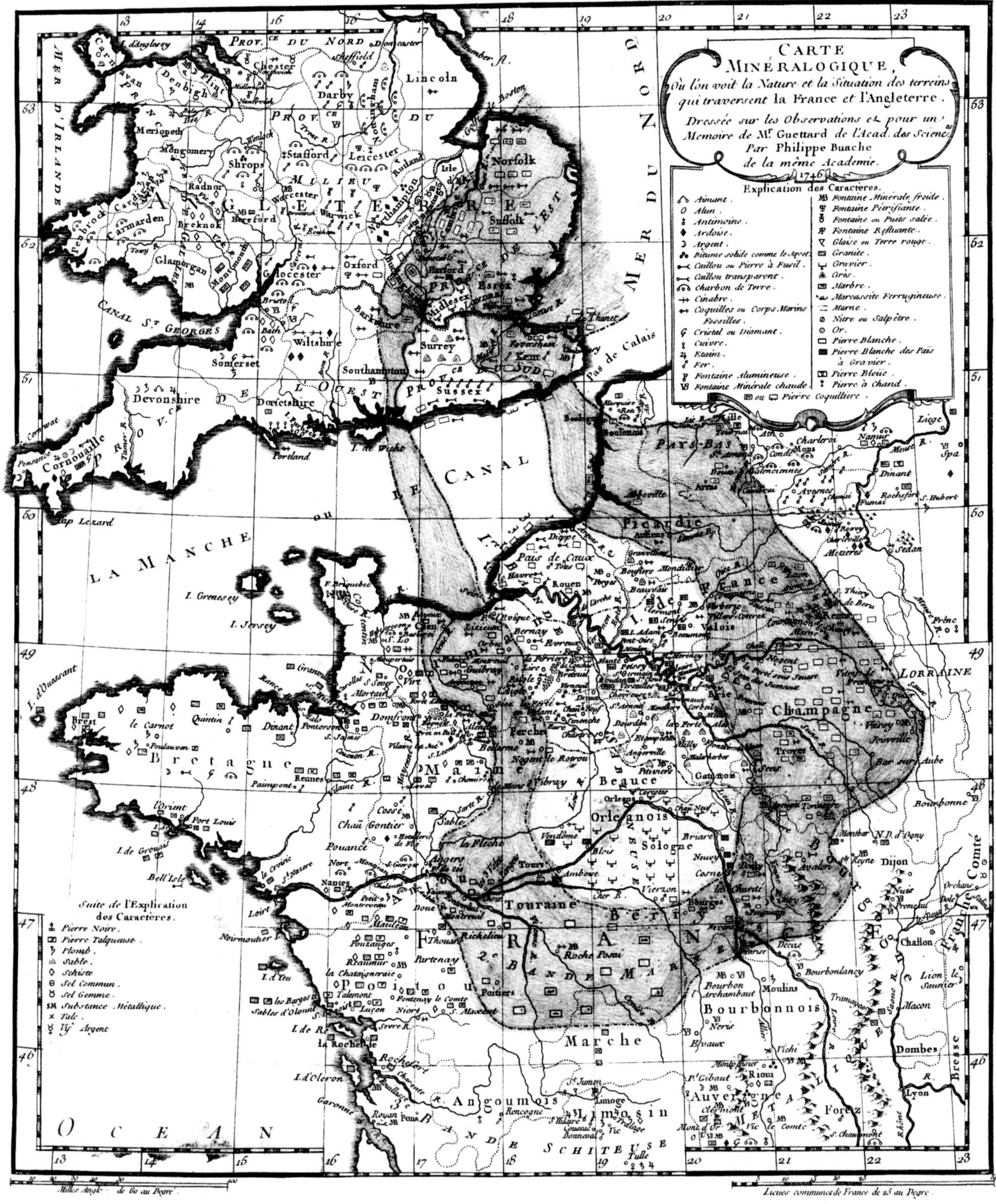
CARTE
MINÉRALOGIQUE,
Où l'on voit la Nature et la Situation des terreins
qui traversent la France et l'Angleterre.
Dressée sur les Observations et pour un
Memoire de Mr. Guettard de l'Acad. des Scienc.
Par Philippe Buache
de la même Academie.
1746.
Explication des Caracteres.
Aimant.
Alun.
Antimoine.
Ardoise.
Argent.
Bitume solide comme le Jayet.
Caillou ou Pierre à Fusil.
Caillou transparent.
Charbon de Terre.
Cinabre.
Coquilles ou Corps Marins Fossilles.
Cristal ou Diamant.
Cuivre.
Etain.
Fer.
Fontaine Alumineuse.
Fontaine Minérale chaude.
Fontaine Minérale froide.
Fontaine Pétrifiante.
Fontaine ou Puits salée.
Fontaine Resluante.
Glaise ou Terre rouge.
Granite.
Gravier.
Grès.
Marbre.
Marcassite Ferrugineuse.
Marne.
Nitre ou Salpêtre.
Or.
Pierre Blanche.
Pierre Blanche des Pais à Gravier.
Pierre Bleüe.
Pierre à Chaud.
ou Pierre Coquilliere.
Suite de l'Explication des Caracteres.
Pierre Noire.
Pierre Talqueuse.
Plomb.
Sable.
Schiste.
Sel Commun.
Sel Gemme.
Substance Métallique.
Talc.
Vif Argent.
MER D'IRLANDE
MER DU NORD
CANAL ST. GEORGES
LA MANCHE ou LE CANAL
Pas de Calais
OCEAN
ANGLETERRE
FRANCE
Bretagne
Normandie
Picardie
Champagne
Bourgogne
Lorraine
Franche Comté
Poitou
Touraine
Berry
Orleanois
Bourbonnois
Marche
Angoumois
Limosin
Auvergne
Pays-Bas
Milles Angl. de 60 au Degre
Lieues communes de France de 25 au Degre

布丰与古老的地球（1749 年）

布丰是年代测定实验法之父，他没有依据宗教文本中的数据估算地球的年龄，而是选择了理论模型与实验测量。

乔治·路易·勒克来克，布丰伯爵，希望通过一种自然主义的途径了解地球的年龄，计算勃艮第的河谷中沉积层的数目，而岩层中的沉积物主要由季节决定。有结果表明地球的年龄可能超过 10000 年，布丰打算与从其他方法获得的数字进行比较。

在矿井中，温度随深度而增长，基于这一现象，他得出地球内部温度高于外部，因为地球本身有一个冷却的过程。最初的地球应是熔融物质构成的球体。他假设，只要知道了冷却的速度，也就知道地球的年龄了。在他位于勃艮第地区蒙巴尔的打铁铺，他锻造出大小不一的铁球，再把它们加热至熔点，随后测量它们冷却的速度。结果证明铁球的直径与冷却的时间相关。布丰据此推断出一颗像地球这样大的铁球冷却下来所需要的时间。计算的结果使他坚信地球已经很古老了……

1749 年，布丰已对外宣称地球可能已有 25000 年的历史。质疑教会估算的数字（6000 年），这激起了教会的不满，布丰面临被监禁的威胁。为了规避责难，他巧妙地把自己的主张说成是在学界玩的小游戏。

后来，布丰两次修改估算的数字，起初宣布地球年龄为 50000 年，后又更改为 75000 年。每一次公布数字都要遭受到一样的惩罚：离开巴黎回到勃艮第的蒙巴尔，只为远离愤怒的教会。然而，他的记录显示他的实验得出的地球年龄远不止于此：超过 1000 万年！但他从未对外公布过这个数字。在《自然的分期》（1779 年）这本书中，最后一句话透露了他的信念："当我们想要握住时间时，时间在流逝，时间在延伸……时间拉得越长，我们就越接近真相。"

相关阅读：乌尔舍与年轻的地球（1654 年）；岩石年龄的推断（1905 年）。

弗朗索瓦·休伯特·德鲁埃于 1761 年创作的布丰肖像油画，现收藏于蒙巴尔的布丰博物馆。

林奈的双名命名法（1758 年）

卡尔·林奈是双名命名法的创始者，这种命名法采用拉丁文命名，现代生物分类学中一直沿用此法。

前人根据不同的原则对自然尤其是植物进行分类，但对自然的研究却因地制宜，因为其中的名称根据语言和所在区域而有所不同。瑞士博物学家加斯帕德·鲍是第一个根据植物的种与属为植物命名的人，但还没有形成一个完整的体系。

拉丁语双名命名法的发明要归功于瑞典博物学家卡尔·冯·林奈，人们今天依旧采用这个方法命名物种：第一个名字是属的名字，第二个名字是种的名字。这样看来，斑猫[59]就是一种森林物种，猫科下的猫属。

在 1758 年出版的第二版《自然系统》中，林奈就采用了这种命名法。正是得益于这种方法，全世界的科学家们可以用非本地语言互相交流了。这个方法也将具备共同特征的内容集合起来。从此，人们可以为生命排序……

林奈就投身于这项分类大工程，分类工作从 1735 年出版的第一版《自然系统》开始（第一版是一本 11 页的小册子，到 1770 年时已有 3000 页）。最早的系统分类覆盖大自然的三界（动物、植物、矿物），其中动物界又按解剖特征分为六类：四足动物、鸟类、两栖动物、鱼类、昆虫、虫。在 1758 年出版的版本中，他将人与猴归为一类，同时也创造了“灵长目”这一术语（林奈是固定论者，根本就不相信进化，因而将人类归于自然当中）。

林奈活着的时候，他提出的分类法曾遭到过猛烈的批判。今天的科学已不再采用这一原理，取而代之的是生物的种系发生分类法，这一方法关注物种的现有特征，物种之间的亲缘关系，物种的进化历史，而不是他们的相似性。但人们还是使用他的命名法。

相关阅读：居维叶重构过去的动物世界（1812 年）。

《伦敦植物志》是威廉·柯蒂斯面向学生发行的一本英国杂志，这是 1793 年版中展示的林奈的植物分类。

1
2
3
4
5
6
7
8
9
10
11
12
13
14
15
16
17
18
19
20
21
22
23
24
a
b
c
d
e
f
g
h
i

布干维尔的环球之行（1766 年）

路易斯·安托万·德·布干维尔是法国第一个完成环球航行的航海家，他的名字和太平洋上风光如画的岛屿联系在一起。

路易斯·安托万·德·布干维尔早年攻读数学，随后转做律师，接着又涉足军事与外交领域。在与加拿大作战期间，他就表现出了与众不同的能力，在马尔维纳斯群岛上也表现不俗，随后便开始了环球之行。

他于 1766 年 11 月 15 日乘博德斯舰从南特出发，这艘强大的军舰配有 32 门大炮。随船出行的有一名博物学家（植物学家菲力柏特·德·科默松，他在巴西发现的九重葛属的花朵被命名为布干维尔花），一名绘图家（夏尔乐·鲁迪埃·德·罗曼维尔），一名天文学家（皮埃尔－安托万·维隆）。

布干维尔穿过麦哲伦海峡，到达土阿莫土群岛，随后抵达塔希提岛。他发现的一座岛是以他的名字命名的，还发现了萨摩亚群岛中的部分岛屿，继续朝着圣灵岛（属瓦努阿图群岛）航行，为路易西亚德群岛（位于巴布亚新几内亚东）命名，接着驶向所罗门群岛，最后抵达印度尼西亚马鲁古群岛。

经过两年半的航行，布尔维干于 1769 年回到法国圣马洛。他于 1771 年出版了《环球纪行》一书，在书中描述了波利尼西亚迷人的风光。由法国人完成的第一次环球之行为科学研究做出了实实在在的贡献：它清晰地展现了大洋洲的地理情况，发现了一些地方并为其中部分地点命名，对所在地区的人口与风光都进行了观察，这些贡献远远胜过远行的科学意义。描述的太平洋岛屿风光绮丽，获得了公众的巨大关注；描写的土著人追寻快乐，免于劳动的约束，这也影响了启蒙时代的哲学家，例如狄德罗与卢梭。

布干维尔后来又参加过美国的独立战争，1792 年从海军退役后便投身科学研究，最后死于法兰西第一帝国时期，度过了荣耀显赫的一生。

相关阅读：丈量地球（1740 年）；冯·洪堡与邦普朗的旅途（1799 年）；查尔斯·达尔文的旅行（1831 年）；未知之地（1978 年）。

空中俯瞰波拉波拉岛。布干维尔 1768 年 4 月曾在塔希提岛停留。

拉基裂隙（1783 年）

拉基火山（冰岛）的喷发吸引科学家们开始关注大气中的气体和气候条件之间的关系。

北大西洋的开裂将不列颠群岛与格陵兰岛分隔开：在海洋中形成了与冰岛陆面平齐的火山山脉，以往发生在深深水底的过程也可以从地面上进行观测了。在许多地方还能清晰地看到地面下陷形成的裂谷（裂谷的两侧分布于美洲与欧洲，让人印象深刻）。这些裂谷中分布着火山构造，是岩浆上升在地表的表现。

1783 年的一天，一道裂谷裂开了。接下来的日子里，火山熔岩喷薄而出，喷发的高度达到了近 1000 米。熔岩的喷发很快便缓和了下来，沿着 25 千米长的距离，这道裂谷化成了一连串间隔 200 到 300 米的熔岩喷发口。流动的熔岩最远流淌到了 60 千米远的地方，平均流量为 2200 立方米 / 秒（为了便于比较，这里提供 1983 年埃特纳火山喷发时的熔岩流速，约为 1 – 2 立方米 / 秒）。

与熔岩一同喷出的还有大量的火山灰、二氧化碳和含硫气体。火山喷发污染了水和冰岛大片的牧场，喂养的牲畜也受到牵连：75% 的马匹，野生动物与 80% 的绵羊都因此而丧命。这一事件造成的另一个间接影响是：在三年之间，超过 20% 的冰岛人因火山气体或饥饿而离开人世。

拉基火山的喷发也影响到了欧洲。据报道，蓝紫色的烟雾对人的眼睛与鼻子都产生刺激；1783 年这一年中各地的死亡人数都超过以往。这一事件还打乱了北美的天气，这一年北美的冬天与夏天都让人难以忍受，有猛烈的暴风雨，在墨西哥湾还有结冰的现象，在非洲与印度，季风也比往年更弱……

1783 年 7 月，阿尔登的本笃会修士多姆 · 罗贝尔 · 希克曼第一个将这些气象异象归咎于火山喷发。持这种观念的人当中，最有名的是时任美国驻欧洲全权代表本杰明 · 富兰克林。这个事件在人们对气候变化的了解中是一个重要的转折点。

相关阅读：第三次暨最大的生命大灭绝（2.52 亿年前）；南大西洋的扩张（1.3 亿年前）；大规模火山爆发对世界的影响（6600 万年前）；巨人之路（5000 万年前）；了解过去的天气（1965 年）。

冰岛拉基裂隙型火山喷发：裂隙上连成排的火山口（火山锥）。

人类世（1784 年）

1995 年诺贝尔化学奖得主保罗·克鲁岑认为，人类活动对地球的影响足以划分出一个新的地质时代。

地质学家们将地质年代分为不同层次：代、纪、系、期……它们的划分主要依据大的生物多样性危机，近一个时期主要根据物种的出现进行划分。每一个时期持续几百万年，有专门的国际机构负责该领域的修改工作。

1992 年，美国记者安德鲁·瑞弗金首次提出人类世这一术语，他假设人类的活动将会成为一种主要应力，超出之前占主导地位的地质力量与自然力量。人类的活动是一种真正影响地球的“地球物理”力量。在拥护这个定义的人当中，诺贝尔化学奖得主保罗·克鲁岑认为人类世开始于 1784 年，与英国人詹姆斯·瓦特发明蒸汽机的日子吻合，它标志着工业革命的开始。还有一些学者提出了其他的观点：从 20 世纪初算起，从文艺复兴开始，有的甚至提出从新石器时代开始，因为那时人类已开始焚烧树木……

还有人希望将人类世划为一个新的地质时代，紧随全新世（公元前 10000 年 – 现在）。在 2012 年的国际地质大会上，人类世既没有得到国际地层学会的认可，也未进入地质年代表。和生物学与历史学一样，地质学中对时间界限的确定是非常讲究的。没有人否认人类对整个地球产生的影响，但这并不代表地质名称就应为此而存在不同的时间性。此外地质年代的划分需要遵守一定的准则（根据参照物、沉积物、参照点等等），而人类活动产生的影响似乎还不能成为划分的准则。

相关阅读：第四纪（260 万年前）；火的使用（100 万年前）；智人（20 万年前）；农业发展（1 万年前）；时间起源的难题（0=1），物种全球化（1869 年）；国际公约关注生物多样性（1992 年）。

平齐的地形表示这里有一个断层，断层边缘的冲击锥体土壤肥沃，有利于农业生产。

冯·洪堡与邦普朗的旅途（1799 年）

冯·洪堡与邦普朗在探险中获得了质优量大的数据，他们二人因此创立了科学探险的时代。

1797 年，德国地理学家、探险家亚历山大·冯·洪堡在巴黎开始了他的自然科学研究，具体始于巴黎的植物园和天文台，他和法国植物学家艾梅·邦普朗一同开启了第一次现代科学大探险。

这次出行的愿望是发现自然力的相互作用与自然环境对生活产生的影响。两位科学家于 1799 年启程前往委内瑞拉和中美洲，他们到奥里诺科河[60]、亚马孙河与古巴探险。他们从那里穿越安第斯山脉中的一座座火山前往秘鲁，冯·洪堡推断这里的山脉都是沿着地质断层形成的。他们接着又北上墨西哥、古巴，最后到达美国。

旅程结束后，冯·洪堡回到巴黎定居。他与邦普朗合作，用法文出版了 30 卷本的鸿篇巨制《新大陆热带地区旅行记》。这套书籍启迪了一代又一代的博物学家，其中就包括查尔斯·达尔文与阿尔弗雷德·拉塞尔·华莱士。

这次出行耗时五年多。它开启了科学探险的新纪元。首先是洪堡花了六年的时间进行细致入微的筹备，其次是洪堡行走的方式，记录与观察所见事物，但更主要的是综合运用各学科研究方法，在旅途中探寻所见之物之间的联系。这还是一次实验之行，出行时共携带 30 多种测量仪器，覆盖天文、磁学、化学领域，出行过程中还对这些仪器进行了测试。最终，他们收获了相当可观的数据资料：旅行途中，洪堡与邦普朗收集了各式各样的标本样品，尤其是植物标本，它们被收入了一本植物图集，赠送给国家自然历史博物馆。这次远行共带回 20000 个标本。

相关阅读：布干维尔的环球之行（1766 年）；查尔斯·达尔文的旅行（1831 年）。

德国画家弗里德里希·乔治·威茨创作的亚历山大·冯·洪堡肖像画（1806 年）。

矿物学原理（1801 年）

天赋异禀的地质学家、矿物学家德奥达·格拉特·德·多洛米厄留下了一篇矿物学的论文，而文章的引言部分却是在……狱中完成。

自然中许多地方都能看到地质学家德奥达·德·多洛米厄的印记：为了向多洛米厄表示致敬，1792 年瑞士矿物学家奥拉斯·德·索绪尔将一种沉积岩命名为白云岩[61]，意大利北部的山脉名为多洛米蒂山[62]，留尼旺的富尔奈斯火山的最大火山口也被命名为“多洛米厄火山口”。

多洛米厄于 1750 年出生于多洛米厄（位于伊泽尔）的 Gratet 家族的城堡中，他身高 1 米 95，有一双蓝色的眼睛，饱经世故，一生潇洒。加入马耳他骑士团之后，他有机会在随军行动中从事科学研究（到了葡萄牙、马耳他，在意大利还研究了埃特纳火山）。他对多种矿物进行了研究，1791 年在阿尔卑斯山发现了一种新的岩石——白云岩。他是科学院的成员，在矿物局的教学机构教授“自然地理学”与“矿床学”。

他还随同拿破仑前往埃及（1798 年）。1799 年，在返回法国的途中，他被逮捕并被囚禁在西西里岛上。他的同伴们都被释放了，但他依然被扣留，因为马耳他骑士团不能原谅他的中途离开。

在被关闭的近两年时间里，正如他在《矿物学原理》的引言中坦白道，他想过自杀，他在非比寻常的条件下写出了那本书。他削木为笔，在博物馆的地质学教授朋友弗加斯·德圣丰的书的空白处写作：“我以木片当笔 [……]，以黑烟为墨 [……]，在书的边缘与字里行间书写。”他如此讲述道。

1801 年 3 月获释以后，多洛米厄获得了博物馆的矿物学教授的职位，开始了最后一次阿尔卑斯山之行。在他发表的《论矿物学家的哲学》中，他表达了对矿物学的理解，“矿物学可分为两部分：实用矿物学（这一部分构成了名录）与矿物学原理（这一部分对名录的组成予以检查）。”这是他的科学遗言，监禁摧垮了他的身体，他于 1801 年 11 月离开人世。

相关阅读：矿物结晶的原理（1817 年）。

弗加斯·德圣丰的书上，在《含长石的火山熔岩》这一章中，多洛米厄用木片在书的空白处写出了初版的《矿物学原理》（法国国家自然历史博物馆，手稿 2120p10）。

gueur, sur 4 pouces de largeur. Ce feld-spath des plus durs & des plus crystallins vient de Rochemaure.

Long. 4 pouc.
Larg. 1 pouc. 6 lign.
Epaiss. 8 lign.

N°. 4. Basalte d'un noir un peu bleuâtre, d'une contexture analogue à celle du *basalte graveleux*, avec du feld-spath blanc disposé en lames brillantes, de 22 lignes de longueur, sur 17 lignes de largeur. Je ne crois pas que l'on ait encore trouvé des noyaux de feld-spath de cette grosseur, dans les matières volcaniques. On voit, à une extrémité de ce basalte une petite cavité, une espèce de géode tapissée d'une jolie crystallisation quartzeuse dont les aiguilles sont d'une telle délicatesse, qu'il faut les observer avec une bonne loupe pour en distinguer la forme.

De Rochemaure.

Long. 3 pouc.
Larg. 1 pouc. 9 lig.
Epaiss. 8 lign.

Voilà sans doute quatre morceaux intéressans trouvés au pied de la butte basaltique sur laquelle le château de Rochemaure

est perché; cependant le volcan qui a projetté cette butte, s'est fait jour dans les matières calcaires, & se trouve éloigné de plus de cinq lieues des roches granitiques. Il n'est pas étonnant qu'on y rencontre beaucoup de noyaux de pierre à chaux, mais pourquoi cette abondante provision de schorl noir, pourquoi la chrysolite, le feld-spath y existent-ils? où sont donc les matières primordiales qui renfermoient ces différentes substances? Gissent-elles à de grandes profondeurs au-dessous des montagnes calcaires? La chose est probable, mais il nous manque beaucoup de faits, & nous n'en avons point, surtout de positifs, pour pouvoir raisonner sur cette immense zone de matière schorlique qui doit occuper une région souterraine limitrophe de l'empire des volcans, puisque les laves que vomissent les différentes fournaises du globe, sous quelque latitude qu'on les observe, contiennent généralement du schorl.

BASALTES ET LAVES DE DIFFÉRENTES ESPÈCES.

LAVES AVEC DU GRANIT.

N°. 5. Basalte noir, dur & compacte, avec un noyau de granit à fond blanc tacheté

居维叶重构过去的动物世界（1812年）

乔治·居维叶被视作他所在的时代最伟大的学者之一，他为古生物学这门新生的科学注入了高贵的文字与奠定基石的方法。

乔治·居维叶出身于普通家庭，学习成绩优异，他最初在诺曼底担任家庭教师，后来投身于自然科学研究。

居维叶有志于对动物世界重新分类。他受到博物学家艾蒂安·若弗鲁瓦·圣伊莱尔的赏识，于1795年应邀到了巴黎，他的课业与文字依旧非常出色。他被任命为国家自然史博物馆教授，后又被吸纳入法国科学院，34岁时成为该院的终生秘书。

他于1812年出版了著作《四足动物化石骨骸的研究》，这本书使他名声更响，为古生物学奠定了方法论基础，在此基础上可以重构地球与地球生命的历史：性状从属原则，根据这个原则，动物的性状在决定动物分类时的重要性不同，还有形态相关原则，这样可以通过动物的某一个器官重构动物的整个身体。

居维叶能够辨认并重构各种各样的化石形态，他还揭示了物种灭绝的事实，但这个观点在当时受到了质疑。他推断出，物种灭绝存在于地球与生命的悠长历史中。他认可“大量灭绝”的理论，是坚定的固定论者，与进化论的理念相悖，尤其是与若弗鲁瓦·圣伊莱尔有分歧。他认为“地球的革命”与全球性的大灾难使世间的物种一批批地走向灭绝，这也为不同地层中发现的不同动物群做出了解释。出于审慎，他没有把人类计入这段过去的历史中。

最终，他为地质学提供了一些基本知识，这样便可以通过地层中包含的内容的性质来判定地层的年代久远，借助于这些知识，他与亚历山大·布隆尼亚尔一同绘制了巴黎地区的地质图。

相关阅读：布丰与古老的地球（1749年）；林奈的双名命名法（1758年）；第一张地质图（1746年）；查尔斯·达尔文的旅行（1831年）。

中国辽宁省的蜥蜴（细小矢部龙）化石，形成时间为侏罗纪晚期至白垩纪早期（1.61亿－1亿年前）。

矿物结晶的原理（1817 年）

通过自然观察，阿羽依确定了解释晶体形状构造的基本原理。

勒内·茹斯特·阿羽依是一个织布工人的孩子，因为教会的帮助才能踏上求学之路。他于1770 年被任命为教士，起初在纳瓦拉书院教书，后来又到了红衣主教勒蒙纳学院，在那里他与修士夏尔·弗朗索瓦·洛蒙成了朋友，也是这段友谊唤起了洛蒙对自然科学的热爱。皇家花园（今法国国家自然历史博物馆）达本通[63]的课程为他投身矿物学起到了决定性的作用。

阿羽依系统地学习了晶体形态学，并从中得出晶体的构造原理。他的著作经受住了时间的考验；“他的作品有着最完美结构的牢固性”，结晶学家于贝尔·居里安后来这样说道。阿羽依从解理现象的观察中得出了晶体的内部结构。

阿羽依的所有论据都出自对解理现象的基本观察，也就是多种晶体沿着某几个解理面的简单分割，其中尤为突出的是方解石（$CaCO_3$），方解石有着三方解理面（菱面体）。

从方解石的样品来看，一块方解石可以沿着连续的解理分成一个一个越来越小的菱面体。然而，阿羽依认为：“晶体碎成方形小块并不是没有止境的，超过某个点之后，如果不对这些小方块进行分析就不能继续分裂它们，也就是说必须要破坏物质本身的性质了。我就到这一步为止，如果我们的工具与仪器足够先进，我会把这些分离出来的小微粒称作要素分子。”这样，晶体分析起来就是微观层面上相同要素的组合。他还发现了矿物学的基本原理，即晶体是基于简单原理构成的，晶体是基本晶体结构的不断重复：结构逐渐增大，但本质相似。

相关阅读：矿物学原理（1801 年）。

勒内·茹斯特·阿羽依发明的木制结晶模型。

尤利亚，一个变幻莫测的岛屿（1831 年）

地球和地球上的景致看似一成不变。突然出现或是消失的陆地则提醒人们事实并非如此，这对那些觊觎着它们的国家而言是巨大的损失。

大陆漂移是决定陆地分布的首要因素。时代的变迁中，大陆漂移没有受到政治家和军队的过多关注。对他们来说，某些地方在短短几周内的海平面变动才是大事，这才是他们要去征服的新大陆……

地球上最反复的事情就是这样：1831 年 7 月 1 日，地中海西西里岛附近出现了一个火山岛。法国国王路易 · 菲利普认为这是个扩张领土的大好机会，于是火速派舰前往这个小岛，9 月 25 日军舰到达时，岛上还在冒着浓烟。这个岛被命名为尤利亚岛，因其在七月浮出水面，当时也正值七月王朝时期，同时也为了表明它靠近意大利[64]。

那不勒斯王国和英国也表现出对这个“新马耳他”的兴趣。察觉到这一点之后，法国于 1831 年 9 月 29 日在岛上插上了国旗。英国对此事置若罔闻，也派遣船只前往企图控制该岛。不过，当英国军舰抵达时，紧张的局势却随即消失，因为……小岛已经在 1831 年 12 月 8 日消失了！仅仅过了五个月零一周，它就沉入水中，伴随它沉没的还有法、英、那不勒斯间的领土纷争……

尤利亚岛的故事也许还没有完，小岛由海底火山恩培多克勒喷发形成，公元前 10 年已有对它的记载，再一次提到它是在公元 200 年。地震、蒸汽柱和热气泡等种种迹象都证实，在亚欧大陆板块和非洲板块的这个摩擦点上，火山活动没有中断过。2005 年，这个岛又动起来了，意大利派潜水队潜入水中插上归属标志，等待这个海底火山重新露出水面成为一个小岛的那天！

俄罗斯也曾经派人下潜至北极附近的海底，将有开发可能的土地国有化。

相关阅读：一座岛的诞生：冰岛（2400 万年前）；大陆漂移说（1912 年）。

图片反映了 1831 年尤利亚岛出现时的景象，E. 茹安维尔创作于 1831 年。这个火山岛曾被不同国家的海军占领，因而有过不同的名字，如尤利亚（法国），格拉汉姆（英国），费迪南德（那不勒斯王国）。

查尔斯·达尔文的旅行（1831年）

达尔文的环球航行使他理解了自然选择在物种进化过程中的作用。

查尔斯·达尔文曾经学医，也学习过动物标本制作和基本的自然史。亚历山大·冯·洪堡的旅行日记激发了达尔文探索的渴望，他决定前往特内里费岛考察。为了准备此次考察，他学习了地质学的课程，并参与了地质图的绘制，属于观察与综合学派。

1831年，达尔文随“贝格尔号”进行了为期五年的环球考察，其中三分之二的时间是在陆地上度过的。他在考察中做了详实的记录（观察与注释），并于1839年出版《贝格尔舰环球航行记》，书中囊括了地质学、动物学、社会学、政治学以及人类学等方面的信息。特别是他进行的地质观测，使达尔文注意到气候在自然变化中扮演着很重要的角色。

1859年，达尔文的《物种起源》一经问世便引起了轰动。然而当时的学者都相信圣经的字面解释，他们支持灾变论和物种不变论，而不认可进化论。争论引起的轩然大波一直持续了许多年。

在《物种起源》一书中，达尔文提出了渐变演替理论，这里的演变从物种变异开始。选择性地继承某些变异，一代代延续下来。他认为这个选择来自环境的压力，因为它涉及环境条件，其他物种以及同一物种中的其他个体。只有那些最能适应环境的生物才能生存下来（不是那些最强大的生物）。

通过进化论，达尔文诠释了新物种的出现。最具适应性的生物更能够繁殖，更能够选择性地遗传其优势。经过一代又一代的延续，个体的渐变演替形成群体的演变，这也意味着一个新物种的诞生。

相关阅读：被困住的恐龙群（1.25亿年前）；有毒的湖（4700万年前）；林奈的双名命名法（1758年）；冯·洪堡与邦普朗的旅途（1799年）；居维叶重构过去的动物世界（1812年）。

小树雀，“达尔文雀”中的一种雀鸟。达尔文雀包含十几种达尔文在加拉帕戈斯群岛驻留时研究过的雀种。这些雀的主要区别是喙部的形状和大小不同，这是因为各个雀种有不同的食性。每个雀种占据一个岛屿。因此，达尔文总结说，由于地理上的隔离，共同的祖先演变出了不同的种。

地层的划分（1842年）

阿尔希德·德·奥比格尼用化石作为推算地质年代的方法，通过这种方法他定义了第一个地层。

关于地球的历史这个概念，即从线性层面上来看出现于18世纪末。当19世纪初乔治·居维叶指出化石是消失的古生物的遗体，而且它们有可能建立起地下不同地层间的联系后，这个概念才被正式确定。

古生物学家阿尔希德·德·奥比格尼[65]建议研究化石群，把它们作为连接地层，并按一定时代顺序排列起来的工具。这些地层代表了不同年代范围，并可作为划分地球地质阶梯的标准。每一个地层单位（纪、系、统或阶）由不同的地质特征来划分的（古生物学、岩石学等）。

地层概念是人为的划分，但这个等级分层同时也是地质学的一个根本问题。在奥比格尼那个时代，人们大都认同用年代划分地层，但对更低层次的划分并没有达成一致。

1842年，阿尔希德·德·奥比格尼引入一个概念解答大家对这个划分方式的疑惑。直到那时，对地层的命名总体上是基于一些岩类学的主要标准（与岩石特征相关），这些标准往往只在局部有意义。阿尔希德·德·奥比格尼用岩石中的生物化石作为划分地层的依据。

大部分按这个原则定义的地层都根据它们最初的发现地命名。首先是欧洲的地名：如法国的地层类型吉维特阶、阿普第阶、卢台特阶……英国的牛津阶，德国的维斯法阶，比利时的伊普雷斯期……还有美国的地名（宾夕法尼亚纪、密西西比纪）和俄罗斯的（萨克马尔阶、阿尔丁斯克阶），如今还有越来越多的以中国地名命名的地层（吴家坪阶、长兴阶）。

相关阅读：解读陆相地层（1669年）；居维叶重构过去的动物世界（1812年）。

1832年由居维叶[66]和布荷尼亚公布的巴黎盆地地下土地、岩层、矿物层剖面图，这幅剖面图发表在他们完成的地质图边上。

COUPE THÉORIQUE des divers TERRAINS ROCHES et MINÉRAUX

qui entrent dans la composition du *SOL* du *BASSIN* de *PARIS*. Par MM. CUVIER et Alexandre BRONGNIART. 1832.

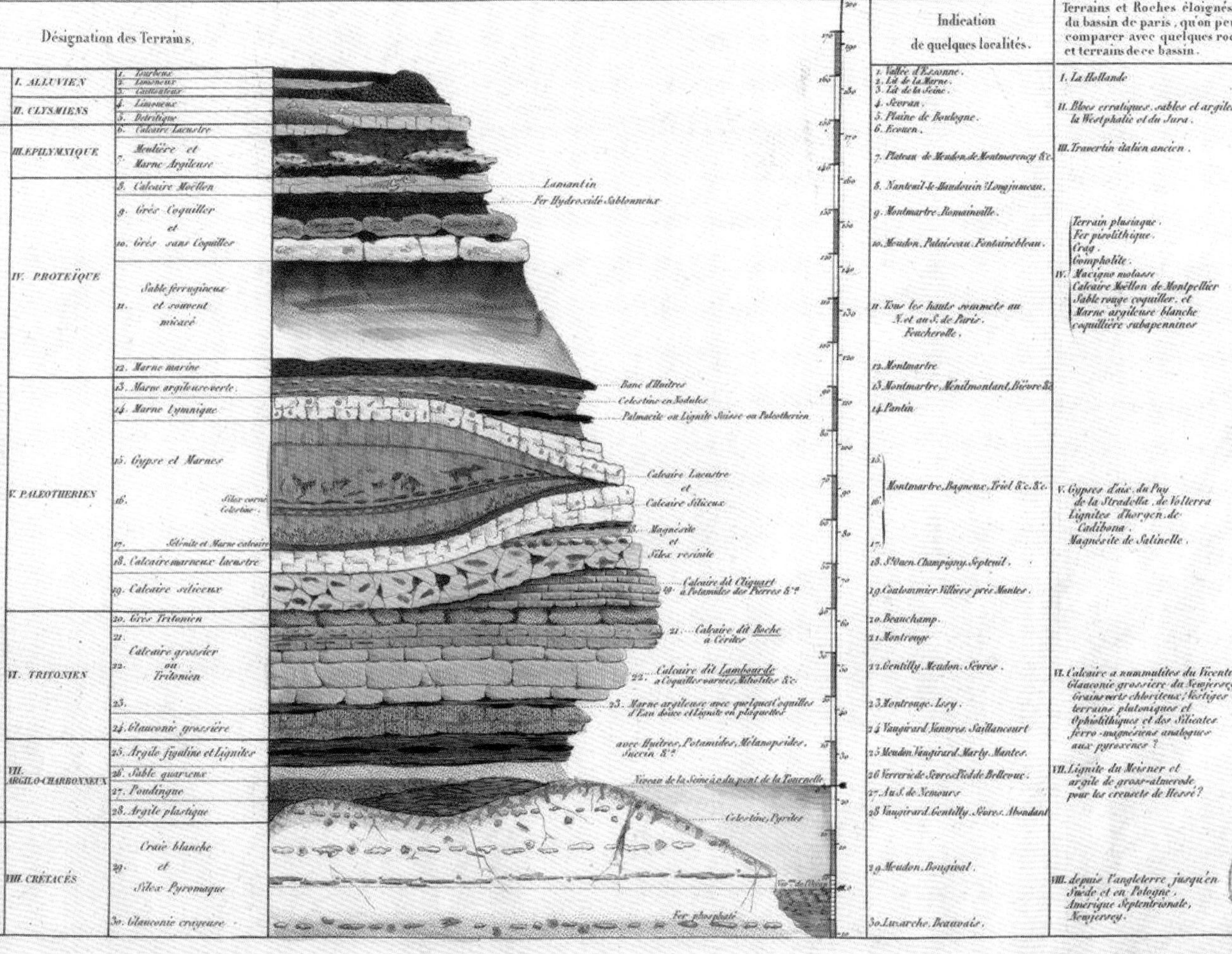

傅科摆（1851 年）

借助摆锤，法国物理和天文学家傅科用一个简单的方法成功地演示了地球围绕着轴心自转的原理。

1851 年，莱昂·傅科在位于巴黎阿萨街的地下室中研究摆锤的运动。两米长的金属细线，下挂 5 千克的重物，这便成了一个摆锤，他发现摆锤并不能准确地回归原位，而是会偏离原来的摆动面。一个月后，傅科在巴黎天文台用一个长 11 米的摆锤重新做了这个实验。这次摆锤的摆动幅度更大，因此偏离角度也更明显。科学家哈罗德·戴维斯说："摆的运动，不是因为外来超自然或神秘力量，只不过是摆锤下方的地球正在转动而已。"

下一任国王拿破仑三世早已听说傅科的研究，怀着对科学的好奇，他命傅科在一个最负盛名的地方展示他的实验。因为摆锤越长，运动轨迹的偏离现象就越明显，所以最好选择一个天花板较高的建筑。大教堂的高度可以满足条件，但没有必要去招惹那里。后来，先贤祠提供了一座非宗教建筑，在那里傅科能够布置一个摆长 67 米的装置。1851 年 3 月 31 日，傅科进行了这个实验，摆锤为 28 千克的球，在实验中，摆动方向不断变化，摆锤按每小时转 11 度的速度顺时针方向旋转。这个实验证实了地球的自转。

傅科摆的意义在于它用一个简单易行的实验证明了地球的自转。不借助天文观测，仅通过摆动面在地上倾斜的轨迹，人们就可以在几个小时内确定试验地所在的纬度。

相关阅读：地球是圆的（公元前 500 年）；开普勒时代（1609 年）。

世界各地众多的钟摆都还重复着傅科的实验。1995 年，摆锤又再度在巴黎先贤祠的穹顶下摆动起来。

13

史奈德·佩莱格里尼，大陆漂移说的先驱（1858年）

大陆漂移学说是在众多围绕这个问题的猜想之后才出现，法国地理学家史奈德·佩莱格里尼也为此做出了贡献。

阿尔弗雷德·魏格纳以大陆漂移学说之父著称，但事实上，所有的新观点从来都不是某一个人的灵光一现。

因此，有一些英国人把这个荣誉归于英国政治家、哲学家弗朗西斯·培根。在1620年出版的《新工具》中，培根提到非洲和南美洲相邻一侧的海岸彼此吻合，但没有提及大陆的分离，也没提到大陆漂移。法国神学家弗朗索瓦·普莱斯在1666年出版的《大小世界的变质》中认为，在大洪水之前陆地是连在一起的，大西洋的出现是因为陆地的塌陷，而不是因为非洲和美洲大陆的分离。布丰也持相同假设，认为它的形成是由于大洋中心亚特兰蒂斯的沉陷。19世纪初，德国的亚历山大·冯·洪堡受美洲大陆东海岸和非洲西海岸的相似性所启发，提出大西洋或许是大海中一个巨大的深谷，但也从未提及“分离”这个词。

相反，19世纪中叶（1858年）法国地理学家安多尼欧·史奈德·佩莱格里尼提出了大陆分离的假设，并以爱尔兰和美国海岸同样的石炭纪化石作为证据。在1858年出版的《创世纪及其揭秘》中，史奈德假设最初地球上所有的大陆在地球的一边连成一片。他还绘制地图特别展现非洲和美洲大陆在分离开以前是如何连接在一起的。他在图片的文字说明部分明确提出“分离”。

相关阅读：布丰与古老的地球（1749年）；没有派上用场的驱动力（1895年）；大陆漂移说（1912年）。

法国地理学家安多尼欧·史奈德·佩莱格里尼于1858年发表了这幅地图，用以阐明他的大陆漂移设想。右图为“分离之前”。

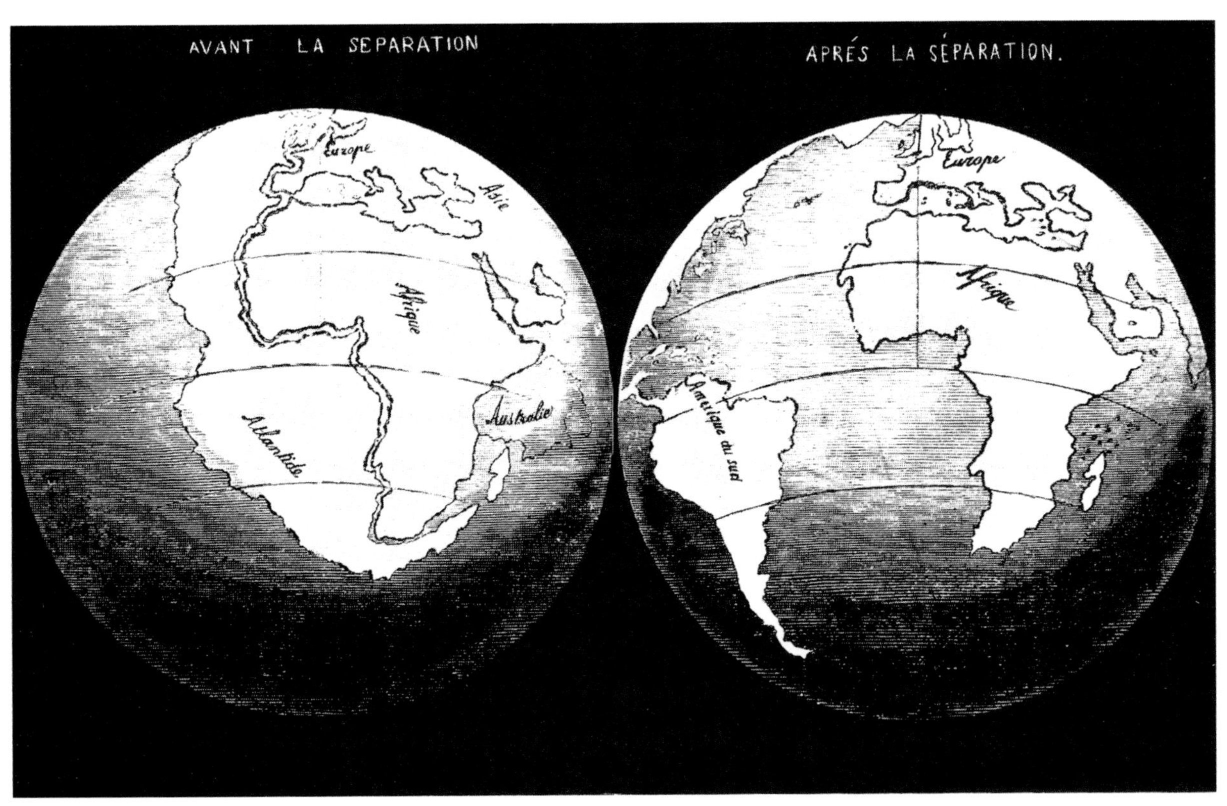
AVANT LA SEPARATION
APRÉS LA SÉPARATION.
Europe
Asie
Afrique
Australie
Atlantide
Europe
Afrique
Amérique du sud

石油工业的诞生（1859年）

石油既便于开采又储量丰富，它的发现将极大地刺激能源消耗，影响世界达两个多世纪。

早在远古时代，人类就已发现并开始利用石油，但这仅限于自然渗出地表的部分，全球每天的日产量只相当于几桶沥青（1桶≈160升）。石油曾被用于船的捻缝，在铺路的过程中用作黏合剂，用来取暖和照明，还用作药物。到19世纪中叶，人们仍主要依靠鲸油照明。

美国宾夕法尼亚州的泰特斯维尔市，以其天然的石油露头而闻名。当地的探险家埃德温·德雷克，外号德雷克上校，是一名铁路退休人员，他坚信自己可以用钻井的方法高效地开采石油。

1859年8月27日，在一个掘井工人的帮助下，他用绳索钻头钻成了第一口油井，石油从23米的地下喷涌而出。这里每日的产量很快就达到十桶，相当于当时全球石油产量的两倍！接下来的日子里，整个地区钻塔林立，各自掘取着新的财富。

德雷克在泰特斯维尔成功钻井，掀起了一股挖掘黑金的热潮，这成了当时的普遍现象。世界进入了一个化石能源极其丰富的文明时代。直到1973年发生第一次石油危机。至于德里克，由于他没有为自己的钻探技术申请专利，后来变得穷困潦倒。

对石油资源储量的推测也层出不穷，不论是经济和技术上可以利用的石油储备，还是已存在但没有被开发的潜在资源，这当中既包括常规石油，也包括非常规石油（页岩油或页岩气，煤层气等）。以目前的资源消耗速度计算，探明的石油储量大约还可供人类再使用四十年。然而这样的预测还部分取决于需求量的变化，因此结果有很大的不确定性。

相关阅读：从光合作用到化石燃料（4.4亿年前）。

一个高产油田。1921年摄于美国加利福尼亚长滩信号山。

物种全球化（1869 年）

贸易的全球化伴随着动植物群的迁移。红海里的某些物种随着苏伊士运河的开通而进入地中海。

历经十年的开挖，由法国人斐迪南·德·雷赛布主持开挖的苏伊士运河于 1869 年正式通航。从此开辟了地中海和红海间的新航线。船舶得以从这里通过，但这个新的航道并不仅仅方便了船舶，还给一些生物带来了便利。存在了两千万年的隔离消失了：大约有 300 个物种从红海和印度洋进入地中海。

生物的流动和迁徙自始至终都存在，这本应该只受气候和大陆环境的变化影响，但人类活动和交通工具都大大加快了它们的流动。

有时候外来生物的进入不会对当地造成大的损害，有时候又会产生很尖锐的问题。比如从摩纳哥水族馆“流出”的蕨藻后来又占领了地中海。佛罗里达龟曾因外形美观被引入法国，但它一旦放归大自然，便会迅速繁殖，危及其他动物。西伯利亚鲟在暴风雨后从加龙河养殖池游出，加入了与同族鱼类的竞争，后者因此而濒临灭绝。某些外来的植物种类有时会掀起一场真正的灾难，因此人们把它们称为入侵物种。19 世纪末，风信子被作为观赏植物售卖，之后便在许多国家的河湖中泛滥成灾，印度就深受其害。

今天，我们种植的观赏类或食用类植物中，95% 以上都由国外引进，比如小麦来自高加索地区，只有洋蓟、黑麦、萝卜、甘蓝、苹果和个别几种果树真正产自西欧本土。

伴随着越来越多的交流，这种现象呈现出不可阻挡的势头。不同大陆的动植物正趋于相同。在“文化全球化”的背景下，难道我们也将走向生物多样性的全球化吗？

相关阅读：南北美洲的连接处（250 万年前）；大自然不是取之不竭的（1890 年）；国际公约关注生物多样性（1992 年）。

水母源自印度洋太平洋地区，因经由苏伊士运河迁徙到地中海，被认为是一种海洋入侵物种。

大自然不是取之不竭的（1890 年）

随着人类对自然的过度消耗，大自然已显现出它的脆弱和平衡的不稳定性，但这一点却在很长时间内一直被忽视。

19 世纪的绘画与雕塑通过展现动物与动物的斗争，动物与人类的斗争，诠释了为生存而战的主题。在很长一段时间内，这种原始的大自然被诠释为需要掌控的危险又或者是汲之不尽的源泉。

当欧洲人到达北美洲时，旅鸽大概是能看到的最多的动物。据估计，旅鸽的数量为几十亿只。人们只需要向天开枪便可以射中它们。想要在射击比赛中得奖，至少要射杀 30000 只旅鸽。这种在当时被农民视为有害动物的物种在不到百年的时间里就灭绝了。

再举一个例子。1860 年左右，北美的平原上分布着六千至八千万头野牛。这曾是印第安人的主要生活来源。野牛数量的减少会影响这些“红皮肤人”。因此在铁路公司的支持下，一场由上百名专业猎手带队的大规模猎杀应运而生，其中就有著名的传奇猎人水牛比尔。到 1890 年，只剩下几百头野牛（今天大约有五十万头）！

在很长时间内，鲸因其油脂可做灯油而遭猎杀。19 世纪，人口增长迅速，对灯油的消耗更大，对鲸的捕杀也相应更加猛烈。仅仅 50 年的时间里，鲸的数量就从 20 世纪中的三十万降为 1990 年的两千头。今天，鲸鱼的数量仍岌岌可危，即便只有日本人因“科研”而捕鲸……每年还要消耗 1200 吨的鲸肉。

我们还可以列举出加拿大的水獭、非洲的犀牛、俄罗斯的鲟鱼等等例子，更不用提已经灭绝的马达加斯加渡渡鸟……大自然很慷慨，但它也有极限。20 世纪下半叶，尤其是随着 1948 年世界自然保护联盟（IUCN）的诞生，大自然的限度才得以凸显。该联盟 2014 年公布的濒危物种红色名录显示，在全球已知的 73686 种生物中，有超过 22000 种生物濒临灭绝。

相关阅读：人类世（1784 年）；物种全球化（1869 年）；国际公约关注生物多样性（1992 年）。

1903 年，在巴黎的法国国家自然历史博物馆，工作人员在动物标本制作间还原一只渡渡鸟。它仅生长在毛里求斯岛。它站着有 1 米高，平均重量约为 10.2 公斤。渡渡鸟发现于 1598 年，不到一个世纪之后就灭绝了。人类的活动直接导致了渡渡鸟的灭绝。

没有派上用场的驱动力（1895 年）

约翰·佩里提出的地幔对流论为准确推算地球年龄提供了依据，促成了魏格纳的大陆漂移说。

19 世纪，人们围绕地球的年龄展开了激烈的论战。地质学家认为地球已存在了几百万年，但不能给出确切的数字。物理学家根据热传导定律给出了具体数字，在数字面前，人们开始倾向于物理学家的结论。他们受开尔文[67]影响最大，他认为地球自它出现之日起便开始均匀冷却。然而，开尔文的一个学生，备受尊崇的约翰·佩里却提出了另外一个设想……

在佩里 1895 年公布的推算结果中，他认为地球被五十千米厚的固态地壳包围着，内部进行着热交换而非物质交换（热传导），引起地幔中流体的抬升，产生热对流（通过物质运动传递热量）。这个组成结构，地球表面测量出的热梯度就和地球几十亿年的历史相吻合了……

佩里的推论是正确的，他试图说服开尔文："您的推算是基于这样一个假设，即地球是固态的，它的形状不会发生变化……然而经过 1 亿年，在力的作用下它会逐渐改变自己的形状。我们观察到矿山里的通道在慢慢封闭，我们知道在持续的作用力影响下，固态的地球中还不断产生褶皱、断层和其他变化。我知道坚硬的岩石不是修鞋的蜡，但十亿年是一个很漫长的过程，而且力量也是巨大的！"开尔文没有接受他的观点。最终，佩里放弃了对这个问题的研究而转向机械领域。

然而佩里研究的理论却意义重大，因为正是这些在地幔中的对流运动导致了大陆的漂移，而二十多年后魏格纳才提出大陆漂移说，但他的观点后来也遭到质疑……因为他没有指出漂移的驱动力！而这个缺失的驱动力就在佩里制作的模型中！

相关阅读：乌瑟与年轻的地球（1654 年）；布丰与古老的地球（1749 年）；史奈德·佩莱格里尼，大陆漂移说的先驱（1858 年）；大陆漂移说（1912 年）。

图示为地幔对流模型，它把物质的对流作为板块移动的唯一驱动力。今天，板块向地幔层下沉也被认为是板块移动的一个因素。

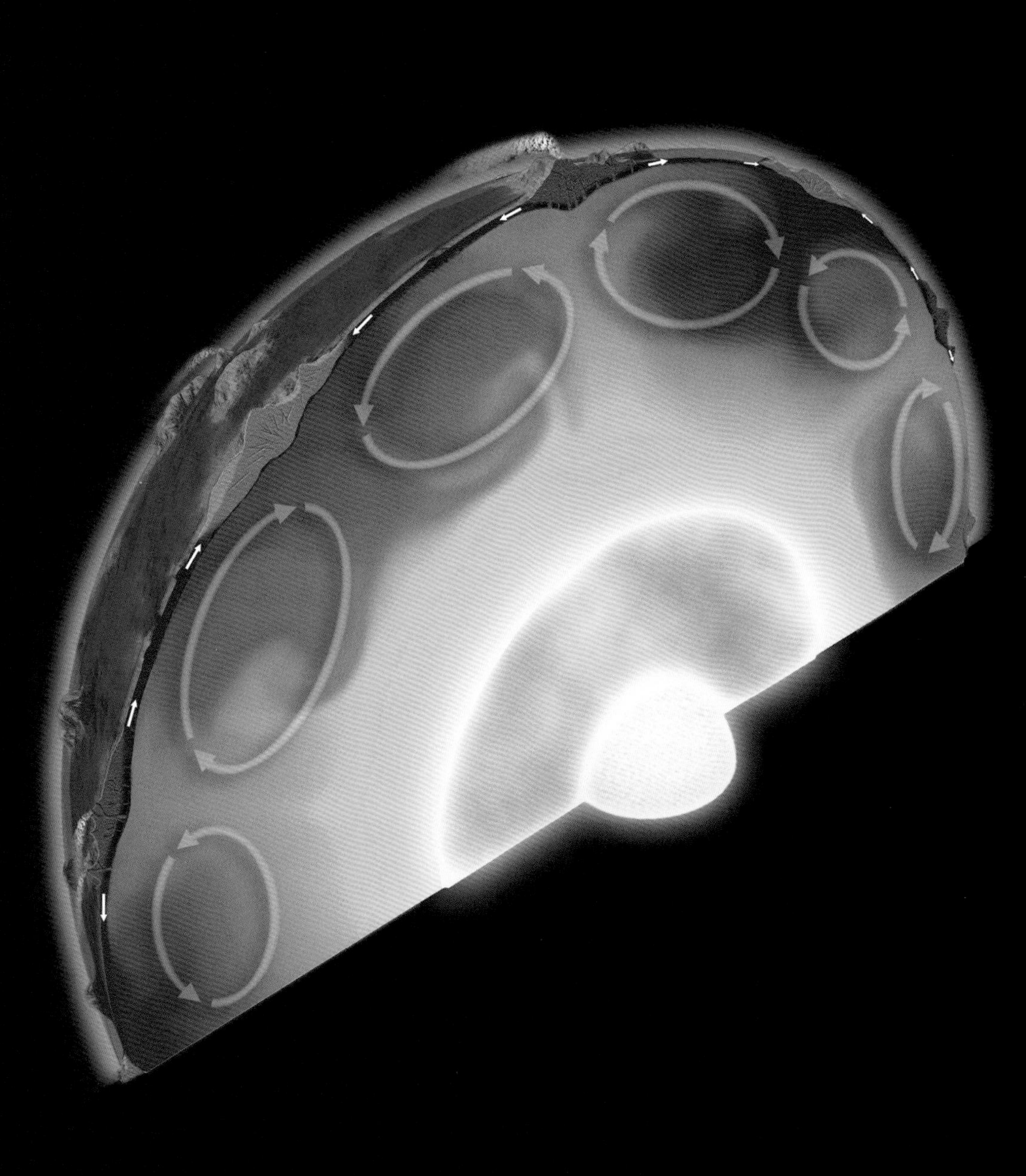

放射性的发现（1896 年）

放射现象的发现开辟了岩石年代测定的道路。

出身于物理学世家，安东尼·亨利·贝克勒尔[68]继承了父亲（亚历山大·埃德蒙）和祖父（安东尼）的事业，是法国国家自然历史博物馆和科学院的教授。

1896 年，他开始研究磷光是否具有与 X 射线同样的性质，磷光物质在经历光照之后自身还可以持续发光。他在实验中用黑纸把一张底片包裹起来，把它和不同的磷光材料放在一起。实验结果都不理想，但当他把铀盐和纸包放在一起时，发现里面的底片曝光了。然而，不久后他发现相片乳剂的感光与磷光现象没有丝毫关系，因为即使铀没有经历日晒，底片上还是会留下廓影。此外，所有的铀化合物都会使底片感光，包括无磷光的铀盐和金属铀。

在贝克勒尔偶然发现“铀射线”不久后，1898 年 7 月 18 日，皮埃尔·居里和玛丽·居里发表的一篇文章里将这种现象命名为放射性现象。三名法国人因这一发现而共享了 1903 年的诺贝尔物理学奖。

1903 年，欧内斯特·卢瑟福[69]提出关于放射性现象的根源问题。他指出这是原子核由不稳定到稳定的一种自然变化现象，在这个过程中不同形式的射线释放（α 射线，β 射线，γ 射线）。这个研究使卢瑟福走上了原子核发现的道路。他利用元素的匀速衰变，通过放射性法测年法测定岩石的年龄。

相关阅读：天然核反应堆（19.5 亿年前）；岩石年龄的推断（1905 年）；人类征服了一个新能源（1942 年）。

安东尼·亨利·贝克勒尔在位于巴黎的法国国家自然历史博物馆的实验室中。

培雷火山的喷发（1902 年）

培雷火山的喷发摧毁了马提尼克岛的圣皮埃尔，人们对此印象深刻。这是迄今为止造成死亡人数最多的火山。

培雷火山是一座活火山，高 1397 米，是马提尼克岛的最高峰。这里发生了 20 世纪伤亡最惨重的火山喷发。

1902 年 3 月，它最初只是冒出火山气体。1 个月之后，发生了第一次爆发与一场地震。从那以后，火山活动越来越频繁，一场更猛烈的爆炸向空中喷出大量的物质，后来受其自重影响又纷纷下落。火山云从火山一侧下沉，在几秒钟的时间里席卷了岛上最大的城市圣皮埃尔。在接下来的几个月里，培雷火山又形成了七团火山云，摧毁了火山腰。30000 人不幸丧生。

迄今为止，培雷火山的喷发是已知的最为致命的火山喷发之一。还有另外两例火山喷发造成了伤亡，但真正造成损失的却不是火山喷发本身：印度尼西亚的坦博拉火山，于 1815 年造成了 92000 人死亡，死亡的原因是紧随火山喷发的大饥荒。另一例也发生在印度尼西亚，1883 年喀拉喀托火山喷发后的海啸导致了 36000 人丧生。

就在培雷火山喷发几天之后，圣文森特岛上的苏弗里艾尔火山喷发，也造成了很大的伤亡。奠定了现代火山学基础的阿尔弗莱德·拉克鲁瓦对这两次火山喷发进行了研究，他对不同的火山喷发进行了区分（培雷式、夏威夷式、史冲包连式、伏尔坎宁式……），他还指出地震与火山喷发都是相对独立的。

阿尔弗莱德·拉克鲁瓦强调了建立火山风险观测台的必要性。据估算，自 1783 年以来，已有 23 万人因火山活动而死去。火山灾难也造成了经济上的损失：1985 年，内瓦多·德·鲁伊斯火山喷发造成的损失占哥伦比亚国民生产总值的 20%。在所有活火山（在全新世爆发过的火山）中，人们只采用仪器监测其中的几十座火山。

相关阅读：黄石公园，最大的活火山（1700 万年前）；圣托里尼的火山喷发（公元前 1600 年）；维苏威火山喷发（79 年）；尤利亚，一个变幻莫测的岛屿（1831 年）。

1902 年，培雷火山（马提尼克）喷发时升起的火山灰云。外观最大的特点是大量升腾的水蒸气。

Fig.1

Fig.2

Fig.3

Fig.4

Héliog. L. Schutzenberger
Fig.5

Fig.6
Phot. A. Lacroix

岩石年龄的推断（1905 年）

欧内斯特·卢瑟福提出了以放射性衰变为基础的年代推算方法，结束了长久以来关于地球年龄的争论。

20 世纪初，以开尔文为代表的物理学家仍固执地认为地球不可能有 1 亿多年的历史。在卢瑟福的推动下，地质学家开始利用放射性来推算岩石年代。这是对于地球研究的一个转折，从此以后，用地质时间来代表年代变成了可能。

开尔文不相信在地下存在热源，然而 1896 年贝克勒尔放射性的发现揭示了这个事实：反射性物质在衰变时会释放热量。据此，英国物理学家欧内斯特·卢瑟福[69]通过测定放射体衰变的母子体来推测岩石的年代。1904 年，在伦敦一次以镭为主题的论坛上，他提出了自己的观点，最高权威开尔文也出席了论坛。卢瑟福在论坛上进行了巧妙的论证："开尔文阁下对地球年龄的限定是基于地球上没有发现新热源这样一个前提。这个具有预见性的声明则和今天晚上我们探讨的主题有关，那就是镭！"卢瑟福假装涉及放射性来讨好这位老人，但开尔文自始至终都没有支持他的观点。

1905 年卢瑟福第一次用放射性测量来推算年代。研究对大量的氦进行测定，他还选取了一种富含铀的矿物和一种褐钇铌矿，它们的氦含量和铀含量都已知，最后他得到了地球一亿四千万年历史的结果。地质学家战胜了开尔文：确实存在超过 1 亿年的矿物质！

然而，这些最初的放射性推测也存在很大的不准确性，研究方法以及测定设备还需完善。直到 1950 年，关于地球年龄的推算才算结束。1956 年克莱尔·彼得森着手测定一颗陨石的年龄，并假设它与地球形成在同一个年代，通过对微量铀和铅的测定，他推算出了地球的年龄为 45.5 亿年。

相关阅读：天然核反应堆（19.5 亿年前）；布丰与古老的地球（1749 年）；放射性的发现（1896 年）；人类征服了一个新能源（1942 年）。

通过分离同位素来测定年代的质谱仪局部图。

大陆漂移说（1912 年）

作为研究地球科学的先驱者，魏格纳提出了大陆漂移学说，但却与成功失之交臂。

德国天文学家、气象学家阿尔弗雷德·魏格纳[70]对一切为了解地球做出贡献的学科感兴趣，如气候学、火山研究、古生物学、磁学、海洋学和冰川学等。因此，他提出了一个宏观视角来阐释地球的演化。板块构造学就起源于魏格纳的大陆漂移说，并引起了地球科学界的巨大变革。

1912 年，魏格纳的《海陆的起源》出版。他认为陆地在地球历史的长河中移动了位置，并将这个观点写在了给他未婚妻的信中：难道美洲东海岸和非洲西海岸不是完美衔接吗，就像它们以前是一体的？那时魏格纳 32 岁，尽管他没有获得地质学文凭，但他曾上过自然科学方面的课程，并取得了天文学博士学位。1924 他的研究被公布后，便遭到一致谴责。一位英国地质学家说："不管是谁，只要想做个严谨的科学家，就永远不会支持这个理论。"

虽然他随后列出证据（大西洋两岸的化石和岩石），但没有人愿意听。1929 年，他打算用测量学方法证实格陵兰岛开始向西漂移，并以此来实现自己的梦想。1930 年 9 月，他和几个同伴出发去支援他的一个分队。然而几个月后，1931 年 5 月 8 日他的尸体在中途被找到。顺着滑雪板留下的痕迹人们发现了他的帐篷，他躺在睡袋中，上面盖着一张鹿皮，眼睛张大，面部松弛。人们猜测他应该是在高强度的体力消耗后心脏骤停而死。

魏格纳还没有获得他应有的荣誉就离开了人世，但他的观点在那时已领先了约半个世纪！通过 20 世纪 70 年代革命性的板块构造学说，人们看到了魏格纳观点的未来。他错过的是那个阐述板块漂移说的可能的"驱动力"，然而这个驱动力已在 19 世纪末被约翰·佩里揭示，虽然他的观点在那时也未获得世人的认同。

相关阅读：史奈德·佩莱格里尼，大陆漂移说的先驱（1858 年）；没有派上用场的驱动力（1895 年）。

从大西洋的外观可看到它的中脊，两大板块构造就是从这里分离开来的。

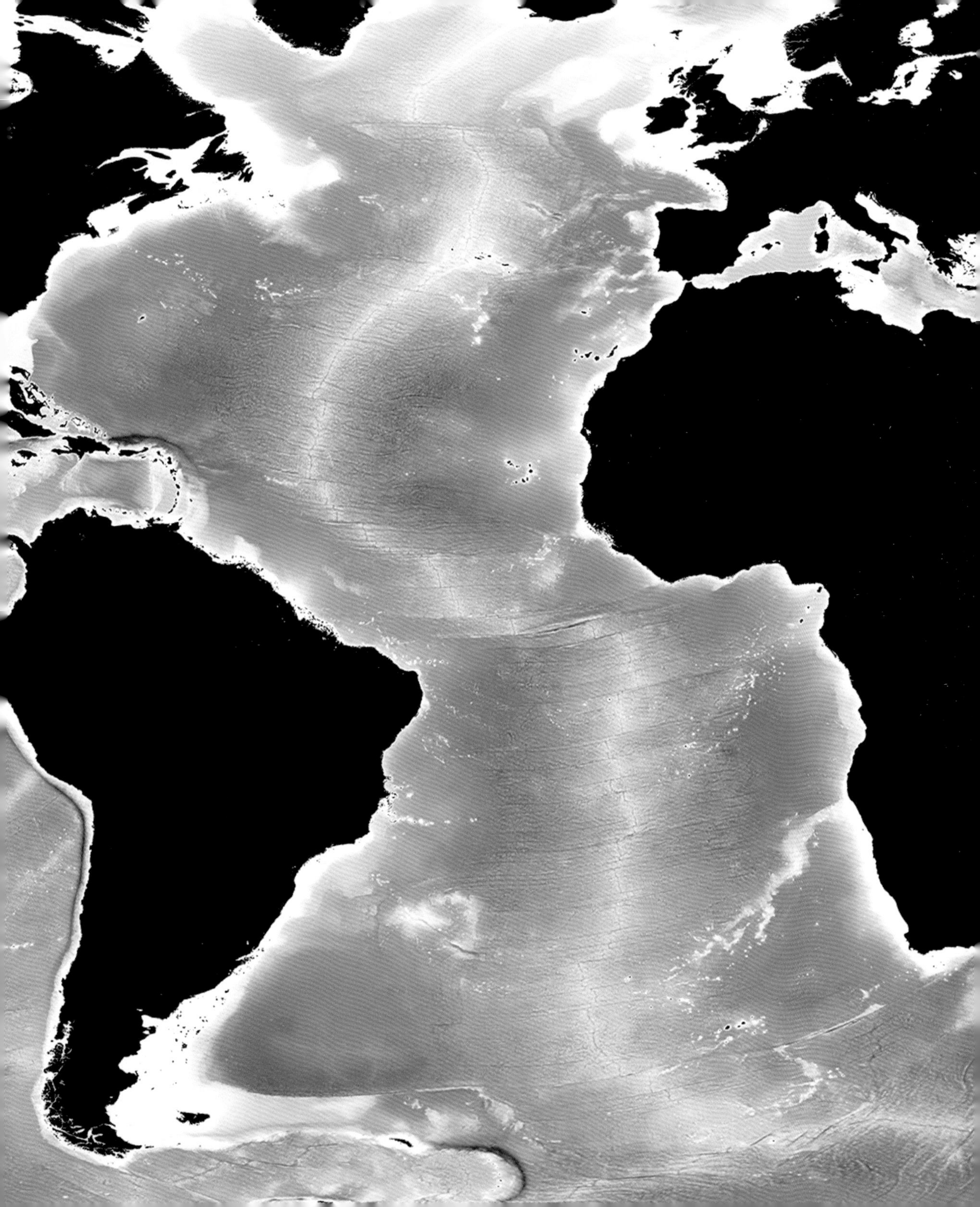

浮游生物季节性爆发（1923 年）

人们最初发现浮游生物大量繁殖的壮观景象时并不理解其形成的原因，直到开始利用它作为监测海洋生态状况的工具。

1923 年，英国渔民在泰晤士港湾发现了一个奇怪的现象，并称泰晤士河的水为“烟草的汁液”、“臭水”，甚至是“臭气熏天的水”。法国西海岸英吉利海峡的渔民把这个现象叫做“五月的绿色”、“污秽”，或是用“黏黏的东西”、“淤泥”来描述。其实，这是一次微型浮游生物的爆发性繁殖，这个种群小到只有用显微镜才能看到（2－20 微米）。当它们迅速大量地繁殖，就像一张帷幔覆盖了水面，其实它是一种充满水汽的云状物，那些微小的生物个体在其中腐烂分解并散发出恶臭。这些微型浮游生物主要由浮游植物群落组成。

微型浮游生物的爆发性繁殖往往被叫做“繁盛”，当然这是迷惑人的，因为它和繁花盛开没有任何关系！这些浮游生物大面积的“游行”虽然是暂时的，但却非常壮观，以至于在 10 千米的高度都可以看到它们：平均每升有 1000 万到 1500 万个细胞组成了一些有色“斑点”，并延绵 7200 平方千米。这些浮游生物在很短的时间内就能汇集不同的生物群，因为它们本身带有颜色，如果成片大量地繁殖，就会呈现出大片的乳白色、青绿色、靛蓝，甚至红色。当红藻爆发性繁殖时，水的颜色会变成血红色，这便解释了在一些宗教和中世纪书籍中提及的河水变成血水的故事。

有时候浮游生物大量繁殖完全是自然原因引起，比如富含营养物的冷水上升到水面；有时候是人类污染的后果，它们来自土壤里的硝酸盐和磷酸盐。由于污染引起的浮游生物大爆发时蔓延的面积大且带颜色，因此可以通过卫星监测并确定缺氧水域的位置。

相关阅读：季风猛烈的时代（1.8 亿年前）。

卫星观测到的阿拉伯海北部浮游植物群落（黄绿色）的爆发性繁殖，形成了巨型漩涡。图下方的白色区域是一些云团。

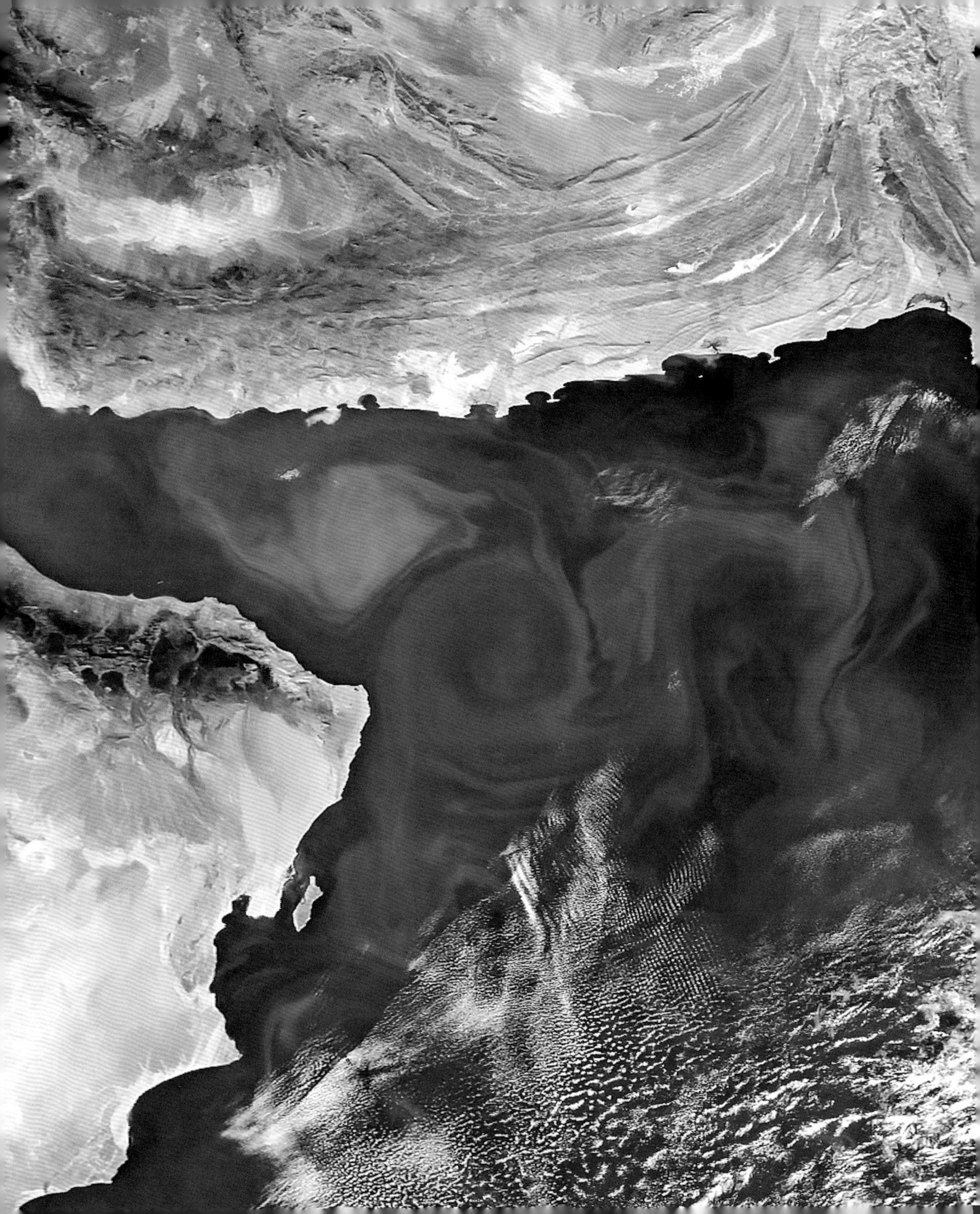

宇宙的历史（1927 年）

从 20 世纪 20 年代开始，宇宙有历史这个观点开始被认可。它把基于现代宇宙学的大爆炸模型作为研究的开端。

大爆炸是一个描述宇宙历史的宇宙学模型，138 亿年前，宇宙从一个温度极高、密度极大的状态中出现。英文“大爆炸”这个词最初就是 1950 年英国天文学家弗雷德·霍伊尔为了嘲笑它而命名的。然而，这个观点的形成可以追溯到 20 世纪 20 年代，它的出现取代了牛顿的静态宇宙论，并革新了人类对自身与宇宙关系的理解，正如进化论曾重新讨论人类在生物界的地位那样。

大爆炸不是指的一次爆炸或者宇宙的起源，而是描述了一个原始又急剧的膨胀现象，它重塑了历史。这个观点受一位比利时神甫乔治·勒梅特关于最初宇宙膨胀观点的启发，他从众多的宇宙起源说中选出一个观点，并把自己的理论称为“从爆炸开始的宇宙”。1927 年他在《宇宙膨胀论》中阐述了这个观点。坚持静态宇宙论的阿尔伯特·爱因斯坦起初并不赞同勒梅特的推断：“您的推算是正确的，但您的物理学知识一塌糊涂。”不过最后，爱因斯坦还是被他的观点所折服。

宇宙的膨胀意味着它的诞生，因此它不是永恒不变的。观点的冲突有时也许是因为人类认知的局限性，不能超越时间的维度去考虑现象。

相关阅读：乌瑟与年轻的地球（1654 年）；布丰与古老的地球（1749 年）。

左图：乔治·勒梅特。右图：普朗克卫星描绘出宇宙最初的大膨胀后的余热。这张图帮助人们观察大爆炸后 38 万年的早期宇宙的形态。

人类征服了一种新能源（1942 年）

伴随着第一个原子堆，即第一座核反应堆的建立，人类开始掌握原子核的聚变反应，从此拥有了一个新能源。

人类力求开发所有已发现的资源。美籍意大利裔物理学家恩里科·费米[71]，则成功征服了一种物质能源——核能。

1942 年，费米在美国芝加哥实验成功了第一个可控链式核裂变反应。人们称这第一个核反应堆为原子堆，因为它是由反应物质（铀）和石墨块（作为慢化剂）组成。

二战期间，新能源拥有巨大的威力，人们试图利用它制造武器。1945 年 7 月 16 日，第一枚原子弹爆炸试验在美国新墨西哥州的沙漠里进行。三个星期后，又有两枚原子弹被分别投掷到日本的广岛和长崎。

费米的研究为核能的探索奠定了基石。二战结束后，军事领域的核研究得到发展，并生产出一批核武器。在民用领域，核能也被用于发电和助推剂的生产，特别是在航海领域尤为突出。

20 世纪 70 年代是核电及利用核燃料中原子核裂变来发电的核电站建设的发展时期。如今，31 个国家已建设了核电站，处在领先地位的是美国和法国。其中法国的核电站发电量占全国总发电量的四分之三（世界上核电比例最高的国家）。

核裂变也带来生产和储存核废料的问题，以及设备的安全问题。“国际热核聚变实验堆（ITER）计划”旨在探讨建立利用核聚变、放弃使用核裂变原理的核反应堆的可行性。

相关阅读：天然核反应堆（19.5 亿年前）；放射性的发现（1896 年）；岩石年龄的推断（1905 年）。

捷克杜库凡尼核电站。

了解过去的天气（1965 年）

气候变暖的证据来源于一杯威士忌。

半个世纪前，法国的冰川学家克洛德·洛瑞丝（生于 1932 年）正在南极考察，一天晚上他要喝杯威士忌。他用来冰镇威士忌的方法异乎寻常：他放了一小块科研用的冰芯到威士忌里。他看到杯子里释放出一些气泡。“从冰川深处钻取的冰块非常紧实，晶莹发亮，一杯威士忌看起来倒像香槟了。看着看着 [……]，我突然就觉得，这冰块里也许就有大气的档案资料。”他在《人类世之旅》一书中这样写道。

这些气泡从哪里来，里面又包含着什么？他推测这些气泡来自许久以前的空气，最初是包裹在雪里，后来又进入了冰川。这样看来，对 1984 年 – 1991 年间在东方站冰川深处钻取的冰芯进行分析，分析冰芯的成分就可以得出过去的大气成分变化，尤其是二氧化碳的浓度的增加。

1987 年，凭借东方站冰川气泡中的二氧化碳与甲烷（CH_4）的分析曲线，克洛德·洛瑞丝荣登《自然》杂志的封面，而这些气泡已在冰川中封存了千万年。就是这样，一个小小的冰块告诉人们，空气中二氧化碳浓度的增加与气候变暖是密切相关的。这一发现深深地影响了气候科学，影响了我们对过去气候的理解，影响了人们日常生活中对气候变暖的担忧。

从这个和威士忌相关的小故事的发生，到写这篇文章的时候，时间已经过了二十多年：有些探索可能需要经历时间才能为人所知。

克洛德·洛瑞丝本可以告诉人们，这个想法是经过深思熟虑才得出的，是确确实实的假言推理法。然而，他更愿意把它当作一个意外发现。一个朴实的人，说的也是朴实的话。

相关阅读：最热的时候（5600 万年前）；墨西哥湾暖流（300 万年前）；当英吉利海峡还是条河（公元前 2.5 万年）。

2002 年 – 2003 年期间“欧洲南极冰芯钻探项目”（EPICA）中，从南极 2872 米的深处钻取的冰芯。通过分析，研究者们首次重构 80 万年间大气中的二氧化碳和甲烷的含量变化，而这两种气体是仅次于水蒸气的两大主要温室气体。

燃烧的地狱之门（1971 年）

世界上除了有喷发熔岩的火山，还有释放甲烷等可燃气体的泥火山。

在有氧条件下，沉积物中的有机物质分解产生二氧化碳。反之，在无氧条件，有机物质则转化为一种气体，也就是水洼中产生的甲烷。

这样的气体在沉积物中大量聚集，随后大多都涌入多孔岩石中。由于甲烷的密度小于沉积物和岩石的密度，因而甲烷会向地面冒。当遇到黏土等构成的不透水层时，气体的上升运动受阻，甲烷越积越多，形成巨大的气穴。如果气体上方为可变形物质，气体将其上推，形成直径为几米到几百米的圆丘。有些气穴体量庞大，在卫星上都能看到，例如俾路支的一处（伊朗东南部）。有时会有气体从气穴中喷涌而出，解释了泥火山这个名称的由来。

海底有这样的构造，释放出的气体变成一个个上升的气泡。大陆上也分布着这样的构造：阿塞拜疆、土库曼斯坦、印度尼西亚。在印度尼西亚，曾有一个村子因此而被迫搬离。

甲烷是一种易燃气体，甲烷泄漏之后会形成高约几百米的巨型火场（阿塞拜疆的燃烧层高度为 200－300 米，已有几百年的历史）。与此相反，破裂的气穴则成为深坑，一场大火便在坑底孕育，就好像土库曼斯坦举世闻名的“地狱之门”，它已燃烧了四十多年。

相关阅读：天然气存储（1975 年）。

土库曼斯坦：天然气坑形成于 20 世纪 50 年代的一次爆炸事故，从那时起一直在燃烧。方圆几千米范围都能看到火光，听到火焰燃烧。夜晚，鸟儿们在气坑周围守着被火光吸引而来的小虫子。

从太空看地球（1972年）

20世纪后半叶，随着卫星和载人航天的发展，人类头一次从太空中看到了地球的样子。

太空中看到的地球像什么？我们这个地球最初的意象只是一个真实存在的天体，还不是20世纪的普通的大地投影。这些表现形式出自科学家，例如地质学家亨利·德拉拜奇，他在《地质学理论研究》（1834年）中提出要呈现出被云层覆盖的地球；出自艺术家，这当中就包括夏尔·布拉班特，他创作了一幅从月球看地球的版画，作为卡米伊·弗拉马利翁的《大众天文学》中的插图（1880年）。

直到1960年，人们才得到从太空拍摄的地球的画面。为研究云系的形成，人类于1960年4月1日从卡纳维拉尔角发射了气象“卫星泰洛斯”一号，这个卫星拍摄了早期的影像资料。1966年8月23日，“月球轨道器”卫星为地球拍摄了第一张图片，虽然画质还很一般。图片中，月球的表面坑坑洼洼，在它的上方便是地球。

闻名于世的照片“地球上升”（Earthrise）[72]，由宇航员威廉·安德斯于1968年12月24日在“阿波罗8号”绕月飞行的过程中拍摄的。4年之后，也就是1972年12月7日，在阿波罗计划的最后一次任务时，宇航员拍下了一张照片，画面上除了地球，别无他物。在美苏太空竞赛的大背景下，美国国家航天宇航局不遗余力地传播这张被誉为“蓝色弹珠”的照片。这张照片的荣耀还不止于此（它还被用作iPhone 3的开机画面），从此以后再也没有人可以否定地球是圆的了：这显而易见！

太空中发射的探测器越来越多，它们企及的地方越来越远，观察地球的视角也越来越新颖：绕土星飞行的卡西尼探测器从14亿千米之外拍摄地球的照片。地球只不过比一个光点稍大一些，与土星的光环相比简直微不足道。1990年，“旅行者1号”探测器从64亿千米远的地方记录了地球的画面。

相关阅读：地球是圆的（公元前500年）；丈量地球（1740年）。

“蓝色弹珠”是最广为流传的从太空拍摄的地球照片。拍摄于1972年12月“阿波罗17号”飞行过程中。

天然气存储（1975 年）

大规模的海洋钻探发现了海底蕴藏的丰富的天然气。

20 世纪 70 年代，在为海洋钻探做准备的地球物理勘探过程中，地质学家发现浅海的一些地层中沉积物的类型存在变化。后来，地质学家们发现这都是冰层，但不详是什么类型的冰层：这里的冰都是“天然气储存罐”，里面是天然气水合物（或称天然气笼形包合物，笼形包合物这个词在希腊语中是笼子的意思。）

笼形包合物蕴藏于海洋大陆架、陆上寒冷地区的永久冻土中，永久冻土是指全年冰冻的土壤，即便地表处于融化期，这一层仍处于冰冻状态。

甲烷是一种强效温室气体，比二氧化碳要“高效”三十倍。近些年来，人们认为甲烷水合物的释放可能是造成过去气候巨变的原因。当温度与压力达到一定程度时，甲烷水合物处于稳定状态，但如果温度上升或是压力下降，甲烷水合物则会被释放出来。这是一种潜在的化石新能源，日本也于 2013 年成为第一个采掘甲烷水合物的国家。

我们正处于大冰期中，从 12000 年前开始，我们又进入了一个小的间冰期。海洋温度升高 2°C 就可能引发甲烷水合物的释放，而这类温室气体的大规模释放又可能会加剧气候变暖，继而导致永久冻土的融化，永久冻土中也蕴藏着丰富的甲烷水合物。

甲烷水合物既是巨大的能源储备，也是一颗充满威力的生态炸弹。

相关阅读：“小”危机（1.82 亿年前）；最热的时候（5600 万年前）；燃烧的地狱之门（1971 年）；政府间气候变化专门委员会的创办（1988 年）。

阿拉斯加永久冻土鸟瞰图。这里的冻土中蕴藏着大量的甲烷水合物。

黑烟囱（1977 年）

人们在海里的热液烟囱上发现了一个繁盛的动物群，热液从海底的热液烟囱中喷出，看来在最极端的条件下也可能有生命存在。

海底地形学告诉我们，海里也有像阿尔卑斯山这样的高大山脉，海底还能发现意想不到的生命……

阿尔文号潜水艇隶属美国海军，重约 16 吨，主要用于深海研究，在 1977 年阿尔文号展示海底有一种外观类似白蚁巢且喷发着黑色液体的结构。喷出来的液体看起来就像烟囱里冒出的黑烟，因而又被称为“黑烟囱”。水温很高，最高可达 350°C，水中还含有丰富的化合物，但通常都有毒（硫、水银），液体的酸性也极高。（pH 值为 2）。

人们一直以为深深的海底毫无生机，然而这里的热液烟囱之上却聚集了大量的生物，这多么让人诧异！这一轰动世界的发现颠覆了人们对生物学的认识：这个环境如此恶劣、极端的物理化学条件，几乎没有任何的食物来源，要如何解释这些还未知的物种的存在与繁殖？

在涌出的热液周围，微生物利用溶解的盐中的化学能进行初级生产。这些微生物也构成了食物链的第一环，为初级消费者提供食物。这样，这个生命的绿洲的四周围绕着大型的蠕虫、长约 30cm 的蚌类、蟹类等等。蚌类中的细菌从硫化氢中吸取能量。一些蠕虫形成血红蛋白，因此它们可以在极度缺氧的环境中呼吸，把硫化物固定下来，而硫化物对大多数生物而言是一种有毒物质。

黑烟囱与它周围数目众多的生命表明，除了已知的生命，世界上还有其他形式的生命，有氧环境或无氧环境中（细菌发酵）的生命。这是了解地球上生命形成条件的一扇新窗口。

相关阅读：生命最初的痕迹（38 亿年前）；未知之地（1978 年）。

太平洋洋底的黑烟囱（位于新西兰的克马德克岛弧）。

未知之地（1978年）

虽然海洋占地球总面积的四分之三，但在通过技术手段开始探索之前，人类对海洋还是一无所知。

20世纪中叶，人类已完成了大部分的陆地探索，而对海洋的作用、地形与地质方面的了解仍停留于表面。

第二次世界大战之后，瑞士的奥古斯特·皮卡德发明了深潜器，命名为FNRS号，后来又归于法国海军，于1954年在达喀尔附近海域下潜到4050米深处。1960年，“曲斯特号”深潜器抵达了马里亚纳海沟，深度超过11000米，这艘深潜艇也是由皮卡德设计。两名搭载的潜水员透过舷窗看到一条鱼：在这么深的地方还有生命！这为科学家们打开了全新的视角。

仅仅到达海底并不能使人类满足，他们还想探寻海底的奥秘。1968年，一艘特制的舰船开启了深海钻探计划，这就是R·V·格洛玛挑战者号。下潜的目的是从大洋中脊与深海平原提取样本，用以确定它们的性质与年龄。格洛玛挑战者号的钻探塔高43米，15年间完成了96航次，共钻孔1092个，一直到1984年才被性能更优异的乔迪斯·决心号取代。深海钻探计划不仅绘制出海底地图，还收获了大量的有价值的地质学、生物学、物理学、化学资料。然而，仅仅潜入海底是不够的，还需要从太空研究海洋。1978年，第一颗海洋卫星Seasat发现海平面并不平。可以这样定义大地基准面，最接近真实的陆面的形态（海底有起伏时海洋凸起，有深海沟的海洋则海面下陷），对精确高度计算、水文学或是太空研究都不可或缺。1992年，第二颗海洋卫星Topex – Poséidon可以了解海洋地形学中的动力学（例如地球的转动，海平面因洋流上升或下降），计算表面洋流的速度与方向。

相关阅读：墨西哥湾暖流（300万年前）；大陆漂移说（1912年）；黑烟囱（1977年）。

Seasat是第一颗用于研究海洋的卫星。

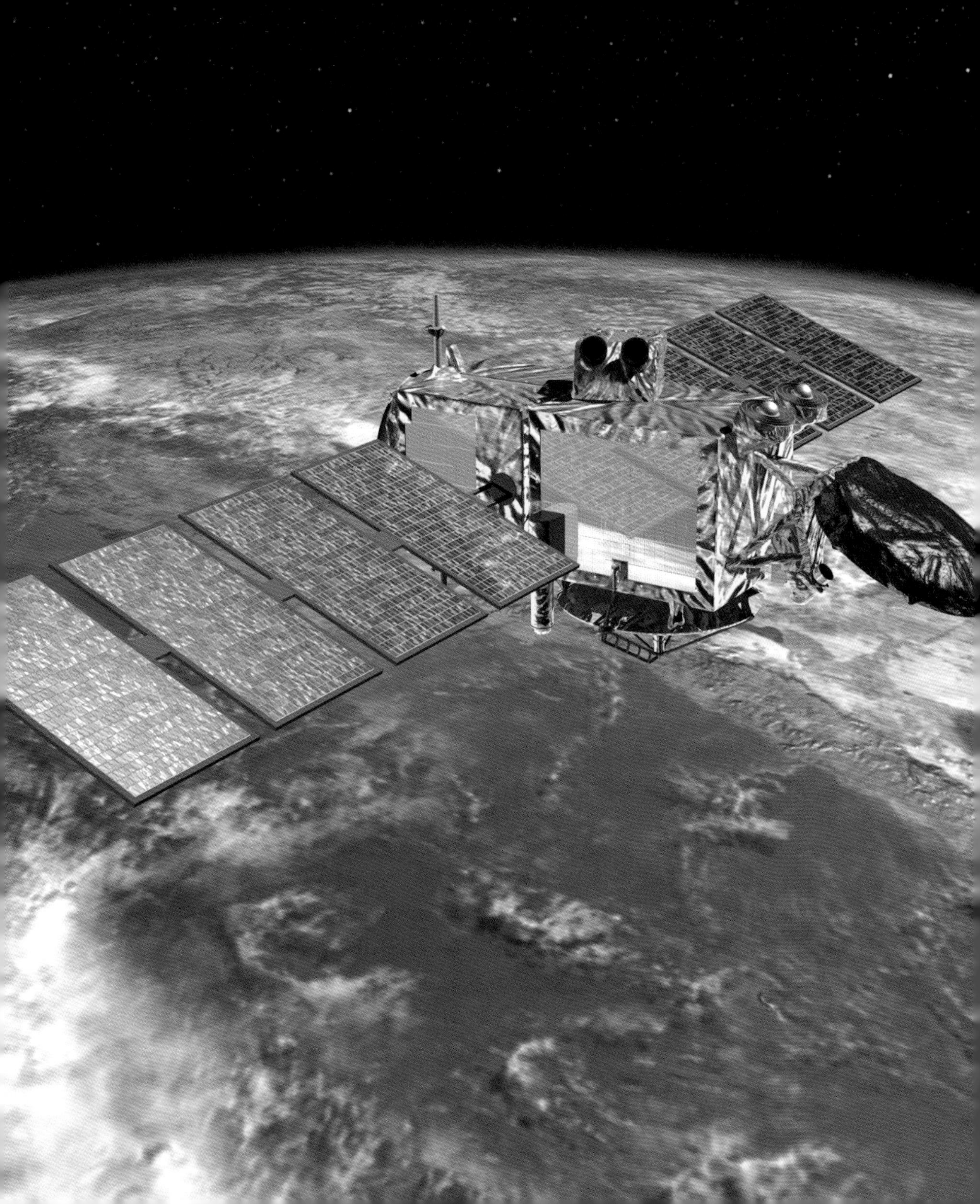

浮游生物与气候（1985 年）

浮游植物释放的硫化物分子能促成小水滴的凝结和凝化，也就是云的形成，浮游植物是调节气候的一个因素。

同大气层、液态水或冰、岩石圈一样，生物也参与多种形式的相互作用，这些作用决定了地球上的气候。即使是最微小的生物也有它的作用……

云覆盖量是气候的主要参数之一。地表的暗色区域，例如夏季的山地、森林或海洋，它们吸收太阳的热量。与之相反，以沙漠或极地冰冠为代表的明亮区域则反射太阳光。这里的反射受云覆盖量的影响。云量大时，云层反射掉大部分的太阳光，地球温度降低。相反，如果云量小则地表温度升高。海洋覆盖了地球表面近四分之三的区域，它对云的形成的影响在决定地球温度时至关重要。

水蒸气凝结或冻结时形成云，但必须要有气溶胶粒子才能形成小水滴。这当中就有二甲基硫醚，是排入大气中的量最大的含硫有机物。然而海洋排放的二甲基硫醚都来自海藻。这些浮游生物产生气溶胶，这就是形成云的开始。这些微小的海洋生物就是“掌控”着地球的温度调节器!

烈日照射时，浮游生物快速生长，释放出大量的二甲基硫醚，形成更多的云。云层反过来降低温度，减弱日光，这样一来浮游生物的繁殖则减缓，形成的有机物也就变少，二甲基硫醚也随之变少。这样云量就变小，气温再度回升。这是一个动态平衡的自动调节循环。

因此，浮游生物至少是部分控制着覆盖海洋的云的形成，由此控制着地球的温度。

相关阅读：浮游生物季节性爆发（1923 年）。

海上云层鸟瞰图。云层投下的阴影影响着海洋的生物生产。

政府间气候变化专门委员会的创办（1988 年）

国际社会为气温上升而担忧，因而成立了政府间气候变化专门委员会，该委员会因其所做的努力于 2007 年被授予诺贝尔和平奖。

海洋与大气平均温度升高的一大表现是气候变暖。一个多世纪以来，已经有观点认为人类应对此负责。自 1896 年起，瑞典化学家斯凡特·阿伦尼乌斯通过温室效应将地球温度与空气中的二氧化碳和水蒸气的含量联系起来。

直到 20 世纪 70 年代，气候模式使专家们开始警觉，到了 80 年代，通过出台政策以应对连续几年的高温与干燥。

这样的觉醒催生了政府间气候变化专门委员会（IPCC），该国际组织于 1988 年由联合国与世界气象组织合作成立，主要研究人类活动对气候可能造成的影响。政府间气候变化专门委员会已经发布了五次气候变迁评估报告，它们分别发布于 1990 年，1995 年，2001 年，2007 年，而最近一次的评估报告的综合报告发布于 2014 年 10 月，它与前四次报告秉承了相同的理念。

综合报告中这样写道："根据观测，人类活动的影响体现在大气和海洋变暖，全球水循环变化，积雪和冰量减少，全球海平面上升，某些极端气候的变化。……人类极有可能是 20 世纪中叶以来全球变暖的主要原因。"

这一发现是全球研究者长期以来共同努力的成果，是各相关学科对气候变化风险研究的结果，通过大量的科学文献形成国际共识。人人皆可参与该进程：超过一千名专家对 2013/2014 报告中的"科研部分"发表了 55000 条评论。

相关阅读：最热的时候（5600 万年前）；了解过去的天气（1965 年）；天然气存储（1975 年）；浮游生物与气候（1985 年）。

大堡礁：礁类生长在浅水区域，它们对海平面与气温的变化很敏感。气候变暖现已成为珊瑚礁面临的最大环境威胁。

国际公约关注生物多样性（1992 年）

自里约热内卢的地球峰会[73]以来，保护生物多样性已成为可持续发展中的重大挑战之一。

1985 年，美国生态学家沃尔特·G·罗森将“生物的”与“多样性”两个词缩合，于是就有了生物多样性这个词。1986 年后，这一说法又因美国昆虫学家爱德华·奥斯本·威尔森而得以推广。这一术语通常局限于物种多样性，但它实际涵盖的范围要更大，还包含遗传多样性与生态系统多样性。

1992 年里约热内卢地球峰会通过了《生物多样性公约》这一国际条约，从此生物多样性这个概念跳出了生态学这个领域，为大众所熟悉，在各类政策中频频出现。

《生物多样性公约》是国际法的一个名副其实的转折点。公约首次将保护生物多样性视作“人类共同关切”，是发展过程中不可或缺的一部分。公约还促成起草了欧洲、共同体与国家层面的生物多样性战略。公约的三个目标是：保护生物多样性；持续利用生物多样性组成部分；公平分享利用遗传资源产生的惠益。迄今为止，公约共有 194 个缔约方。

2010 年，在日本名古屋召开的世界生物多样性缔约国第十次会议又再次重申公约内容。从国际法的角度来看，生物多样性公约不是真正意义上的条约，因为它并不具备约束力。这一做法的新颖之处在于自然科学与人类科学、社会科学之间的紧密结合。人们期望发展既满足当代人的需要，还要尽可能地满足后代的需要，该事业也已从科学领域跨入政治领域。

相关阅读：物种全球化（1869 年）；大自然不是取之不竭的（1890 年）；有限的资源（1992 年）。

巨嘴鸟生活在美洲的赤道地区，颜色丰富，通常用来作为生物多样性的象征。它长长的鸟喙是它的体温调节器（散热器）。

有限的资源（1992 年）

长期以来，经济的发展吞噬着自然资源。人类很晚才意识到资源的有限，醒悟之后便开始着手保护。

一直以来，人类从大自然的馈赠中获取矿物原料、化石的有机物质（石油、煤炭、天然气等）或是活的有机物。人类在地壳的岩石与矿物中开采原料，用来制造首饰、工具、武器……甚至还有电脑。今天，矿产资源占据了我们日常生活的方方面面。从青铜时代开始，经历工业革命的钢铁时代，到开采稀有金属生产电脑中的配件，人类利用的材料种类在不断增加。在 1800 年，人们只使用 9 种金属合成物，今天人们使用的金属合成物达 45 种，占了 94 种自然元素中的一半。

除矿产资源之外，人类活动搬运的土石总量已和自然侵蚀搬运的土石总量齐平。然而，土地是地球充满生机的外衣，在基岩、矿物和有机物碎屑与各种生物之间长期的互相作用中形成，而这里的生物大多是指微生物。土地就是一个动态平衡的生态系统，土地能对外界的某些影响做出应对，但如果这类影响过于强大或过于迅速时，系统便难以实现再度平衡。如今，人类可以利用的生态生产型土地已经被视为一种自然资源。

20 世纪 70 年代以来，全球的人类才意识到自然资源的有限。最初，罗马俱乐部[74]于 1972 年发布的米都斯报告《增长的极限》（The limits to growth）中指出资源将被消耗殆尽，并重新提出讨论增加资源的意义。紧接着便召开了各种大型的国际会议，其中最知名的要数 1992 年 6 月由联合国主持，在里约热内卢举行的地球峰会。这是一场姗姗来迟的动员：古希腊土地肥沃，绿树成荫，农耕发达；人们为了熔化矿石而过度消耗木材，留下一片光秃秃的土地……

相关阅读：人类世（1784 年）；物种全球化（1869 年）；大自然不是取之不竭的（1890 年）；政府间气候变化专门委员会的创办（1988 年）；稀土（2011 年）；水资源（2014 年）。

俯瞰亚马孙河。依照目前砍伐森林的速率，将近一半的亚马孙丛林将在 2050 年前从地表消失。

GPS（1995 年）

方便的 GPS（全球定位系统）为定位、运输带来了革命性的影响，GPS 还改变了人们对地质现象的认识，例如直接测量大陆漂移。

20 世纪 60 年代，美国军队启动了卫星定位计划，1978 年第一颗卫星被送入轨道。1983 年，一架民用飞机遭遇空难之后，里根总统提议将 GPS 技术应用到民用领域。GPS 于 1995 年投入使用，拥有由 24 颗卫星组成的卫星星座，定位精确度在 100 米左右（自 2000 年起，定位精确度为 10 米左右）。俄罗斯于 1980 年推出格洛纳斯系统，中国的北斗卫星定位系统最初只能在中国使用，2000 年时可以覆盖全球。GPS 与欧洲的伽利略系统还达成了合作协议，双方可采用通用信号。

GPS 的推出引发了各类应用的大爆炸，它可以用来定位汽车、船舶、飞机、导弹……徒步旅行的人也会配备 GPS。科学领域的应用也毫不逊色：研究大气、原子钟之间的时间转移。

关于精确度，水平精确度通常为 10 米左右。由于 GPS 是为美国军方而研发，系统的功能只是有选择地开放：如果用户没有特殊秘钥，某些信息会被有意识地干扰，接收器也达不到最大精度。有些用作特殊用途的 GPS 的定位精确度可接近几毫米。这些系统用于绘图、构建数字地形模型、量化构造变形（垂直运动或水平运动）。今天，各种测量可对板块构造理论予以证实：阿尔卑斯山某个部分的上升速度，某个平原的下沉（威尼斯），水准基点间的分离与靠近。

相关阅读：从太空看地球（1972 年）；未知之地（1978 年）。

众多的卫星绕着地球飞行，地球看起来就像被电子围绕的原子核。

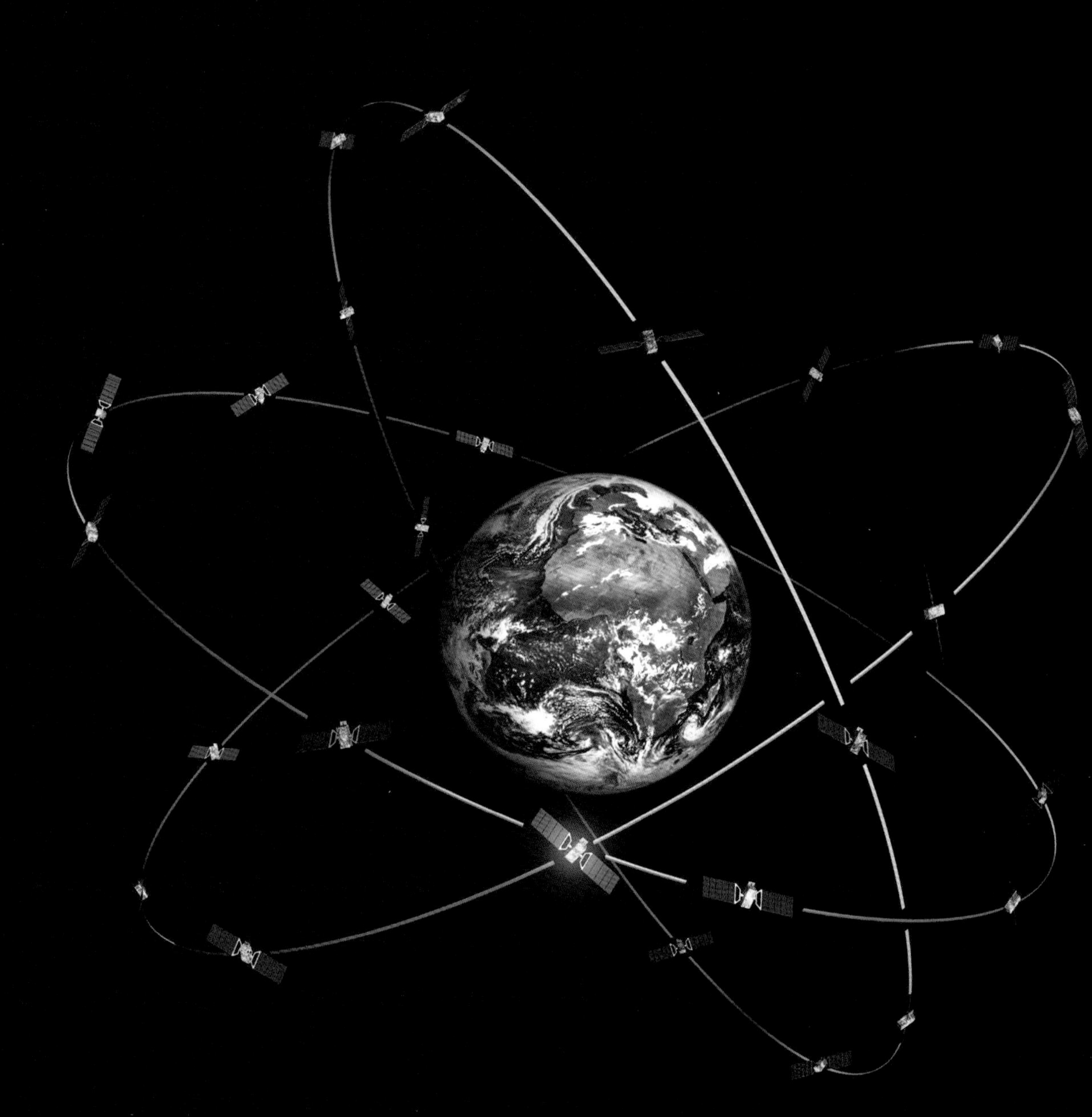

第七大陆？（1997 年）

来自现代世界的垃圾在海洋中大量聚集，这是人类对大自然造成的影响。

地球的自转形成了洋流，受地球自转偏向力的影响，洋流表现为巨大的漩涡。在这些“环流”中心，风力微弱，少有航海人员到达这里。但在 1997 年，海洋学家、航海员查尔斯·摩尔决定穿越北太平洋环流。这里少有海豚和鱼类，却有大量的塑料碎片，这令他震惊不已。他发现了北太平洋的垃圾漩涡，这个区域垃圾密布且主要为塑料，因此被称为“塑料大陆”、“第七大陆”。

通过多次考察，摩尔对垃圾进行研究，估计了垃圾的数量。他得到的数据令人触目惊心：平均每平方千米有超过 30 万块塑料碎片，多的甚至接近百万块塑料片，据估计重量达到数万吨！80% 的垃圾来自陆地，它们被风和河流带到海洋。长期以来，垃圾都由微生物分解，而塑料却不能被生物降解，数量还与日俱增。更糟糕的是，塑料在光的作用下分解成微粒，被海洋动物吞食。

太平洋的垃圾漩涡并不是唯一的一个垃圾漩涡。五大海洋环流无一幸免。人们在 2010 年发现了北大西洋的垃圾漩涡，2014 年 5 月起法国考察队开始勘察“第七大陆”。

科学家们并不否认这一污染的真实性，但他们认为把它称作一个塑料岛或是一片塑料大陆并不是那么恰如其分：说起来应该像一种掺杂着微小物质的浓汤，这道浓汤就漂浮在水域之间。由于卫星照片上反映不出这一现象，因而还做不到对其定位与精确测量。也正是因为这个原因，统计的结果才会五花八门。为了把这一情况弄个清楚明白，由安德烈斯·科萨尔（加迪斯大学）带领的西班牙研究团队绘制了海洋上漂浮的细微颗粒（长度小于 1 厘米）图。他们于 2014 年发布了研究结果，结果表明五大亚热带环流带是海洋垃圾最集中的地方，但塑料细微颗粒的总量并没有几百万吨，实际为 7000 至 35000 吨。

相关阅读：人类世（1784 年）；大自然不是取之不竭的（1890 年）。

这是阿尔加利塔海洋研究基金会的船只在北太平洋亚热带环流带提取的样品，基金会主要研究海洋微粒塑料对海洋生态系统与海洋生命的影响。

城市人口（2007年）

人口爆炸伴随着城乡人口分布的深刻变化，能源消耗随着这样的人口分布而减少。

半个世纪以前，世界上的人口大部分都分布在乡村。到1950年的时候，城市人口还不足总人口的三分之一。2007年是一个转折点：城乡人口大体相同。根据联合国预测，到2040年全球城市人口将达到总人口的60%。在今天的南美洲，城市人口已经达到78%。在上海，人口每年增长一百万。中国每年新增建筑面积20亿平方米，占近十五年来全球建筑总量的一半……到2030年，城市人口将达到50亿，那时的城市人口将相当于1987年的全球人口总和。

这样的人口集中必定会产生多种多样的影响。城市生活并不见得对地球有害，这是一个不同于以往的观点。如果回归乡村是改善生活品质的灵丹妙药，那么它对能源而言却是不利的：在纽约，市中心的能源消耗比住宅分散的郊区的能源消耗低30%；一般来说，城市人口增加一倍，人均资源消耗降低15%，生活水平提升15%。就这一点而言，居住在城市比居住在乡村更环保！有的建筑师决心设计出能源与食物自给自足的巨型城市，它们周围的自然环境“原始”且富有生物多样性……

城市的聚集还引发自然风险、供水、大气污染、生产与垃圾管理等相关的问题，21世纪的人类面临的挑战如此之多。

相关阅读：大自然不是取之不竭的（1890年）；第七大陆？（1997年）；100亿人口（2040年）。

上海，一座蓬勃发展的现代化大都市。这是中国人口最多的城市，2013年上海人口为2390万人。

自然风险（2011 年）

许多自然现象存在范围广，造成灾难性的后果，提醒着人们，地球是一颗有生命的星球，人们通常无法对它进行预测。

每一次的重大自然灾害都会引发一个让人担忧的问题：这会发生在我们身上吗？有时真的要想一想这是不是大自然在发怒……

2004 年，印度洋发生 9 级大地震，地点临近苏门答腊岛，位于欧亚板块与印澳板块的交界处，这是史上最强烈的地震之一。地震掀起的海浪高达 6 米，绵延 1600 千米，地震引发的海啸袭击了印度洋周边的国家，东南亚受到的影响尤为严重。这是史上死伤人数最多的一次海啸，伤亡人数触目惊心，超过 23 万人罹难。惨剧的发生与这里的人口密度有一定关系，人口密度从 1960 年的每千米 55 人升至 2004 年的 130 人。

2011 年，日本东北部遭遇了一场大地震。地震引发的海啸横扫近 600 千米的沿海地区，高达 30 米的海浪深入内陆 10 千米。最惨重的损失要数福岛第一核电站发生的事故。除了巨大的经济损失与人员伤亡，核事故的影响也还会持续很久。

国际组织（联合国，联合国教科文组织）认为，要完全阻止自然灾害或消除风险是不可能的，但人们可以预测灾难，至少是预见由人类活动所引发的灾难：沿海修筑居民区，或是建筑过程中不遵守安全标准，砍伐树木导致洪水越演越烈等等。致力于研发预防灾害的方法，为科研、教育与民众的教化提供支持，改进土地利用，改善基础设施，或是实行预警机制。

地球上的恶魔不比从前狂躁，地球上的人也从未如此之多，人与人之间的沟通也从未如此容易。

相关阅读：物种全球化（1869 年）；大自然不是取之不竭的（1890 年）；政府间气候变化专门委员会的创办（1988 年）；100 亿人口（2040 年）。

飓风卫星图。飓风旋转的方向表明飓风发生在北半球（南半球的飓风旋转方向相反）。图中能清晰地看到，飓风的风眼一片平静。

稀土（2011 年）

新技术中采用的化学元素较以往更加多样，因此在这里重谈矿物的开采。

在很长一段时间里，人类使用的金属种类都还非常有限。1700 年人类使用 5 种不同的元素（铁、铜、铅、锌、锡）；而今天人类使用的元素种类超过 45 种，其中就包括“稀土”。铈、铌、镝、铒……这些有着奇怪名字的金属已成为工业与地缘政治中的重要砝码。

稀土广泛应用于高新技术中，稀土还进入人们的日常生活：电视、手机、电脑、风力发电机、混合动力汽车、LED 显示屏，甚至是银行卡（以防造假）。以钕为例，电动汽车发动机与风能发电机的制造都离不开它。稀土的用量正在大幅攀升：2000 年为 8 万吨，2014 年为 20 万吨。

从地质角度来看，“稀土”并不稀有。铈比铜的分布范围更广。之所以认为它“稀有”，是因为稀土在矿藏中的含量较低。超过 200 种矿藏中均含有稀土元素，但真正有经济价值的并不多（只有十几种），最知名的可能要数独居石了，它包含了 70% 的稀土氧化物（铈、镧、钕）。稀土中有经济价值的部分含量低，在地球上的资源分布也极不均匀。

需求猛增的同时稀土价格也在飞涨。价格的上涨使得许多国家都寻求更多的供应渠道：对矿层重新估价并再度开采（2011 年，日本宣布在海底发现巨大稀土储量），再度利用以往忽视或丢弃的物品：比如从垃圾中，从矿渣堆中提取，甚至是从矿山废石堆中提取。因为价格上涨的原因，人们开始回收利用含稀土元素的产品，在生产的过程中限制稀土的用量。人们必须重新审视地球上的资源和可持续发展，更准确地说应该是重新审视可以接受范围内的发展。

相关阅读：大自然不是取之不竭的（1890 年）；有限的资源（1992 年）；水资源（2014 年）。

有的稀土中含有荧光物质，也就是说这些元素会发光。它们可用于制造荧光灯、发光二极管（LED）、等离子显示屏。

水资源（2014年）

液态水的存在是地球的一个特征，有了液态水才有了生命。水是人类生存的根本。

地球的72%被水覆盖。其中97%为咸水，2%的水储存在冰山和冰川中。从理论上说，只剩下很小一部分可为人类所用（资源），如果要说真正可以使用的部分（储量），这个比例还将更小。地球上的水资源分布很不均匀，这是人类的又一顾虑。

在日常生活中，动植物与人类的生存与活动都需要水。但是这样用水既造成水的变质，又减少饮用水的水量。眼前的关键问题是要找到调节各类需求的办法，实现水资源的可持续管理。

未来可能有两种原因造成水荒：气候变化与人口增长，家庭用水因其量小并不会导致水荒。10亿至20亿人缺乏饮用水或饮用不洁净水，这不是因为缺水，而是资金和设备管理问题。水荒还影响农业，气候变化或许会提高降雨量，但也会改变降雨量的分配，气候变化比环境的适应性、人类的适应性都要来得更快，尤其是快过饮食习惯的调整。

影响水资源供应的三大危险：水冲突、生态系统保护、干旱。最应该关注的是生态系统和生物多样性保护，因为并不是只有人类才需要水。在人类主宰地球之前，所有生物，不论是动物还是植物都享受着水的滋养，而人类对水的消耗对它们是不利的。砍掉所有的森林，抽干所有的沼泽，拦截河流，引水入渠，把可以利用的土地都变成耕地……这一番天翻地覆之后，人类还能存活下来吗？到时候缺的可能不是水，而是生物多样性、生态系统多样性，以及适宜人类在地球上居住的所有因素。

相关阅读：地球，蓝色的星球（44亿年前）；水，至关重要的液体（38亿年前）；大自然不是取之不竭的（1890年）。

水在西方国家已经平常得不能再平常了，然而在其他国家，还有10亿至20亿人存在饮水难题。

100 亿人口（2040 年）

在几千年的时间里，人口一直增长缓慢。在过去不到五十年的时间里，人类似乎迎来了人口爆炸，如同一颗“人口炸弹”。

每一个物种都要生长，拓宽自己的领地，占领新的生态位，这一点在智人身上体现得尤为显著。240 万年前，智人出现在非洲，同时也已分散在世界各地（180 万年前出现在格鲁吉亚的达马尼斯、印度尼西亚的莫佐克托，还可能出现在中国），智人在 20 万年前走出非洲，走向了整个世界。

10 万年前，现代人出现在近东，在欧亚大陆，随后又到达各个大陆。随着时间的推移，即使是沙漠，无论冷热，森林，不论密疏，这些地方都有了现代人的踪影。人类的扩散也伴随着人口数量的增加，起初只是缓慢的增长，到了现代便一路高歌猛进。据估计，在新石器时代（公元前 1 万年），全球人口约为 500 万人，公元初期达到 2.5 亿人，文艺复兴末期时人口为 5.5 亿人，19 世纪初时达到 10 亿人，1930 年时为 20 亿人，1960 年为 30 亿人，2000 年为 60 亿人，2010 年达到 70 亿人……

再过 30 年，全球人口总数可能达到 100 亿人。在这过去的时间里，人口就已翻了 60 多倍！人口统计学者预计人口总数将稳定在 100 亿左右。在地球历史上短短的一瞬间，人类已成为主宰世界的物种，甚至是入侵性物种，凌驾于其他物种之上。这样的主导地位，在生命的历史上无可匹敌，它会导致人类的过早灭绝吗？又或者，轻一点说，会造成我们社会的崩溃吗？这是我们正在思考的，但这并非不可能。造成我们灭绝的原因可能来自外界（气候变化，火山喷发，陨星撞击，传染病……），又或者来源于我们自身（污染，技术事故，因人口过多或资源分布不均而爆发的战争……）。这就是库斯托船长所说的“人口炸弹”。

相关阅读：智人（20 万年前）；城市人口（2007 年）。

夜晚的地球局部卫星图。西欧与沿海地带显得分外明亮。

新冰期（50000 年以后）

我们一定会再经历一次冰期，但这会发生在什么时候？全球气候变暖也许会推迟它的到来。

我们的星球现在正处于间冰期，此次间冰期始于 10000 年以前的全新世。在这一温暖的时期，气候相对温和，接下来必定会迎来一个新的冰期。

过去的资料证明，几十亿年以来，冰期和间冰期在地球上交替上演，影响这一循环的两大要素：一个是地球的天文参数，尤其是地球与太阳的相对位置；另一个是大气中的温室气体浓度。当前，因为气候变暖的原因，人们更多地关注第二个要素，科学家们也并没有忽略第一个因素，因为其使得新冰期的到来已成必然。问题在于新冰期会从什么时候开始……

自 1972 年起，古气候学家们相聚美国的普罗维登斯，讨论事件的紧迫性。那时，预计下一次大冰期将发生在 10000 年以后，也就是不远的“明天”。

1990 年以来，问题发生了变化。极地冰层钻探展示了大气中二氧化碳浓度的巨大变化，改变了问题的风向。

2002 年，两位研究者的计算表明，当前的间冰期还将延续一段漫长的时间，这一时期还要持续 5 万年……还有人提出间冰期将持续 7 万年甚至 10 万年。2012 年，由剑桥大学地球科学系的卢克 · 斯金纳博士和大卫 · 霍德尔教授带领的团队表示，我们将可能在 1500 年以后经历新冰期……但温室气体排放的增加将延迟这一个新冰期的到来。那到底是什么时候呢？一切都取决于长期的二氧化碳再吸收。

无论新冰期什么时候开始，欧洲的土地都将会部分冰冻，海平面将下降 120 米，和 2 万年前一样。企鹅与海豹在地中海徜徉，人们可以步行去英国！

相关阅读：地球的天文周期（2.25 亿年前）；了解过去的天气（1965 年）；政府间气候变化专门委员会的创办（1988 年）。

地球将在几千年以后经历新一纪冰期。

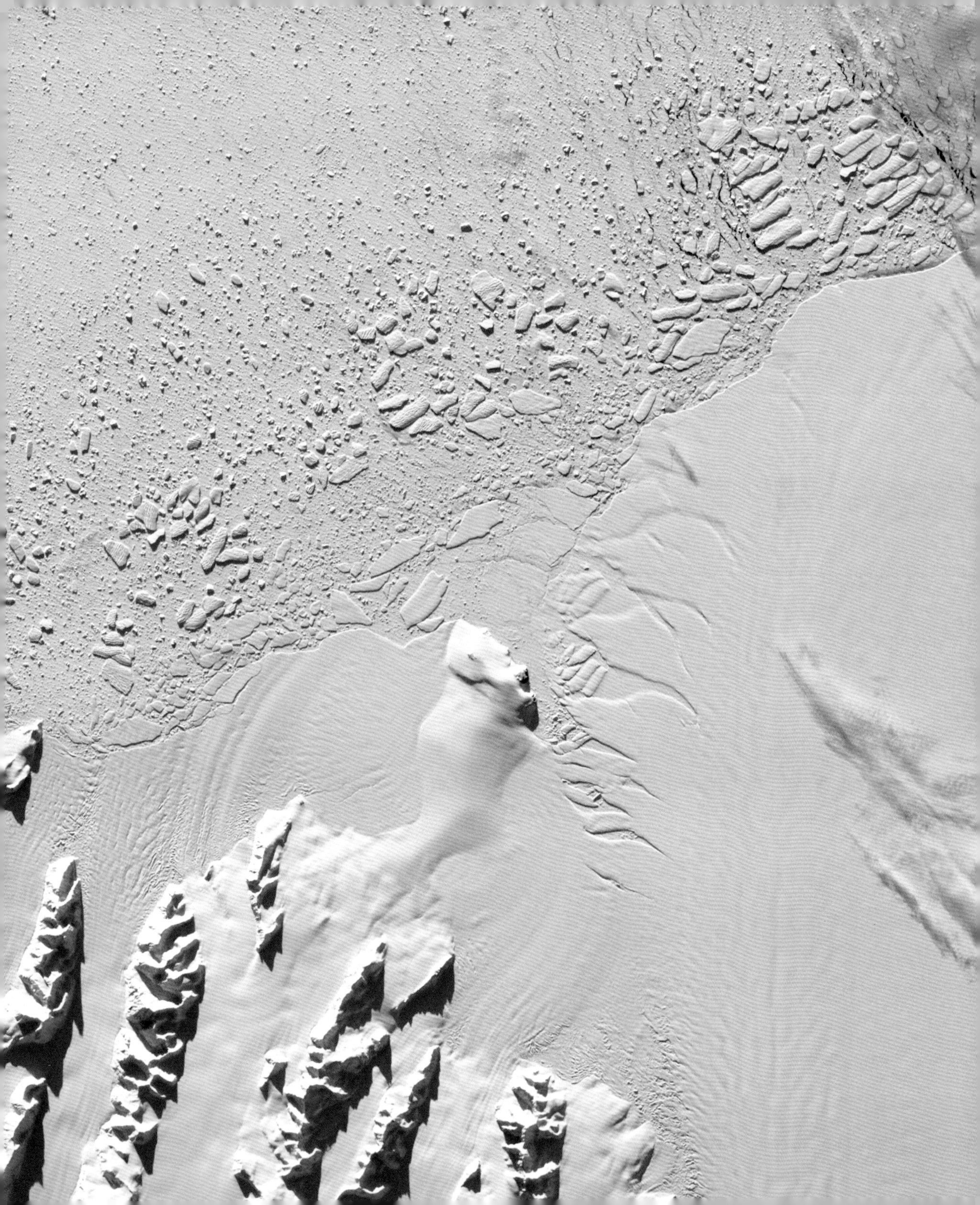

地中海成为一道山脉（5000 万年以后）

板块的运动很慢，加上它们的惯性，我们因此能够预测出几百万年后的变化。

“活跃”的地球：地球上的大陆一直在移动，将来亦是如此，直至这颗星球的核心彻底冷却。

现在的地中海不过是一片古老海洋的残余，这就是开口向东的特提斯洋。当特提斯洋的南部开始扩张时，非洲南部开始原地转动。它的东北部向欧亚大陆北部靠近，随后特提斯洋开始闭合。今天只留下地中海，但这片海洋的面积已经大大缩小。2000 万年以后，今天我们眼前的这片海将成为回忆：至多变为一小片内海或者几个小小的湖泊。

地中海东部的土耳其将在黑海的南部滑动，但它不会向西移动，也不会像希腊一样向欧洲靠拢。阿拉伯地区和整个中东都将向北移动，那时候土耳其就会在阿拉伯的西边而不是北边了！

地图上的欧亚大陆看起来好像放歪了。就好像是沿顺时针方向旋转了一样，英国将会朝东北移动，与北极靠近。相反，西伯利亚会朝南移动，进入热带范围……

非洲将会离欧洲更近，并最终将地中海和红海完全闭合。一道山脉就这样诞生在原来的大海之上。

相关阅读：大陆分离（2.5 亿年前）；南大西洋的扩张（1.3 亿年前）；大陆漂移说（1912 年）。

地中海将要诞生的山脉，看不到游艇，也看不到撑满太阳伞的海滩。

太阳变成红巨星（50 亿年以后）

燃烧完所有的氢元素之后，太阳将膨胀变成红巨星，烧灼我们的星球，使得海水蒸发，岩石熔化。

地球的历史与太阳的历史息息相关，它们都形成于四五十亿年前，从此地球的命运便依附于这颗恒星。

太阳之所以会发光，是因为它燃烧氢（氢占太阳总质量的 74%）进而不断地产生能量，并通过核聚变将氢转化为氦，但这种燃料并不是取之不竭的。太阳每秒钟将 6 亿 2700 万吨氢聚合成氦，几十亿年之后，太阳核心缺乏必要的燃料，引力会导致其向中心压缩，与此同时太阳外层向外扩展，这将使得它逐渐膨胀，最终转变为红巨星，这颗星将更为明亮，因为它体积更大，温度更低，因而呈现出红色。在红巨星产生约 76 亿 6 千万年之后，它比之前亮 2350 倍，半径也将扩大 166 倍。整个球体将为 0.77 个天文单位，相当于太阳到地球距离的四分之三。因此它将吞并太阳系中离它最近的几颗星球，例如水星和金星，地球和火星也将难逃被燃烧的命运。不过，那时也许我们早已离开了这颗不再适宜居住的星球。

然而太阳呢，它还不会终止活动。它将进入新一轮的核反应，利用氦聚变来产生碳、氧内核。其外壳继续膨胀，直至达到一个天文单位。地球的命运也就被彻底地决定了：它将降入漩涡星云逐渐靠近太阳的中心直至最终被气化。

在重力作用下，太阳的核心收缩，而同时外壳被恒星风剥离，因此产生行星状星云，这就是未来新星的摇篮，从而产生新的行星。在成形一百二十亿年之后，太阳最终以白矮星的形式彻底消亡，这个过程还将持续几十亿年直至它完全冷却。

相关阅读：地球，太阳系的一颗行星（45.7 亿年前）。

太阳耀斑现状。我们的恒星将变得更大，更“冷”，因而呈现出红色，因此得名“红巨星”。

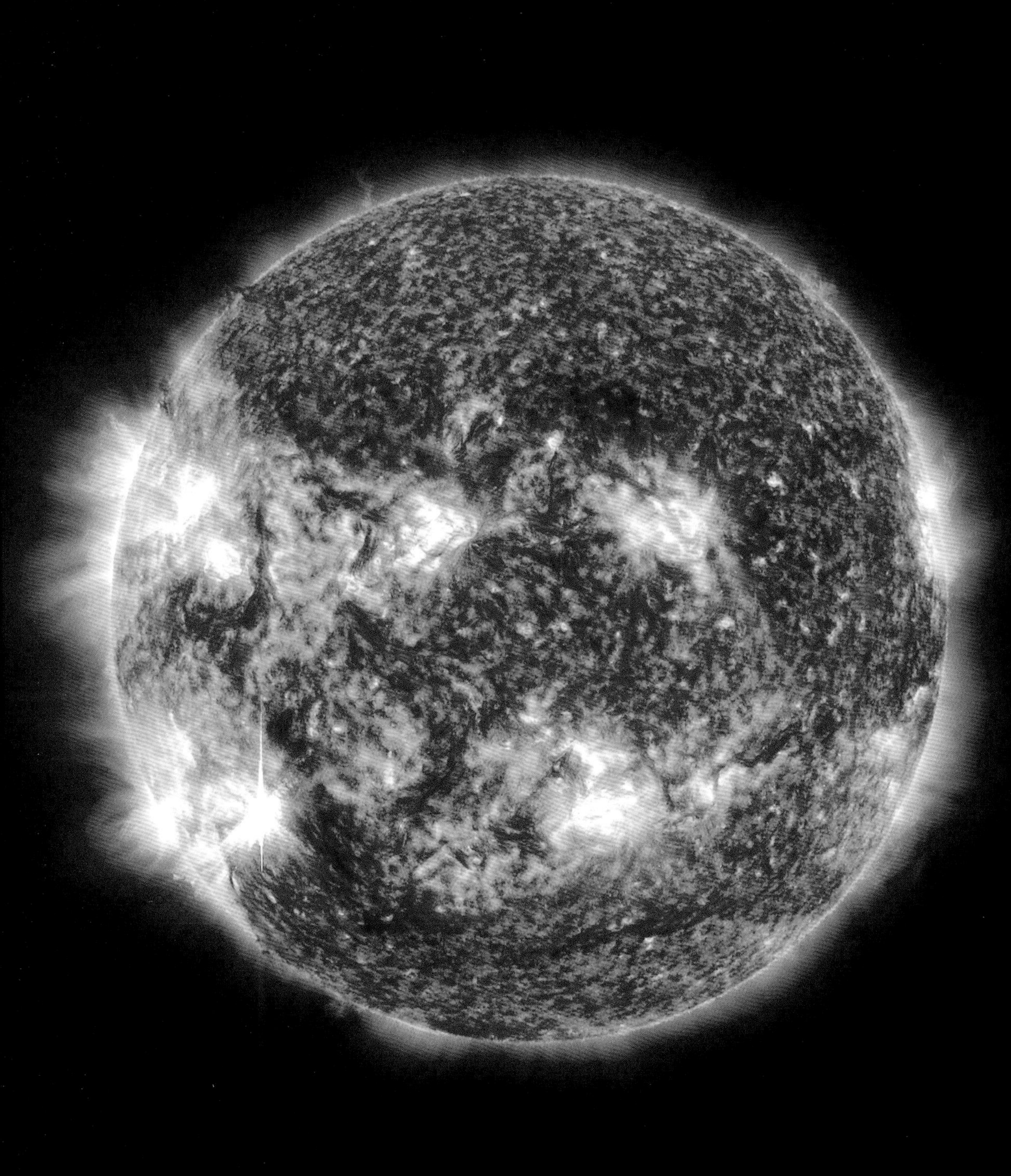

注释

1 潮流在海底之上流动，通过摩擦产生热，使能量散失。这能量的散失对地球自转有刹车的作用，并使一天（自转周期）不断地变长。

2 地球陆面受月球、太阳及地球间的引力影响而发生的起伏现象。

3 法国科多尔省的一个市镇。

4 大洋型地壳，指的是分布于大洋盆地之下的地壳。

5 陆壳上相对稳定的区域，通常是大陆板块的核心。地盾中造山活动、断层以及其他地质活动都很少。

6 片麻岩是一种变质岩，其原岩类型比较复杂，可以是正常沉积岩，也可以是火山岩、火山碎屑岩或各种侵入岩。

7 科马提岩，一种在高温下形成，富含镁的火山岩。

8 鬣刺结构形成于熔岩快速冷凝条件下，是科马提岩特有的结构。

9 尼斯模型是一个太阳系动力演化理论。该理论以提出地（蔚蓝海岸天文台所在的法国城市尼斯）命名。该模型的提出是为了解释太阳系中的类木行星在原行星盘内气体消散很久之后，从原本排列紧凑的位置迁移到今日位置的机制。是近年最被广泛接受的太阳系早期演化模型。

10 克拉通是大陆地壳上长期稳定的构造单元 ，即大陆地壳中长期不受造山运动影响，只受造陆运动发生过变形的相对稳定部分。

11 蓝藻是原核生物，又叫蓝绿藻、蓝细菌。

12 古细菌，又称古生菌、古核生物，是一类在进化途径上很早就与真细菌和真核生物相互独立的生物类群。

13 真细菌是细菌中的最大一类，除古细菌以外的所有细菌均称为真细菌。

14 条带状硅铁建造，地质学术语，是地球早期特有的化学沉积建造类型，由铁与二氧化硅相间沉积而成，记录了地球早期大气和海洋的化学成分、氧化还原状态及演化。

15 南非的无花果树群主要形成于深海－浅海相环境，是泥质单元，厚度约 2 千米，由浊积岩、页岩、硬砂岩、燧石、条带状硅铁建造和粗粒陆源碎屑岩组成，次要的有集块岩、凝灰岩和英安质熔岩。

16 热液又称汽水热液，是地质作用中以水为主体，含有多种具有强烈化学活性的挥发成分的高温热气溶液。在不同的地质背景条件下，可形成不同组成、不同来源的热液。

17 第三纪，新生代最老的一个纪（距今 6600 万－ 260 万年），目前地质年代划分更倾向于用古近纪和新近纪这两纪来代替第三纪。

18 埃迪卡拉生物群位于澳大利亚南部的埃迪卡拉地区，生活在前寒武纪的一大群软体躯的多细胞无脊椎动物。

19 太阳星云是通过凝聚和吸积形成太阳、太阳系内天体的气团和弥散的固体物质。大约在 50 亿年前开始塌缩，后形成太阳系。

20 埃特雷塔是法国上诺曼地大区滨海塞纳省的一个市镇，常被称作象鼻海岸。

21 韦尔东峡谷位于法国南部的普罗旺斯地区，介于阿尔卑斯南部地区与普罗旺斯内陆地区之间。

22 含铁建造指一些富含铁的沉积岩，是地质学上的学科分类。

23 淤泥是指半流动状态的泥，常为细粉砂和黏土遇水后形成，是一种高浓度浑水体。

24 甾烷化合物是重要的生物标志，在低温下比较稳定，可以用来进行油源对比，指示沉积环境和判断有机质演化程度。

25 变形菌门是细菌中最大的一门，包括很多病原菌，如大肠杆菌、沙门氏菌、霍乱弧菌、幽门螺杆菌等著名的种类；也有自由生活的种类，包括很多可以进行固氮的细菌。变形菌门主要是由核糖体 RNA 序列定义的，名称取自希腊神话中能够变形的神普罗透斯，因为该门细菌的形状具有极为多样的形状。

26 在发生共生关系的两种生物之间，一种生物存在于另一种生物体内，特别是存在于它的细胞、组织内的，称为内部共生。

27 α衰变是原子核自发放射 α 粒子的核衰变过程。α 粒子是电荷数为 2、质量数为 4 的氦核（He）。

28 铀 235 自发裂变产生的中子被原子核俘获，能形成钚 239，钚 239 经过 α 衰变又能产生铀 235。

29 准性生殖是一种类似于有性生殖，但更为原始的生殖方式，它可使同种生物不同菌株的体细胞发生融合，不经过减数分裂的方式导致低频的基因重组并产生重组子。

30 又称为单性生殖，即卵不经过受精也能发育成正常的新个体。

31 河漫滩位于河床主槽一侧或两侧，是在洪水时被淹没、枯水时露出的滩地。

32 地幔可分成上地幔和下地幔两层。上地幔上部存在一个地震波传播速度减慢的层，一般称为软流层；软流层以上的地幔是岩石圈的组成部分。下地幔温度、压力和密度均增大，物质呈可塑性固态。

33 冻融作用，在寒冷气候条件下，土壤或岩层中冻结的冰在白天融化，晚上冻结，或者夏季融化，冬季冻结，这种融化、冻结的过程称为冻融作用。

34 卢台特阶是始新世的的第二个阶段，起始和终止时间分别为 48.6 ± 0.2 百万年前和 40.4 ± 0.2 百万年前。

35 此处的软体生物指的是通体柔软的生物，与软体动物要区分开来。

36 陡山沱组是以组为岩石地层单位的地层结构。陡山沱组原称“陡山沱层”，分布于滇东、桂北、黔东、川西、湘北、鄂西及大巴山等地。

37 波罗地大陆（Baltica）是个史前大陆，存在于晚元古宙到早古生代。

38 动物界除原生动物门以外的所有多细胞动物门类的总称。

39 元古宙划分为 3 个代：古元古代、中元古代和新元古代。

40 较高的塔形乔木，高达 25 – 35 米，直径达 1.6 米，出现于晚泥盆纪到早石炭纪初期。

41 法国上维埃纳省城市，以瓷器、珐琅著称于世。

42 法国城镇，位于上塞纳省，法国国家陶瓷制造局，曾为法国皇家陶瓷厂。

43 由于地壳运动的幅度、速度和方向的变化，沉积区的范围和位置会发生变化，造成盆地边缘区特殊的沉积接触关系。当新的沉积物的展布范围超过早先的盆地边界而覆盖在下伏地层或原为剥蚀区的基底上，使下伏地层产生尖灭的现象。

44 位于法国洛特省。

45 生物分类单位由大到小依次是：界、门、纲、目、科、属、种。

46 昴星团，位于金牛座，是最著名的疏散星团之一。肉眼通常见到有六七颗亮星，所以又常被称为是七姊妹星团。

47 非洲之角，有时按照其地理位置，又称东北非洲。非洲之角位于非洲东北部，是东非的一个半岛，在亚丁湾南岸，向东伸入阿拉伯海数百千米。

48 这种鲸鱼的学名仍被认定为“Basilosaurus”，中文译名为“龙王鲸”。

49 通古斯大爆炸是 1908 年 6 月 30 日上午 7 时 17 分发生在现今俄罗斯西伯利亚埃文基自治区上空的爆炸事件，起因至今没有定论。

50 水生栖热菌产生的 Taq 酶，可以用于在聚合酶链式反应过程中复制 DNA。

51 地峡是连接两块较大陆地或较大陆地与半岛间的狭窄地带。

52 信风（又称贸易风）指的是在低空从副热带高压带吹向赤道低气压带的风。

53 更新世，第四纪的第一个世。

54 非洲撒哈拉沙漠南部和中部苏丹草原地区之间的一条长超过 3800 千米的地带，从西部大西洋伸延到东部非洲之角，横跨塞内加尔、毛里塔尼亚、马里、布基纳法索、尼日尔、尼日利亚、乍得、苏丹共和国和厄立特里亚 9 个国家。

55 破火山口：一种在火山顶部的较大的圆形坳陷，其直径往往大于 1 英里。通常是岩浆回撤、火山自身塌陷时形成，或浅部岩浆囊喷发而形成的。

56 即勾股定理。

57 雅各布 · 利戈齐（Jacopo Ligozzi），意大利画家。

58 威廉 · 史密斯（William Smith）：英国地质学家。

59 拉丁文中为 Felissilvestris，其中 Felis 意为猫属，silvestris 意为森林物种。

60 奥里诺科河，位于拉丁美洲。

61 白云岩在法语中为 dolomie，发音近似多洛米。

62 在中国也被译作白云石山。

63 路易士 · 玛丽亚 · 达本通：自然历史学教授。

64 尤利亚岛，Julia，这个词的前半部分取自法语中的七月，即 juillet，后半部分则更符合意大利语中名词的构词法。.

65 阿尔希德 . 德 . 奥比格尼（Alcide d'Orbigny），法国自然学家，在包括动物学（含软体动物学）、古生物学、地质学、考古学和人类学在内的多个领域做出了极为突出的贡献。

66 居维叶（Georges Cuvier）法国动物学家、地质学家，比较解剖学和古生物学的奠基人。

67 开尔文（Lord Kelvin），英国物理学家、发明家。

68 安东尼 · 亨利 · 贝克勒尔（Antoine Henri Becquerel），法国物理学家。

69 欧内斯特 · 卢瑟福（Ernest Rutherford），新西兰著名物理学家，为原子核物理学之父。

70 阿尔弗雷德 · 魏格纳（Alfred Wegener）是德国气象学家、地球物理学家、天文学家，大陆漂移说的创始人。

71 恩里科 · 费米（Enrico Fermi），1938 年诺贝尔物理学奖获得者。

72 又译“地出”。

73 也称联合国环境与发展大会。

74 罗马俱乐部是一个研讨国际政治问题的全球智囊组织。

附录
图片索引

p.5 Biosphoto/Carsten Peter/National Geographic Society, p.7 NASA/JPL, p.9 NASA, p.10 Hervé Martin, p.11 JohanSwanepoel-Fotolia.com, p.13 NASA, p.15 Brigitte Gonzalez, p.16 Jonathan O>Neil, p.17 U.S.Geological Survey, p.18 NASA, p.21 James Thew-Fotolia.com, p.23 NASA/JPL/MSSS, p.25 Media for Medical/Doc-Stock/Kage-Mikrofotografie, p.27 Hervé Martin, p.29 Jean-François Buoncristiani, p.31 Shutterstock/Monica Johansen, p.33 night-Fotolia.com, p.34 Ron Blakey, p.37 Biosphoto/John Cancalosi, p.39 NASA, p.41 NASA, p.43 Jean-François Buoncristiani, p.45 Christophe Thomazo, p.47 Jean-François Buoncristiani, p.49 Media for Medical/Science Source/Garry Delong, p.51 Media for Medical/Alamy/Phototake Inc., p.52 Jean-François Buoncristiani, p.53 Biosphoto/Thedore Gray/Visuals Unlimited/Science Photo Library, p.55 Media for Medical/Science Source/David M.Phillips, p.57 Biosphoto/Jean Lecomte, p.59 i-stock.com/blackscorpy, p.61 Nathalie Duverlie, p.63 Biosphoto/Chris Butler/Science Photo Library, p.65 Jean-François Buoncristiani, p.67 Dan Le Héron, p.69 NASA, p.71 Michel Marthaler, p.73 Media for Medical/Science Source/Chase Studio, p.75 Shuhai Xiao, p.76 juantovar-Fotolia.com, p.79 Ron Blakey, p.81 i-stock.com/ScottOrr, p.83 Non-vertebrate Paleontology Laboratory, Jackson School of Geosciences, The University of Texas (Austin), p.85 i-stock/LindaMore, p.87 CNRS Photothèque/Jean Vannier, Jun-Yuan Chen, p.89 M.N.H.N./ Laurent Bessol, p.91 Biosphoto/Natural History Museum of London, p.93 Jean-François Buoncristiani, p.95 Jean-François Buoncristiani, p.97 i-stock/pat-angelo, p.99 i-stock/GoodOlga, p.100 Domaine public, p.101 i-stock/DaveBolton, p.103 Biosphoto/Karl Terblanche/Ardea, p.105 Winfried Dallmann, Norwegian Polar Institute, 2001, p.107 Antonio Gravante-Fotolia. com, p.109 Media for Medical/Alamy/Sabena Jane Blackbird, p.111 Biosphoto/John Cancalosi, p.113 Raùl Martin, p.115 i-stock/ shaunl, p.117 Klaus Eppele-Fotolia.com, p.119 Biosphoto/Dirk Wiersma/Science Photo Library, p.120 Musée d'autun, p.121 i-stock/MarcelC, p.122 bjul-Fotolia.com, p.123 Brad Pict-Fotolia.com, p.125 siimsepp-Fotolia.com, p.127 Ron Blakey, p.129 Mark A.Wilson, Department of Geology, The College of Wooster, Ohio, p.131 i-stock/tunart, p.133 M.N.H.N./Laurent Bessol, p.135 J.-M.Rouchy, p.137 Biosphoto/Pete Oxford/Minden Pictures, p.139 Emmanuelle Venin, p.140 Pr.S.Imoto, p.141 Jean-François Buoncristiani, p.143 Guy Pracros-Fotolia.com, p.145 f11photo-Fotolia.com, p.146 Claude Marchat, p.147 Biosphoto/ Planetobserver/Science Photo Library, p.149 Francois Gohier/ardea.com, p.151 i-stock/Justinreznick, p.153 Pascal Neige, p.155 Media for Medical/Alamy/Imagebroker, p.157 Paulian Dumitrica, p.159 Sylvain Charbonnier, p.161 Pascal Philippot, p.163 Biosphoto/Wim Van Egmond/Visuals Unlimited/Science Photo Library, p.165 Biosphoto/Monique Berger, p.167 panuruangjan-Fotolia.com, p.169 Biosphoto/John Cancalosi, p.171 andreykr Fotolia.com, p.173 jantima-Fotolia.com, p.175 i-stock/caoyu36, p.177 Biosphoto/Natural History Museum of London, p.179 Jean-François Buoncristiani, p.181 NASA, p.183 Biosphoto/ David Tatin, p.185 M.N.H.N./F.Farges, p.187 Jean-François Buoncristiani, p.189 Biosphoto/Olivier Digoit, p.191 Ron Blakey, p.193 Beboy-Fotolia.com, p.195 Biosphoto/Bruno Guenard, p.197 Biosphoto/Juan-Carlos Muñoz, p.199 Biosphoto/Claus Lunau/Science Photo Library, p.201 Biosphoto/John Cancalosi, p.203 Biosphoto/Jaime Chirinos/Science Photo Library, p.205 Biosphoto/François Gohier, p.207 M.N.H.N./Denis Serrette, p.209 Jean-François Buoncristiani, p.211 Media for Medical/

Alamy/Martin Shields, p.213 i-stock/Deejpilot, p.215 Patrice Tordjman, p.217 Jean-François Buoncristiani, p.219 i-stock/guenterguni, p.221 i-stock/oodelay, p.223 yellowj Fotolia.com, p.225 PerfectLazybones-Fotolia.com, p.227 Thomas Saucède, p.229 i-stock/TERADAT SANTIVIVUT, p.231 i-stock/Icer0ck, p.233 i-stock/Bertl123, p.235 Ernst Haeckel (1834-1919), p.237 Didier Descouens, p.239 Brigitte Senut, p.241 Jean-François Buoncristiani, p.243 M.N.H.N./Laurent Bessol, p.245 NASA Earth Observatory, p.247 Biosphoto/Ria Novosti/Science Photo Library, p.249 ©Bernard 63 Fotolia.com, p.251 Biosphoto/Mauricio Anton/Science Photo Library, p.253 ©Rue des Archives/BCA, p.255 i-stock/NickolayV, p.257 Biosphoto/Sebastien Plailly/Science Photo Library, p.259 alphacero Fotolia.com, p.261 Worthington G.Smith (1835-1917), p.263 AirPhoto/Jim Wark, p.265 Ministère de la Culture et de la Communication, Direction régionale des affaires culturelles de Rhône-Alpes, Service régional de l'archéologie, p.267 NASA, p.269 Biosphoto/Jean-Philippe Delobelle, p.271 i-stock/pengyou91, p.273 NASA, p.275 i-stock/SeppFriedhuber, p.277 kmiragaya Fotolia.com, p.279 Biosphoto/Guido Alberto Rossi/TIPS RF, p.281 midosemsem-Fotolia.com, p.283 2014.Photo Scala Florence/Heritage Images, p.285 i-stock/Pasticcio, p.287 2014.Photo Scala, Florence-avec l'aimable autorisation du Ministero Beni e Att.Culturali, p.289 K.Brullov (1799-1852), p.291 i-stock/ConstanceMcGuire, p.292 weseetheworld-Fotolia.com, p.297 gaelj-Fotolia.com, p.297 2014.Photo Fine Art Images/Heritage Images/Scala, Florence, p.299 Trésor du Muséum Coll.M.N.H.N., p.301 Johannes Kepler (1571-1630), p.303 H.J.Detouche (1854-1913), p.305 Media for Medical/Alamy/Classic Image, p.307 i-stock/SumikoPhoto, p.309 lichtmensch-Fotolia.com, p.311 Biosphoto/David Parker/Science Photo Library, p.313 Jean-Etienne Guettard (1715-1786), p.315 François-Hubert Drouais (1727-1775), p.317 Biosphoto/RHS/RHS, p.319 Aleksei Potov-Fotolia.com, p.321 Gilbert Mahoux, p.323 NASA, p.325 Media for Medical/Alamy/World History Archive, p.327 Bibliothèque centrale, M.N.H.N., p.329 M.N.H.N./Patrick Lafaite, p.331 i-stock/loonger, p.333 Dominique Decobecq, p.335 i-stock/mdmworks, p.337 gallica.bnf.fr/Bibliothèque nationale de France, p.339 Javier Cuadrado-Fotolia.com, p.341 Antonio Snider Pellegrini (1802-1885), p.343 Media for Medical/Alamy/Lordprice Collection, p.345 Biosphoto/Peter Scoones/Science Photo Library, p.347 Bibliothèque centrale, M.N.H.N., p.349 Biosphoto/Planetary Visions Ltd/Science Photo Library, p.351 M.N.H.N., p.353 A.Lacroix, La Montagne Pelée et ses éruptions, Masson, 1904, p.355 i-stock/PeterTG, p.357 NASA, p.359 NASA, p.360 Archive de l'université cacholique de Louvain, p.361 ESA, collaboration Planck, p.363 i-stock/DanielPrudek, p.365 CNRS Photothèque/Laurent AUGUSTIN, p.367 i-stock/WorldWideImages, p.369 NASA, p.371 i-stock/GeorgeBurba, p.373 New Zealand-American Submarine Ring of Fire 2005 Exploration; NOAA Vents Program, p.375 NASA/JPL-Caltech, p.377 i-stock/TexPhoto, p.379 i-stock/jd_field, p.381 i-stock/edurivero, p.383 Biosphoto/Kevin Schafer/Minden Pictures, p.385 ESA, p.387 Biosphoto/Environmental Images/UIG/Science Photo Library, p.389 yuliufu-Fotolia.com, p.391 NASA, p.393 i-stock/demarco-media, p.395 africa-Fotolia.com, p.397 NASA, p.399 Jean-François Buoncristiani, p.401 i-stock/JiewWan, p.403 NASA.

Le Beau Livre de la terre. De la formation du système solaire à nos jours, by Patrick DE WEVER and Jean-François BUONCRISTIANI

Text revised by Laurent Brasier, scientific journalist
Page layout: Arclemax
The photographs on pages 83, 133, 185, 207, 243, 299, 327, 329, 347 and 351 come from the Muséum National d'Histoire Naturelle de Paris(M.N.H.N.) collections.

Simplified Chinese language translation rights arranged through Divas International, Paris
巴黎迪法国际版权代理 (www.divas-books.com)

著作版权合同登记号：01－2016－8502

图书在版编目(CIP)数据

地球之美／（法）帕特里克·德韦弗著；（法）让－弗朗索瓦·布翁克里斯蒂亚尼绘；秦淑娟，张琦译.－－北京：新星出版社，2017.6（2023.12重印）
ISBN 978－7－5133－2405－2

Ⅰ.①地… Ⅱ.①帕…②让…③秦…④张… Ⅲ.①地球－普及读物 Ⅳ.①P183－49

中国版本图书馆CIP数据核字(2017)第030182号

地球之美
（法）帕特里克·德韦弗 著
（法）让－弗朗索瓦·布翁克里斯蒂亚尼 绘
秦淑娟　张琦 译

责任编辑　汪　欣
特约编辑　毛文婧　李佳婕
特约审校　费　杰
装帧设计　韩　笑
内文制作　王春雪
责任印制　李珊珊　廖　龙

出　　版　新星出版社　www.newstarpress.com
出 版 人　马汝军
社　　址　北京市西城区车公庄大街丙3号楼　邮编 100044
　　　　　电话 (010)88310888　传真 (010)65270449
发　　行　新经典发行有限公司
　　　　　电话 (010)68423599　邮箱 editor@readinglife.com
印　　刷　北京奇良海德印刷股份有限公司
开　　本　650毫米×1092毫米　1/16
印　　张　26
字　　数　151千字
版　　次　2017年6月第1版
印　　次　2023年12月第11次印刷
书　　号　ISBN 978－7－5133－2405－2
定　　价　168.00元

Le Beau Livre de la terre. De la formation du système solaire à nos jours, by Patrick DE WEVER and Jean-François BUONCRISTIANI

Text revised by Laurent Brasier, scientific journalist
Page layout: Arclemax
The photographs on pages 83, 133, 185, 207, 243, 299, 327, 329, 347 and 351 come from the Muséum National d'Histoire Naturelle de Paris(M.N.H.N.) collections.

Simplified Chinese language translation rights arranged through Divas International, Paris
巴黎迪法国际版权代理 (www.divas-books.com)

著作版权合同登记号：01－2016－8502

图书在版编目(CIP)数据

地球之美／（法）帕特里克·德韦弗著；（法）让－弗朗索瓦·布翁克里斯蒂亚尼绘；秦淑娟，张琦译.－－北京：新星出版社，2017.6（2023.12重印）
ISBN 978－7－5133－2405－2

Ⅰ.①地… Ⅱ.①帕…②让…③秦…④张… Ⅲ.①地球－普及读物 Ⅳ.①P183－49

中国版本图书馆CIP数据核字(2017)第030182号

地球之美
（法）帕特里克·德韦弗 著
（法）让－弗朗索瓦·布翁克里斯蒂亚尼 绘
秦淑娟 张琦 译

责任编辑 汪 欣
特约编辑 毛文婧 李佳婕
特约审校 费 杰
装帧设计 韩 笑
内文制作 王春雪
责任印制 李珊珊 廖 龙

出　　版 新星出版社 www.newstarpress.com
出 版 人 马汝军
社　　址 北京市西城区车公庄大街丙3号楼 邮编 100044
　　　　 电话 (010)88310888 传真 (010)65270449
发　　行 新经典发行有限公司
　　　　 电话 (010)68423599 邮箱 editor@readinglife.com
印　　刷 北京奇良海德印刷股份有限公司
开　　本 650毫米×1092毫米 1/16
印　　张 26
字　　数 151千字
版　　次 2017年6月第1版
印　　次 2023年12月第11次印刷
书　　号 ISBN 978－7－5133－2405－2
定　　价 168.00元